確率と情報の科学

調査観察データの統計科学

因果推論・選択バイアス・データ融合

甘利俊一　麻生英樹　伊庭幸人　編
確率と情報の科学

調査観察データの統計科学

因果推論・選択バイアス・データ融合

星野崇宏

岩波書店

まえがき

　本書のタイトルは「調査観察データの統計科学」である．ただし，データを得る方法としての調査研究や観察研究に関する本ではない．ここで扱う内容をおおまかにいえば「偏りのあるデータから正しい推論を行なうための統計科学」である．「偏りのあるデータ」とは統制実験，あるいは無作為に実験条件への割り当てが行なわれていない研究で得られるデータ，および無作為抽出が行なわれていないデータのことである．より詳しくいうならば，「実験が行なわれていない研究で得られるデータからの統計的な因果推論」(第2章から第4章)，「偏った抽出による標本・データを用いることで生じるバイアス(＝選択バイアス)の統計的調整」(第5章および第6章)，および「複数の情報源から得られたデータを統計的に融合させて推論を行なうデータ融合(データフュージョン)」(第7章)の3つの話題について，これらすべてを以下の3つの観点
　　[1] 欠測データとして共通の問題構造を持っていること
　　[2] 背景情報(本書ではこれを"共変量"と呼ぶ)を積極的に利用することで
　　　　欠測データの部分を無視したり，あるいは予測できる可能性があること
　　[3] 推定を行なう際には線形モデルなどのパラメトリックな方法や，カーネル法などのノンパラメトリックな方法を利用するのは多くの場合うまくいかないため，両者の中間の形態であるセミパラメトリックな方法を用いるのがよいということ
から統一的に説明することが本書の目的である．本文で示すように，選択バイアスとデータ融合の話題は統計的因果推論と同型の問題構造を有しているため，本書では特に統計的因果推論を中心に説明する．
　近年の統計学における理論的研究の成果として，実験が行なわれていない研究(本書では調査観察研究と呼ぶ)から得られたデータを用いて因果推論を行なう方法が発展し，経済学，医学，政治学，教育学，心理学をはじめさまざまな分野で応用されている．特にこのような調査観察データを欠測のあるデータとみなすルービン(Rubin)のアプローチ(ルービンの因果モデル)は，欠測データ

解析の方法論，具体的には EM アルゴリズム・多重代入法などとして結実し，その後のマルコフ連鎖モンテカルロ法(MCMC)を用いたベイズ統計学の発展にも寄与し，統計学のパラダイムに大きな変化をもたらした．

調査観察研究での因果推論に関連するもう一つの流れは，モデル仮定をなるべく置かずに関心のある量を推定するセミパラメトリック推定法である．ヒューバー(Huber)の M 推定(付録 A.1 節参照)や Liang & Zeger の一般化推定方程式(3.3 節)などのセミパラメトリック推定法は，医学データなど経時的多変量データや共変量が多い場合の解析においてたいへん有用であり，その後の統計科学の理論的な発展の方向性にも大きく影響を与えている．

因果推論のための統計解析法として，共変量と結果変数の回帰関係を仮定せずに共変量の影響を除去する「傾向スコアを用いた因果効果の推定法」(3.1 節)が応用研究で近年頻繁に利用されるようになったが(佐藤・松山，2002)，これもセミパラメトリック解析法の一種である．セミパラメトリック法は統計科学・情報科学での理論研究としてこの 20 年のうちに爆発的に進展した．さらに近年では医学・経済学などでの応用研究においてもよく利用されるようになっているが，医学や経済学での調査観察研究では共変量を非常に多く考える必要がある場合が多いため，線形の回帰モデルではデータの説明力が低く，またカーネル法などノンパラメトリック法ではいわゆる"次元の呪い"(2.8 節)の問題が完全には解決できないことが背景にある．

さらに，共変量を利用した調整法は，因果推論にとどまらず，研究対象(被験者・調査対象者)の母集団における代表性が保証されない場合の補正の議論にも密接に関連している．ノーベル経済学賞を受賞したヘックマン(Heckman)の研究以降，母集団を代表しないデータから得られた推論の偏り(= 選択バイアス：詳しくは 5.1 節)に関する理論的あるいは実証的な研究が人文社会科学全般で蓄積されているが，この問題も上記の因果推論における欠測データ解析の枠組みを利用して説明する考え方が主流となりつつある．人工知能・機械学習など情報工学の分野において近年研究されている"領域適応(domain adaptation)"，"共変量シフト(covariate shift)"の問題もこの選択バイアスと関連が深い．

また，近年日本においても政策研究上の関心の高まりから，遅ればせながら

もパネル調査・縦断調査が実施されるようになってきたが，パネル調査での調査対象者の脱落(dropout)・摩耗(attrition)(5.5節)による推定結果のバイアスの議論と対策には欠測データ解析の考え方をそのまま利用できる．

選択バイアスに関連した，社会的なニーズの大きいトピックとして，有意抽出による調査データの偏りの補正がある．この数年でマーケティング分野を中心に，さらには政府の世論調査においてもインターネット調査が積極的に利用されるようになってきた．しかしインターネット調査は，基本的に調査会社の運営する調査パネルに登録する協力者に対する調査(有意抽出調査)であり，本来関心のある集団(国民や消費者)に対して代表性があるとはいえない．実際，無作為抽出を行なった場合とは大きく異なった結果が得られる場合が多い．そこで，インターネット調査をはじめ，偏りのある調査データを"選択バイアス"の枠組みを拡張することで補正できる場合がある．事実，代表性のある標本からの結果を近似する各種の手法は選択バイアス除去のための手法に密接に関連している．

また，欧米のマーケティング研究では，消費者の商品カテゴリーを超えた購買行動やクロスメディアコミュニケーションに大きな関心が寄せられている．そのような研究関心から，異なる対象者に対して得られた複数のデータ(これをマルチソースデータと呼ぶことがある)を統合し，疑似的なシングルソースデータ(同一の被験者がすべての調査を受けているデータ)を構成することで，顧客層の理解と購買行動予測を行なう方法，いわゆる「データ融合(データフュージョン：data fusion)」が近年重要なテーマとなってきており，日本でも徐々に関心が集まりつつある．

上記の議論をもとに，本書では，共変量情報を積極的に利用するという観点，および欠測データ解析の枠組みを利用するという観点から，(1)統計的因果推論における因果効果推定，(2)選択バイアスおよび調査データの偏りとその補正，(3)データ融合，という統計科学・情報科学において非常に重要な3つのテーマが統一的に論じられることを示し，またそこで利用される方法論の類似性を示す．数理的な話題としては，マッチング・層別分析・ヘックマンの二段階推定などといった，以前から利用されている方法論だけではなく，近年非常によく利用されている傾向スコア(propensity score)解析・二重にロバス

ト (doubly robust) な推定量等の各種セミパラメトリックな推定法, 欠測がある場合の推定方程式や M 推定量, 局所回帰モデル, 経験尤度法, ディリクレ過程混合モデルなどを利用した解析法を紹介する.

本書は統計学の基礎を習得している方や学部前半での理数系の教育を受けた方を前提として記述しているが, 概念的な説明や具体例, 解析方法はさまざまな分野の応用研究者や応用分野の院生にとっても有用であると考える.

数理的な関心よりも, 因果推論や選択バイアス, 調査データの補正における解析手法やデータ融合に問題意識を持って本書を手に取られた方は, 第 2 章 1, 2, 3, 8 節, 第 3 章 4, 5, 6 節, 第 4 章 4, 5, 6 節, 第 5 章 4 節を飛ばして読まれて構わない. 一方, 数理的な部分に関心をお持ちの方は第 1 章, 第 3 章 7 節以降, 第 4 章 1, 2, 3, 7 節, 第 5 章 1, 5 節, 第 6 章 1, 4, 5, 6 節, 第 7 章 5 節は飛ばして読まれてもよい (ただし用語の定義は索引からたどっていただきたい).

また, 類書としてすでに『統計的因果推論』というタイトルの優れた成書が登場しているが, そこで取り上げられている話題は「関心のある独立変数と従属変数の関係以外の変数 (中間変数, 媒介変数) の関係について, 条件付き独立性などの仮定が可能」「中間変数への (実験的) 操作が一部可能」ということを前提とする "グラフィカルモデリング" である. 品質管理分野など, 「関連する変数のネットワーク構造をある程度は事前に知ることが可能」であり, 「一部の変数に対しては外的操作が可能」という工学的世界ではこのグラフィカルモデリングは非常に有用である. しかし経済学, 経営学, 教育学, 心理学, 社会学などの社会科学分野ではこのような前提条件が成立しないことから, 実際には適用例は皆無である[*1]. 一方, 本書に取り上げられたさまざまな手法はすでに欧米では社会科学の諸領域やマーケティング, 医学や疫学などを含めた "ヒトに関心のある分野" において利用され, 学術研究や経営意思決定に貢献している. わが国においても, 本書で取り上げた内容を含めた "社会科学での統計的因果推論" が認知されることで, 統計学や情報工学で得られた知見がさ

[*1] 一方, グラフィカルモデリングとも関連のある構造方程式モデリング (共分散構造分析) は社会科学でも非常によく利用されてきたが, グラフィカルモデリングと異なり因果効果やその方向性を議論するものではない.

まざまな分野への応用研究の推進や意思決定に貢献することを願っている．

また，平成21年4月から施行されている新統計法では統計データの有効利用が促されており，今後は政府の実施した調査の素データを公共財として利用することが可能になると考えられる．政府統計データの最も有効な活用法は，たんなる二次データ分析ではなく，政府統計データを参照標本として研究者や企業が行なった個々の調査データのバイアス調整（＝"選択バイアス"の補正）や，"データ融合"による予測への利活用をすることであると考える．この点でも本書の内容が役立てば幸いである．

謝　辞

本シリーズの編者である伊庭幸人先生（統計数理研究所）には本書を執筆するきっかけを与えていただいた．編者である麻生英樹先生や赤穂昭太郎先生（産業技術総合研究所），繁桝算男先生（東京大学），松本渉先生（統計数理研究所），岡田謙介氏・宮崎慧氏・山下絢氏（東京大学大学院），猪狩良介氏（名古屋大学大学院）には草稿を丁寧に読んでいただき，数々の助言や指摘をいただいた．岩波書店の吉田宇一氏と首藤英児氏には執筆の遅い筆者を折に触れ叱咤激励していただき，たいへんお世話になった．本書を完成するに当たりいただいたこれらの方々の御好意に対して，深く感謝の意を表したい．ただし，本書においてあり得べき誤りはすべて筆者に属する．

本書に記述された研究内容の一部は，独立行政法人科学技術振興機構（JST）戦略的創造研究推進事業さきがけ「知の創生と情報社会」領域，独立行政法人新エネルギー・産業技術総合開発機構（NEDO）産業技術研究助成事業，および財団法人テレコム先端技術研究支援センターの研究資金を得て実施した研究の成果によるものである．

第6章および第7章では（株）ビデオリサーチおよび（株）ビデオリサーチ・インタラクティブから提供いただいた貴重なデータを利用させていただいた．ビデオリサーチの皆様，特に木戸茂常務取締役，楠木良一事業開発局専門職局長と森本栄一企画開発部主事にはこの場を借りて御礼申し上げる．

また，統計的因果推論について研究を行なっていた筆者に対して，第6章で説明したインターネット調査の偏りの補正に関する研究への応用の可能性に

ついて御教示下さった(株)日経リサーチ鈴木督久取締役に御礼申し上げる．

　最後に，私事で恐縮であるが，家族で過ごす時間が少なくなったにも関わらず，何一つ不平をいわずに研究活動を快く支えてくれた妻佳世と息子泰慈郎に感謝する．

2009年7月

著　　者

目　次

まえがき

第1章　序　論　1
1.1　実験ができない場合に因果関係を推論するとは？ ………… 2
1.2　実験研究と調査観察研究 …………………………………… 6
1.3　因果効果の推定の例 ………………………………………… 11
1.4　バイアスのある調査データの例 …………………………… 16
1.5　因果推論・選択バイアス・データ融合の統一的理解 …… 18

第2章　欠測データと因果推論　25
2.1　欠測の分類 …………………………………………………… 26
2.2　欠測のメカニズム …………………………………………… 27
2.3　パターン混合モデルと共有パラメータモデル …………… 32
2.4　欠測モデルからみた調査観察データと因果効果の定義 … 35
2.5　共変量調整による因果効果推定のための条件 …………… 41
2.6　共変量調整による因果効果の推定法 ……………………… 45
2.7　回帰モデルを用いた因果効果の推定の問題点 …………… 51
2.8　カーネル回帰モデルの利用とその問題点 ………………… 55

第3章　セミパラメトリック解析　59
3.1　傾向スコアとは ……………………………………………… 60
3.2　傾向スコアを用いた具体的な解析方法 …………………… 62
3.3　傾向スコア解析の拡張 ……………………………………… 76
3.4　一般的な周辺パラメトリックモデルの推定 ……………… 79

3.5 二重にロバストな推定 ……………………………………………… 87
3.6 独立変数を条件付けたときの結果変数の分布の母数推定 …… 93
3.7 操作変数による推定と処置意図による分析 …………………… 96
3.8 回帰分断デザイン ………………………………………………… 100
3.9 差分の差（DID）推定量 ………………………………………… 101

第4章　共変量選択と無視できない欠測　115

4.1 顕在的なバイアスと隠れたバイアス …………………………… 116
4.2 共変量の選択 ……………………………………………………… 118
4.3 "強く無視できる割り当て"条件のチェック …………………… 124
4.4 割り当てが結果変数に依存する場合 …………………………… 129
4.5 ランダムでない欠測モデルとランダムな欠測モデルの関係 … 131
4.6 感度分析 …………………………………………………………… 132
4.7 因果関係と統計的因果推論 ……………………………………… 136

第5章　選択バイアスとその除去　143

5.1 選択バイアスとは？ ……………………………………………… 144
5.2 ヘックマンのプロビット選択モデル …………………………… 146
5.3 選択バイアスに対する解析法の展開 …………………………… 155
5.4 共変量シフト ……………………………………………………… 162
5.5 パネル調査における脱落と無回答 ……………………………… 165

第6章　有意抽出による調査データの補正　169
　　　　　―インターネット調査の補正を例として―

6.1 インターネット調査について …………………………………… 170
6.2 選択バイアスとしての理解 ……………………………………… 172
6.3 古典的な対処方法 ………………………………………………… 178
6.4 インターネット調査の補正の手順 ……………………………… 180

6.5　共変量の選択問題 …………………………………… 182
6.6　インターネット調査の補正の具体例 ………………… 185

第7章　データ融合—複数データの融合と情報活用—　191

7.1　データ融合とは？ ……………………………………… 192
7.2　データ融合を行なうための前提条件 ………………… 195
7.3　さまざまなデータ融合手法 …………………………… 197
7.4　セミパラメトリックモデルの利用 …………………… 204
7.5　シングルソースデータの一部利用と疑似パネル …… 207
7.6　実データによる性能比較 ……………………………… 210

付録A　統計理論に関する付録　213

A.1　M推定法と推定方程式について ……………………… 213
A.2　経験尤度法について …………………………………… 214
A.3　局所多項式回帰と局所尤度について ………………… 217
A.4　単一代入法と多重代入法 ……………………………… 219
A.5　ディリクレ過程混合モデルとBlocked Gibbs sampler ……… 223

付録B　フリーソフトウェアRのコードの紹介　226

引用図書　231

索　引　243

装丁　蛯名優子

1 序論

本章では具体例を利用しながら，実験研究ができない状況をいくつか提示する．そしてその場合に単純な解析を行なうとどのような問題が生じるのか，そこで共変量情報がどのような意味を有しているかについて説明し，以降の章で説明する「共変量情報の積極的な利用」のモチベーションを与える．さらに，因果推論，選択バイアス，データ融合の3つのトピックが，欠測データの枠組みを用いて統一的に議論できることを示す．

1.1 実験ができない場合に因果関係を推論するとは？
―― 具体例から

経済学や社会学，教育学，心理学，政策評価，臨床医学に比べて，生物学や工学，化学などの自然科学，特に実験研究が行なわれる分野で得られた知見は"より確からしい"ものとして社会に受け入れられている．

たとえば工学分野で関心のある2つの変数の因果関係を見る場合には，原因と考えられる変数を直接操作することが可能である．工業製品であれば，製品品質(たとえば自動車のボディ強度)に影響があると考えられる要因(たとえば金属の配合割合)について段階的に変化させた製品を実際に作製し，その品質を測定することができる．原因となる変数を直接操作することが可能な研究では，手続きさえ正しく踏めば，その結論にはだれもが納得することができる．

一方，社会科学や臨床医学では，そもそも原因となる変数を直接操作することができない場合が多い．このような場合には，得られた知見はさまざまな観点から反論されうる．具体的に，それぞれの分野の学術誌に掲載されている研究例を見てみよう．

(1) 発達心理学および保育政策での例

「子どもは3歳までは保育園に行かないで母親のもとで育つほうが健全である(その後の社会性・知能発達が向上する)」という「3歳児神話」は正しいのか，それとも早期から保育園で専門的な保育を受けたほうがよいのか？

「3歳児神話」は，子どもは3歳までは常時家庭において母親の手で育てないと，子どものその後の成長に悪影響をおよぼす，という「神話」である．この「神話」は1960年代に行なわれた欧米での母子関係の研究，および日本での追試によるとされる．この知見は厚生行政や教育行政に以後大きな影響を与え続け，長時間保育に対して政府が積極的でなかったことが，子育て中の女性の就労率の停滞や，女性の社会進出が阻害されたことの一因ともいわれる．

一方，ここ10年ほどで次々と発表されたアメリカの大規模調査の結果の多

くは，この3歳児神話を否定している．たとえば Hill et al.(2002)では，1歳から3歳まで母親のもとで(保育園に通わずに)育った子どもと，同じ時期に保育園(ただし保育士の数や遊具への投資額などが一定水準以上の保育園に限定)に通っていた子どもを追跡調査した．8歳の時点での社会性得点と知能検査を比較した結果，保育園に通った子どもの方が共に成績が良かった．ただし同研究では，"質の高い保育園" に子どもを通わせる親の収入や学歴は，保育園に子どもを通わせない親より平均して高かった．

では，この研究結果から，母親は子どもを(一定以上の質がある)保育園に早期から通わせたほうがいいと結論付けることができるだろうか？　また，政府は保育園の整備に今まで以上に投資すべきであろうか？　それとも乳幼児を持つ母親が安心して家で子育てできる仕組み作りに重点を置くべきであろうか？

(2)　労働経済学での例

失業保険はセーフティネットとして重要な意味を持つが，失業給付が寛大すぎると「自立心が低下し，その結果求職意識が弱まって失業率が上昇する」という懸念もある．そこで多くの国で給付期間を短縮したり給付額を下げるということが行なわれている．しかし，たとえ失業給付によって失業期間が長くなったとしても，望まぬ再就職が避けられ，より良い就職条件で再就職できる可能性が高まれば，失業給付は有効であるともいえる．実際には失業給付によるポジティブな効果とネガティブな効果のどちらが大きいのであろうか？　このことを調べるために，失業給付を受けた群と受けなかった群それぞれの追跡調査が行なわれ，再就職後の賃金や企業規模，職階が調べられたが，失業給付を受けた人のほうが有利な再就職をしているとはいえなかった(大日，2001)．

では上記の結果から「失業給付はモラルハザードを生み，就職活動をしなくなるので削減するべき」と結論付けてよいのであろうか？　ただし，この研究からは，次のこともわかっている．自己都合退職者は失業給付を受ける可能性が低い．また年齢が高いほど会社都合の退職の可能性が高く，失業給付を受けやすい．つまり失業給付を受ける群と受けない群の間でさまざまな個人属性が大きく異なるのである．

(3) マーケティングでの例

テレビ CM の効果測定を行なうために，テレビ CM を見たグループと見ていないグループで当該商品の購買量を比べることに意味はあるであろうか？

ただし，明らかに CM の視聴と購買意欲やライフスタイルは関連があり，購買意欲やライフスタイルと購買そのものの関係は深いことがわかっている．さらに，企業は「ターゲットとする消費者がテレビを見る可能性が高い時間」に CM を出稿している．たとえばある自動車メーカーは新しい高級車のターゲットである 50 代から 60 代の男性が見る可能性が高い午後 11 時のニュース番組に CM を集中的に流している．なお，そのニュース番組および CM を見る人たちは CM を見ていない人たちよりも所得が高く，また管理職である割合が高い．したがって CM を見せなくてもその高級車を購入する可能性が高い．このような状況で，CM を見たグループと見ないグループの購入率を単純に比較するだけで，CM の効果を正しく測定することはできるだろうか？

(4) 英語教育の例

早期英語教育の効果を知りたいが，子どもに早期英語教育を受けさせる親は一般に教育意識が高く，子どもの知能も高い．義務化されていない現状での調査データからの結果では早期英語教育は確かに効果があるようだが，果たしてすべての子どもが受けても同様の効果があるであろうか？　かえって母国語習得への弊害もあるのではないか？

そこで，義務化されていない小学校低学年において，英語学習を実施している学校としていない学校で比較を行なったところ，国語の成績に関していえば，実施していない学校のほうが平均得点が高かった．この研究結果から，早期英語教育が母国語に悪影響を与えているといえるだろうか？　ただし，この研究では英語学習をしていない学校の学区は転勤族が多く住む地域であり，親の学歴や収入は有意に高いこともわかっている（実際の解析結果は 3.2 節に記述する）．

(5) 学校教育の例

学力別に授業を行なう学力別授業編成は「教授の効率が高まり，低学力の学

生に対するケアを行ないやすい」という期待から欧米では広く導入されている．しかし学力別授業編成に関するこれまでの先行研究では代表性のある調査が行なわれておらず，効果があるとするものとないとするものが混在している．最近行なわれた読解能力に関する全米規模の代表性の高いパネル調査(定義は3.9節)からは，学力別授業編成をとっている学校の学生とその制度を採用していない学校の学生を比較すると，そもそも学力が高い学生にとっては有効だが，学力が低い学生はかえってさらに低下するという結果が得られた(Condron, 2008)．しかし，ここでも学力別授業編成をとる学校とそうでない学校のどちらに子どもを進学させるかは，親の意思やその地域の特性などが関連しているため，単純に両者を比較することはできない．

(6) 疫学での例

総コレステロールの値が高いと心筋梗塞などの動脈硬化になりやすいとよくいわれる．実際，これはコレステロールを下げる薬を投与するグループと偽薬を投与するグループを無作為に割り当てる実験研究によって得られた知見であるが，実験研究はサンプルサイズが小さいという問題や，そもそも実験協力者になるかどうかの時点でバイアスがある可能性といった問題(第5章で紹介する選択バイアス)，処方に従わない不服従の問題(3.7節参照)，長期的な効果を見ることができない，といった問題がある．

一方，コレステロールは細胞膜の構成物質であり，コレステロール値が低いと免疫機能が低下して感染症やガンにかかるリスクが増加し，死亡率を上昇させるという可能性も指摘されている．

実際，疫学での追跡調査(パネル調査)研究では，総コレステロール値が低いほうが死亡率が高くなるという結果がいくつか報告されているが，これを単純に信頼していいだろうか？

これらの研究例では「保育園に行くかどうか」「失業給付を受けるかどうか」「CMを見るかどうか」「早期教育を受けさせるかどうか」「コレステロールの水準」を研究者が操作したり，実験で無作為に割り当てることができない．たとえば(1)の研究で「保育園に通わせる母親」は「学歴や収入が高く，職業も

フルタイムの総合職である」場合が多く，また親の学歴や教育意欲と子どもの学力・社会性能力が関連することから，保育園に通園するグループとしないグループを単純に比較するだけは「保育園での専門的な保育」が本当に子どもの知能発達や社会性能力を向上させているかどうかはわからない．同様に(2)での失業給付は，そもそも給付条件に合致した失業者が受け取ることができるものであり，ある研究対象者が条件を満たすかどうかは研究者がコントロールできるものではない．また，(6)の例では，コレステロール値を無作為に割り当てているわけではなく，コレステロールが高いグループと低いグループで感染症への罹患や健康状態，喫煙，飲酒量などさまざまな要因がコントロールされていない．たとえば感染症にかかるとコレステロール値が低下するという現象も報告されており，また感染症にかかると他の病気にかかる可能性が高まる．

このように，実験群と対照群の各群に対象者をランダムに割り振る，いわゆる無作為割り当て(random assignment)が行なえない調査観察研究においては，(1)の例での親の学歴や収入のような「実験群と対照群のどちらに割り当てられるか(以後群別と呼ぶ)や結果変数に影響を与えるさまざまな変数」の影響を除去しないと，**2群の本来の差はわからない**(詳しくは2.4節を参照).

1.2 実験研究と調査観察研究

これから先の論点を明確にするために，変数を4つに分類しよう(図1.1)．つまり

従属変数(dependent variable)
　　研究において結果となる変数のこと．結果変数や基準変数とも呼ばれる(図1.1のY)．

独立変数(independent variable)
　　研究において原因となる変数のこと．説明変数や予測変数，処理変数とも呼ばれる(図1.1のZ)．

　　特殊な例として，**調整変数(moderator variable)**，つまり独立変数との交互作用が従属変数に対して大きな影響を与えるような変数がある．あ

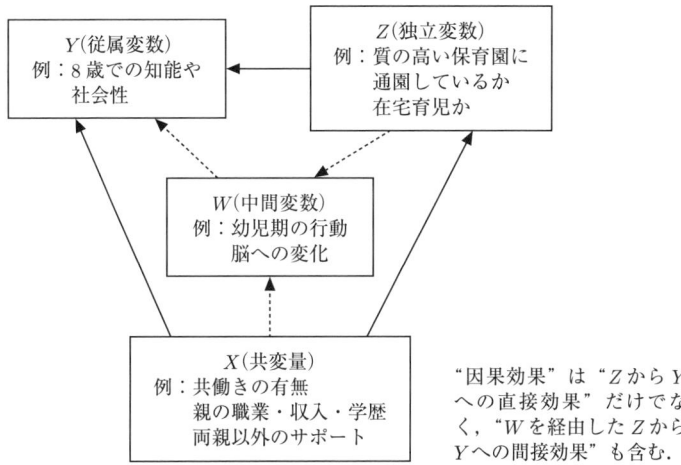

図 1.1 　従属変数・独立変数・共変量・中間変数

る変数の値(たとえば性別,年齢など)で層別した場合に従属変数と独立変数の関係を見ると,層間で関係が大きく異なるような場合には,その変数は調整変数である.調整変数は解析上は適切な交互作用項を導入したうえで,モデルに組み込む必要がある(詳しくは 2.4 節の"周辺構造モデル"を参照).

共変量(covariate)

従属変数と独立変数の関係を明確にするために,統制する必要がある変数であり,従属変数,独立変数どちらにも関連のある変数である(図 1.1 の X).統制変数(control variable)とも呼ばれる.医学分野では交絡因子,交絡要因(confounding factor, confounder)と呼ばれることもある.共変量の操作的な定義はもう一度第 4 章で与える.

中間変数(intermediate variable)

独立変数と従属変数の間に介在し,独立変数から影響を受け,従属変数に影響を与える変数のことである(図 1.1 の W).媒介変数と呼ばれることもある.

の 4 つである.

社会科学では多くの場合「操作が(努力すれば)可能である独立変数を変化させた際の従属変数の変化を知ること」、そして「その際にどちらの変数にも影響を与える共変量の影響を除去した場合の独立変数による従属変数への効果(これを因果効果と呼ぶ.正式な定義は2.4節に記述する)を推定すること」に関心がある場合が多い.

一方,独立変数以外に中間変数を設定して解析を行なうことは,「中間変数を媒介した従属変数への効果(間接効果と呼ばれる)」を除いた「独立変数から従属変数への**直接効果**」に関心がある場合に利点がある.しかし社会科学の研究では実際に中間変数を定義・測定することが難しい.さらには,外的な操作が容易ではないような中間変数が存在する場合が多い.たとえば3歳児神話の研究例から乳幼児の教育政策を考える際には「独立変数=3歳までの保育園への通園有無」と「従属変数=8歳までの知能や社会性の発達」の間に媒介する「幼児の社会的行動」や「脳部位の活動の変化」を中間変数として考えることができる.しかし,これらは外的な操作を行なうことが容易ではないことから,これらの影響を除去するのではなく,影響を含めた「通園有無」の従属変数への影響を考えればよい.したがって間接効果を除いた「独立変数から従属変数への直接効果」と「中間変数を通じた間接効果」との和として定義される総合効果に関心の中心があるのが普通である.このように社会科学では多くの場合,関心の対象となる因果効果は総合効果であるといってよい[*1].

さらに,本来中間変数である変数を共変量とみなしてその影響(間接効果)を除去することは,因果効果の推定値を過小評価することにつながる.したがって,先行研究や理論から特定の変数が中間変数と共変量のどちらであるかを見きわめることは非常に重要である(詳しくは第4章を参照).

このような場合に,近年工学分野で注目を浴びているグラフィカルモデリング(宮川,2004)を利用できるはずであるとしばしばいわれる.しかしグラフィカルモデリングのさまざまな枠組み,たとえばバックドア基準やフロントドア基準といった概念[*2]がこのような場面で有効に機能するのは,さまざまな中間変数間の部分的な独立性の仮定や変数の親子関係が明確である場合(また

[*1] 幼児の社会的行動の影響に関心があれば,これを独立変数とすればよい.
[*2] ここでは説明しない.詳しくは宮川(2004)を参照されたい.

は明確にしたい場合)である．社会科学では「中間変数同士の関係」や「中間変数と他の変数の関係」を精緻化することが難しい，またはそれが当面の目標ではない以上，グラフィカルモデリングで蓄積されたさまざまな結果を積極的に利用することは難しい．社会科学の研究で全く利用されていないのは，たんに知られていないということではなく，このような理由によると考えられる．

調査観察研究とは？

本書では研究デザインをごく簡単に実験研究と調査観察研究の2つに分類する．**実験研究(experimental study)**(または**統制実験**とも呼ばれる)とは一般には「原因となる変数を研究者が操作し，結果となる変数がどのように変化するか」を調べる方法である．統計学的な議論において重要なのは，研究者による変数の操作性の有無よりも，「独立変数の各水準(または群別)への割り当てが無作為である(＝無作為割り当て)かどうか」である．

調査観察研究とは一般的には**相関研究(correlational study)**や**観察研究(observational study)**と呼ばれる[3]もので，無作為割り当てをともなわない研究である．計量経済学の用語を用いれば「独立変数の値が共変量の値によって確率的に決定される，いわゆる独立変数に**内生性**がある場合の研究を調査観察研究と呼ぶ」ということもできる．

なお，**自然実験(natural experiment)**という用語があるが，これは社会制度や政策を独立変数と見立て，制度が変更された際の従属変数の変化を調べる研究である[4]．実験という名前が付いているが，実際にはごく特殊な場合を除いては「制度変更が適用される対象になるかならないか」が無作為に割り当てられるわけではない[5]ので，調査観察研究の一種と考えることができる．一方，自然実験の中でもある政策や制度に対する実施対象者がくじ引きで決められる場合は，研究者が独立変数を操作する統制実験ではないが，無作為割り当てが行なわれているという点で実験研究と考えることができる．

---

[3] 観察研究や調査研究という用語は，測定手段として観察や質問による調査を用いた研究という意味で利用されることがあるため，本書では一貫して調査観察研究と呼ぶ．
[4] 具体例として第3章の"差分の差"推定を用いた最低賃金についての研究例を参照．
[5] 無作為割り当てが行なわれている場合を計量経済学では社会実験と呼ぶ場合もあるが，高速道路の料金徴収システムETCの"社会実験"のように全く異なった意味で用いられる場合もある．

社会科学においては，実験研究よりも一般に調査観察研究が行なわれることが多い．その代表的な理由は以下の通りである．

[1] 研究者の関心のある要因が研究者が操作可能ではなく，理論的に無作為割り当て不可能な場合がある．また倫理的な理由(医療や教育など)で無作為化が不可能な場合もある．

[2] たとえ無作為割り当てが可能であっても，人間を対象にする研究では「無作為割り当てによる実験研究という状況」そのものが非常に不自然になることが多く，研究の生態学的妥当性を欠き，バイアスが生じる恐れがある．たとえば経営学や社会心理学研究で議論される"ホーソン効果"は，「通常よりもネガティブな状況(＝実験条件)に置かれている」という特殊性により，被験者が通常とは異なる行動をとるという効果として有名である．同様に，研究者が研究対象者の態度や言動にある期待を抱き，その意図を対象者が汲み取ることで，対象者の態度や行動が無意識の内に実験者の期待したものに近づく効果である"ローゼンタール効果(ピグマリオン効果とも呼ばれる)"なども知られている．

[3] 調査観察研究は実験研究より1観測ユニット(対象者)当たりのコストが低いことが多い．社会科学の研究では，変数間の関連の強さがあまり大きくないことが多い．したがって統計学的に意味のある結果を得るためにはサンプルサイズを大きく取る必要があるため，コストの問題が重要になることがある．

[4] 実験研究を行なう場合には一般に調査対象に大きな負担を強いることが多く，少数の協力者に限定されることが多い．したがって母集団からの無作為抽出と実験研究を組み合わせることが難しいが，調査観察研究では無作為抽出を行なうことは実験研究ほど困難ではないため，かえって一般化可能性が保証される場合が多い(ただし，無作為抽出が行なわれていない調査観察研究も非常に多い場合もあることに注意する必要がある)．

さらに，仮に無作為割り当てを行なったとしても，ヒトが対象の研究では割り当てに対する不遵守(noncompliance)が生じている場合がある．新薬の服用や新しい治療法を無作為に割り当てる場合に，実際には薬を服用しない／従来の治療法を望む患者が多数いる場合や，負荷の高い教育訓練を割り当てられ

た対象者が実際には実施しない場合など，実験研究では必ず起こりうることであり，その場合には実験研究を意図したものが実質的には調査観察研究となってしまうため注意が必要である(不服従の問題については3.7節において議論する).

実験群・処置群・対照群

無作為割り当てが行なわれている実験研究において特別な条件を与えた群は**実験群**(experimental group)，一方，それと対照的に特別な条件を与えない群は**対照群**(control group)と呼ばれるのが普通である．しかし経済学，経営学や心理学，教育学，臨床医学，疫学などでの準実験・自然実験・観察研究においては，実験群と呼ぶと実際に実験が行なわれたかのような誤解があることから，代わりに何らかの特別な条件が与えられた群，または何らかの介入が行なわれた群を**処置群**(treatment group)と呼ぶことが多い．本書でも以後この用語を利用する．

1.3 因果効果の推定の例

因果効果の明確な定義は第2章に記述するとして，ここではとりあえず因果効果を「もし無作為割り当てを行なった場合の処置群と対照群の差」と考えよう．

具体例としてアメリカで行なわれている大規模なパネル調査データ(同一の対象者に対して追跡調査されたデータ)のうち，労働政策や教育政策，疫学，社会心理学の研究などでしばしば利用されるNational Longitudinal Surveyデータ(NLSY1979-2002)を利用した解析例を紹介する(Hoshino, 2008).

妊娠中の母親の喫煙が，子どもの流産や低体重出産を引き起こすことはよく知られているが，子どもの知能にもたらす影響も存在する可能性がある．知能発達は非常に個人差が大きいため，単純に各時点での平均を推定するのではなく，知能発達の個人内変動と個人間変動を考慮した成長曲線モデルを用いて発達変化の軌跡の比較を行なった．図1.2の(a)は数学の得点についての成長曲線で，実線は「妊娠中に喫煙しなかった母親の子ども」での成長曲線，破線

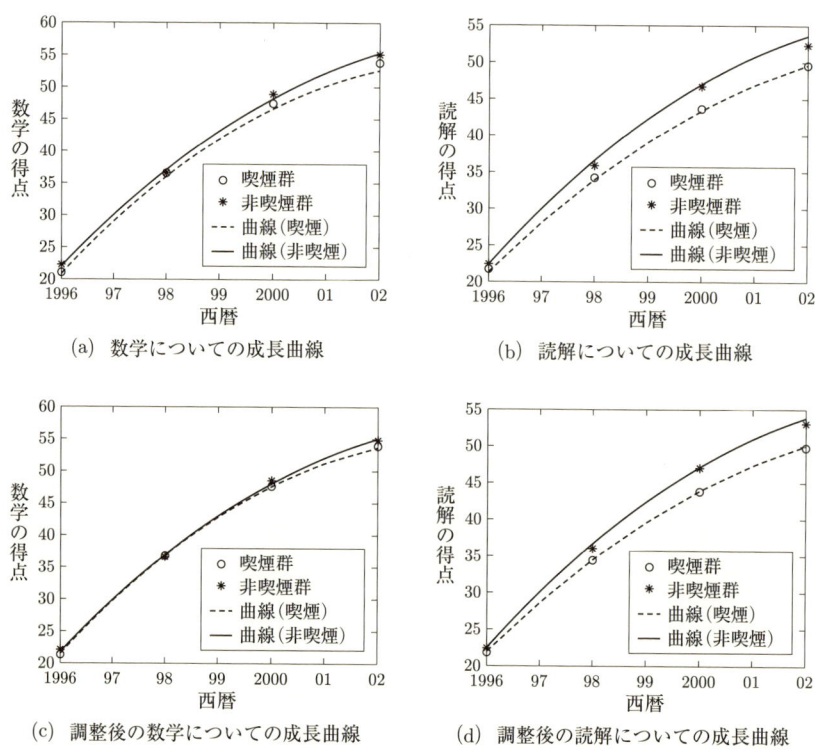

図 1.2 喫煙の胎児への影響：単純な 2 群の差と因果効果の違い

は「妊娠中に喫煙した母親の子ども」での成長曲線である[*6]．同様に図 1.2 の (b) は読解の得点についての成長曲線である．どちらについても "喫煙群" と "非喫煙群" 間で有意な差があり，妊娠中の喫煙が知能発達に与える影響があると考えられる．

ここで，独立変数以外にもさまざまな要因によって子どもの知能発達は影響を受けることは明らかである．たとえば母親の学歴が高いと (タバコの有害性を知りやすく) 妊娠中に喫煙する可能性は小さく，かつ子どもの知能 (や知能発

[*6] 1996 年，1998 年，2000 年，2002 年の 4 時点からなる縦断データであり，ここでは全 4 時点の測定を受けた子どものデータで，"喫煙群" の子どもは 156 人，"非喫煙群" の子どもは 561 人．

達を促進する行動の頻度）が高くなる可能性が大きいことがわかっている．学歴以外にも飲酒頻度など同様の共変量の影響が存在する可能性があることを考えると，喫煙の知能への因果効果を推定する際には，そういったさまざまな共変量の影響を除去して「妊娠中に喫煙する群としない群に無作為に割り当てた場合の結果」を推定する必要がある．またこのようなデータでは共変量として多数の変数が存在するため，共変量と知能の回帰関数の形を事前に仮定して推測を行なうのは難しい．そこで，さまざまな共変量の影響を除去するための具体的な解析手法として3.4節で紹介する"傾向スコアを用いた周辺分布の母数のM推定法"を用いた解析結果を示す．共変量としては，「喫煙するかどうか」にも知能にも関連がある母親の年齢や人種，就業状況，学歴，家庭での使用言語，妊娠時のアルコール飲用経験などの10変数を利用した（共変量選択の方法については4.3節参照）．表1.1は「喫煙群か非喫煙群かの群別」をロジスティック回帰分析を用いて説明したときの偏回帰係数の検定結果であるが，ほとんどの変数で高度に有意となっている．図1.2の(c)と(d)は「無作為割り当てを行なった場合」の数学と読解の成長曲線の推定値である．

また，単純に2つの群の成長曲線が等しいかどうかを検定した結果は「差がない」という帰無仮説に対するp値が数学得点については0.0412，読解得点では0.0073であった．一方，共変量を調整することで「無作為割り当て」に近い状況にした場合の差の検定のp値は数学で0.1485，読解で0.0109となった．つまり，数学の成長曲線については単純な2群の比較では有意な差があるが，因果効果(＝共変量の影響を除去した場合)では有意ではなくなる[7]．一方，読解の成長曲線については因果効果としても有意であり，知能の発達という観点からも妊娠中の喫煙は非常に問題で，これをやめさせるという介入は意義があると考えられる．

このような調査観察研究データでは「処置群（ここでは喫煙群）と対照群（非喫煙群）への割り当てが無作為ではない」ため，単純に2群の平均を比較するだけでは「さまざまな背景要因が異なる2群の比較をしても意味がない」という批判を受ける可能性が高い．実際，このデータ解析例では，飲酒量や学歴

---

[7] 数学的知能については喫煙の因果効果が（あまり）ないという現象は他の研究でも見られており，ニコチンが影響をおよぼす脳部位とあまり影響を与えない脳部位があるという議論がある．

表 1.1 さまざまな共変量による「喫煙群への群別」のロジスティック回帰分析の結果

共変量	自由度	Wald 統計量	p 値
母の年齢	1	7.312	0.00685
人　種	5	71.319	<.0001
都市に居住しているか	1	7.288	0.00694
母の宗教	4	16.802	0.00021
母の就業状況	10	39.428	<.0001
母の学歴	21	70.432	<.0001
家庭での言語	2	6.240	0.04415
母の飲酒状況	7	88.310	<.0001
両親の結婚形態	2	3.179	0.20399
家計収入	15	29.597	0.01346

(Hoshino(2008)から転載)

と妊娠時の喫煙には中程度の相関があり，結果である子どもの知能とも相関があることから，喫煙と相関する他の要因によって知能の低下が起こると解釈することも可能である．一方，背景要因(= 共変量)を調整し，「2 群であたかも共変量の分布に違いがないようにした(= 無作為割り当てを実行した)場合の推定結果」，つまり因果効果の推定結果を示すことで，他の解釈の可能性を除去することが可能となるのである．

他にも先行研究から 3 つほど例を紹介しよう．

例 1.1(銃犯罪の青少年への影響)．

著名な学術誌『Science』に掲載されたアメリカでの研究を紹介する(Bingenheimer et al., 2005)．銃犯罪が発生した地域に住んでいた青少年を追跡調査すると，発生していない地域に住んでいた青少年に比べて，その後重大犯罪を犯す確率が 3 倍以上になることが知られている．

この結果は銃規制の必要性の論拠の一つであるが，銃規制に反対する団体は「たんに銃犯罪が起こった地域は他の地域に比べて教育環境が悪かったり，そもそも犯罪を将来犯しやすい青少年が住んでいるだけであり，銃犯罪が単独で青少年のその後の行動を変える効果はない」とする反論を行なう可能性がある．このような解釈を否定するために，その青少年の人種や宗教・親の収入・家庭環境・薬物使用・仲間集団での犯罪などのさまざまな共変量を用いて「銃犯罪が起こった地域と起こっていない地域で銃犯罪以外の要因をなるべく均質にする」べく傾向スコア(定義は 3.1 節)を用いた調整を行ない，銃犯罪による因果効果を推定したところ，それでもその後の重大犯罪を犯す確率は

銃犯罪が起きた地域に居住した青少年において2倍以上であった．

例 1.2(社会投資ファンドの発展途上国への教育・保健分野での効果).
　これまでは個人単位の調査に対する適用例を紹介してきたが，次のような地域等を単位としたマクロなデータに対する因果効果の推定も可能である．
　南米のボリビアにおける社会投資ファンドによる投資が教育分野で有効に機能しているかを調べるために行なわれた，共同体を単位とした調査を紹介する(Newman et al., 2002)．生徒当たりの教科書数や教室数などの学校についての指標や，共同体の人口数，学校の所属する共同体当たりの親の教育年数の平均や1人当たりの支出の平均などの17変数を共変量とし，プロビット回帰によって傾向スコアを算出し，傾向スコアによるマッチングを行なった．結果として，学校のインフラ整備を改善する効果は見られたが，退学率など改善目標となる教育指標はあまり改善しなかった．
　同様に保健に関する共同体ごとの調査を行ない，投資ファンドによる投資が行なわれたかどうかを24の共変量を用いて予測し，傾向スコアを算出した．投資された共同体と，投資されなかった共同体の間での5歳以下での死亡率を単純比較しても差がなかったが，傾向スコアによる調整の結果，投資された共同体での死亡率は4割減少した．この結果は，共同体単位で投資を行なうか行なわないかを無作為に割り当てた場合の差の推定値であるため，投資効果をより正確に評価していると考えることができる．

例 1.3(社会経済的地位が死亡率におよぼす影響).
　社会経済的地位(socio-economic status：SES)が低いことは心臓血管系リスクや死亡率を高めることが知られているが，その因果メカニズムは明らかではない．Shishehbor et al.(2006)はSESとどの運動生理的特性が関係することによって，SESと死亡率が関連するのかを明らかにするために，1990年から2004年にわたる縦断研究データを用いた解析を行なった．
　患者は収入や学歴など6つの変数から合成されたSES得点に応じて4つのグループに分けられ，4つのグループ間での運動生理的特性や死亡率が比較された．その際に，SESにもこれらの変数にも関連があるさまざまな共変量(年齢や性別，人種，これまでの病歴，居住地域，病院までの距離，健康保険の種類，薬の使用など)から推定した傾向スコアを用いたマッチング(3.2節)による調整を行なった．
　結果として，SES得点が低いことと代謝能力や運動後の心拍回復能力が関連していることがわかり，またSESの低さは死亡率を有意に予測した(図1.3)．SESが高い人はいろいろな共変量の影響を除去しても，代謝能力などが良いということになる．また，低SES群の患者でもこうした臨床的特徴を改善する努力をすることにより，死亡率を下げる可能性があることがわかった．

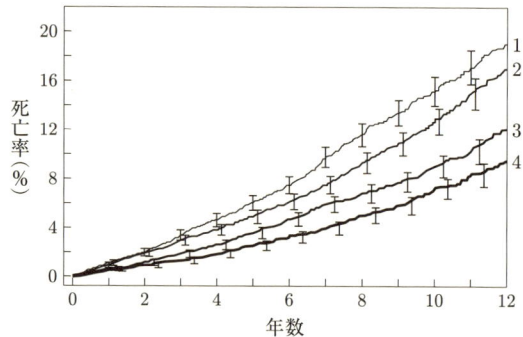

1, 2, 3, 4 はそれぞれ SES が下位 25%，26-50%，
51-75%，上位 25% の集団を表わす
上下のバーは 95% 信頼区間

図 **1.3** 社会経済地位の四分位とその後の死亡率
(Shishehbor ら (2006) から転載)

上記の解析例からもわかるように，社会科学や医学・疫学では実験が不可能な場合がほとんどである．そのようなデータ (= 調査観察データ) から "もし実験が行なえたら得られるであろう，独立変数による従属変数への単独効果" (= 因果効果) を推定するための方法論と限界を知ることは，各分野での学術的な議論を進展させるだけではなく，よりよい政策意思決定や人々の日常での意思決定に大きく寄与するはずである．

1.4 バイアスのある調査データの例——調整は可能か？

ここでがらりと話題を変えて，本書の副題の一つである "選択バイアス" に関する例を紹介しよう．

例 1.4（日本政策金融公庫の調査）．
2008 年 10 月下旬にほぼすべての全国紙の新聞に取り上げられたショッキングな例を取り上げよう（日本政策金融公庫「教育費負担の実態調査」）．
高校・専門学校・短大・大学・大学院などに在学している子どもを持ち，国の教育ローンを利用している世帯に対する調査を行なった結果，世帯収入に対する教育費は平均 34.1% であった．また，年収が 200 万円以上 400 万円未満の世帯では，世帯収入の

55.6%に達した．さらに，住宅ローン年間返済額と教育費を合わせると平均45.9%に達し，両者が世帯収入の5割を超えた世帯は32.5%にものぼっている．

　郵送調査での回収率が26%程度であることを差し引いても，教育費の負担は非常に重いという印象を与える調査結果である．
　しかしよく考えると，この調査結果を「高校以上の学校に就学している子どもがいる家庭全般」について当てはめることは明らかに誤りである．本調査の対象者である「国の教育ローンを利用している家庭」の多くが（私学に子どもを入れることで）高い教育費を払っている家庭，あるいは収入の割に教育費を多く払っている家庭であることを考えると，この調査では**「教育費が家計に重くのしかかっている世帯」**に対して収入に占める**教育費の割合**を調査している．したがって高校以上の学校に就学している子どもがいる家庭全体での調査結果よりも教育費の割合は明らかに高く出るのは当然である．総務省の家計調査データによると，1夫婦と未婚の子ども世帯の教育関係費は1993年の10.1%から2003年の11.8%と徐々に増加はしている（「平成17年版国民生活白書」）が，これに比べると（高校以上に限定している，5年の違いがあるとはいえ）34.1%というのは明らかに過大な推計値であるといえる．
　このような「本来対象とする集団」から一部の対象者が選択されている（あるいは脱落している）状況で，単純な解析を行なうことで生じる結果の歪みのことを**選択バイアス**と呼ぶ（詳しくは第5章を参照）．労働経済学での先駆的な業績からノーベル経済学賞を受賞したヘックマン（Heckman）の一連の研究以降，経済学のみならず社会学や医学など，ヒトが自主的に行動選択を行なう場面での解析を行なう際に考慮すべき重要な問題である．
　日本政策金融公庫があえて「選択バイアスが明確に存在する調査」を実施した理由は，あくまでも彼らの関心が事業の一つである国の教育ローンの対象者にあることにある．このような目的からは「国の教育ローンを受けている家庭」に対する調査結果を利用するのは問題はない．しかし，このような調査結果が全国紙において何の注意もなしに大々的に取り上げられること自体，「日本政策金融公庫が国の教育ローンをより充実させるように政府は努力するべきだ」という世論形成が意図されているかのようである．日本は先進国（たと

えば OECD 諸国) の中で教育費の国庫負担率がもっとも低い国の一つであり，筆者も個人的には「国がもっと教育に投資をするべき」「低金利な教育ローンを充実すべき」という意見には賛成である．しかし，このような明確な選択バイアスを有する調査結果からは正しい議論はできない．

　ここで取り上げられた例はやや極端なものであるが，社会科学では特定の傾向を持った個人や組織を対象とした研究を行なわざるを得ないという状況は非常に多い．たとえば定年延長についての調査から「定年を超えて働いている人を調べたら健康状態が良い」ことがわかったとしても，それは「定年を超えて働いている人はそもそも健康で活動的・社交的であり，そのために 60 歳までに高い地位を得て定年を超えて働けた」という選択バイアスによる可能性が高い．

　また，近年さまざまな分野で利用されているインターネット調査など，母集団から無作為に抽出されていない調査のバイアス (第 6 章を参照) も選択バイアスと考えることで，無作為抽出の結果を予測する方法論を考えることもできる．

　選択バイアスに関する理論，補正方法とその注意点については第 5 章と第 6 章で詳しく説明する．

1.5　因果推論・選択バイアス・データ融合の統一的理解

調査観察データを欠測のあるデータとして考える

　ルービン (Rubin) の先駆的な研究以降，調査観察研究での因果推論を "欠測データの問題" として扱うと非常に見通しが良くなることが知られている．具体的には，「もし介入を受けた場合の従属変数の値」を y_1，「もし介入を受けなかった場合の従属変数の値」を y_0 とすると，本来は対象者 1 人につき 2 つの従属変数が存在し，そのうちの一方しか実際には観測されず，もう一方は欠測している，と考えることができるからである (これをルービンの因果モデルと呼び，詳しくは第 2 章で取り上げる)．つまり介入を受ける処置群では y_0 は欠測しており，一方，介入を受けない対照群では y_1 が欠測している，そして 2 つの群の質的な違いを説明する共変量を同時に取得しているという図 1.4

の (a) のような形式のデータになっていると考えるのである.

この枠組みを利用すれば，共変量情報を用いた統計的な調整法から得られる y_1 と y_0 の周辺期待値の差，つまり「母集団全体での y_1 および y_0 の期待値の差」が因果効果として適切であることがわかる．さらに，実験研究における2群の単純平均は，実は因果効果の推定値の一種である[*8]．したがって実験研究は調査観察研究の特殊な例であると考えることもできる．

近年の社会科学における統計的因果推論に関するさまざまな解析手法は，基本的にはこの「欠測データの問題を共変量情報を用いて解決する」という枠組みを用いて開発されている (第2章参照).

ただし，社会科学や医学・疫学などヒトが関係する研究分野においては，この共変量情報を用いた統計的な調整法には大きな困難が存在する．なぜなら，線形回帰分析やパス解析，さらにはこれらを含む構造方程式モデリングのようなパラメトリックな解析法では従属変数と共変量の非線形な関係を無視してしまうため，調整がうまく働かないことが多いためである (2.7 節を参照).

一方，社会科学や医学などでカーネル回帰や局所多項式回帰などのノンパラメトリックモデルをそのまま利用することは問題があることが多い．共変量が多数 (実際の解析例では 50 次元などという場合もある) あり，いわゆる次元の呪い (定義は 2.8 節参照) を被ることになる．そこで，近年ではより頑健 (ロバスト) な結果を得るためにパラメトリックな手法・線形モデルとノンパラメトリックな手法の中間に位置するセミパラメトリック解析[*9]のさまざまな手法が発展し，利用されるようになったのである (詳しくは第3章参照).

欠測データとしての選択バイアスとインターネット調査の補正

共変量情報を用いた欠測データに対する統計的な調整法は因果推論だけではなく，前節で紹介した例のような，「研究対象 (実験の被験者・調査の対象者) が母集団を代表していない場合」の補正の議論にも密接に関連している．ヘックマンの研究 (Heckman, 1979) 以降，母集団を代表しない標本データから得

[*8] 詳しくは 2.4 節を参照.
[*9] 解析者の関心のある部分は線形モデルなどのパラメトリックなモデル表現を行ない，共変量が影響する部分など関心のないところはモデリングを避ける方法.

られた推論の偏り(これを選択バイアスと呼ぶ)に関する理論的あるいは実証的な研究が人文社会科学全般で蓄積されているが,この問題も上記のような「欠測データとしてのデータ表現」および「共変量情報の積極的利用」の2つの観点に立った考え方が主流となりつつある(第5章参照).

具体的には,ある従属変数について調査対象者すべて(またはそこからの無作為抽出標本)からではなく,回答した一部からしか測定できない場合において,回答者と非回答者が異なる集団であれば,回答者での平均は全体の平均と異なることが容易に理解できる.このような選択バイアスの問題も,欠測データの問題として考えることができる.つまり図1.4の(b)のように,関心のある従属変数は回答者において観測されるが,非回答者では観測されない.したがって図1.4の(a)にある因果推論の図式と本質的には同じであることがわかる.

また選択バイアスに関連し,かつ社会的なニーズの大きいトピックとして,調査データの偏りの補正がある.この数年でマーケティング分野を中心に,政府の世論調査においてもインターネット調査が利用されるようになってきたが,インターネット調査は基本的に調査会社の運営する調査パネルに登録する協力者に対する調査であり,本来関心のある集団(国民や消費者)に対する代表性があるとはいえず,実際に無作為抽出を行なった調査からかなり異なった結果が得られることが知られている.インターネット調査をはじめ,偏りのある調査データは選択バイアスの枠組みを拡張することで議論ができることが知られている.

たとえば図1.4(b)で「回答者」をインターネット調査への協力者,「非回答者」をインターネット調査に協力した人以外の人々とすれば,インターネット調査の偏りの問題も議論できる(詳しくは第6章参照).

欠測データとデータ融合の考え方

最近の欧米のマーケティングリサーチにおいては,消費者の商品カテゴリーを超えた購買行動やWeb上の広告活動とTVCMなどをリンクさせる,いわゆる「クロスメディアコミュニケーション」に大きな関心が寄せられている.また,Amazonなどのドットコム小売業者が行なっている商品のリコメ

ンデーションシステムは顧客のページ閲覧履歴・購買履歴のデータや商品情報データなど複数のデータを利用しているが，そこでも商品の購入履歴データと市場調査データ，商品の属性やコンテンツ情報を融合したデータ解析の必要性が増している．このような実務上の要求から，対象者の異なる複数のデータを統合し，疑似的なシングルソースデータ(同一の対象者がすべての調査を受けているデータ)を構成することで，顧客層の理解と購買行動予測を行なう方法，いわゆる「データ融合(データフュージョン：data fusion)」が近年重要なテーマとなってきており，日本でも徐々に関心が集まりつつある．ここで，購買履歴データをデータ A，市場調査データをデータ B とすると，データ B での回答者がデータ A の調査対象の一部である場合が多いが，データ A とデータ B で対象者に重なりがなく相関情報を得ることができない場合も多い．

ここでデータ融合でのデータ形式を図 1.4 の (c) に示したが，これも本質的には (a) と同型である．ただしデータ融合が行なわれる際の中心的な関心は「集団」(つまり期待値などの母数)だけではなく，個々人に対する予測にあることが多いため，利用される解析手法は異なる．このような状況で一番簡単に利用できそうな方法は「変数群 A と共変量項目」「変数群 B と共変量項目」間の回帰関係をモデリングする方法であるが，第 2 章や第 3 章でも述べるように，回帰モデルはモデルの誤設定に非常に敏感であるために，あまり利用されない．

一方，実際のデータ融合で最もよく利用される方法は共変量項目を利用したマッチング法である．具体的に図 1.4 の (c) の状況を利用して説明すると，データ A でのある回答者の市場調査項目はその回答者に「(共変量項目に関して)もっとも近い」データ B の回答者の市場調査項目を利用するというものである．他にも，データ A について変数群 A と共変量項目を同時に因子分析や主成分分析にかけ，得られた因子や主成分への変換行列を用いてデータ B での変数群 A を予測する，などといった方法もよく利用される(具体的には第 7 章を参照)．

22 ◆ 1 序　論

	処置群	対照群
介入を受けた場合の結果 y_1	処置群のデータ	欠測
介入を受けない場合の結果 y_0	欠測	対照群のデータ
共変量項目	全対象者に共通して得られている変数	

(a)　因果推論

	群別	
	回答者	非回答者
従属変数	回答者のデータ	非回答者のデータ
共変量項目	全対象者に共通して得られている変数	

(b)　選択バイアス

	購買履歴データ	市場調査データ
変数群A（購買履歴）	購買履歴調査のデータ	欠測
変数群B（質問紙項目）	欠測	市場調査の回答データ
共変量項目	全対象者に共通して得られている変数	

(c)　データ融合

図 1.4　欠測データとしての因果推論・選択バイアス・データ融合

まとめ：欠測データの枠組みは強力である

以上おおまかに紹介したように，3つの問題は基本的には欠測データという同型な問題構造をもつことをご理解いただけたと思う．同型な問題構造だから，基本的には同じ方略で対応することができそうである．しかし，実際には欠測は"何もない部分"に対処するのであるから，直感的には，その分どこかから情報を持ってきて埋めていくことが必要になりそうである．すでに提示した例をご覧いただければ想像できるように，「"従属変数"および"独立変数＝欠測するかしないか"のどちらにも影響を与える共変量の情報」を有効に利用することで対応できそうである．さらに，社会科学では共変量が非常に多い場合が多いこと，共変量と従属変数の線形性などは仮定できないことから，ノンパラメトリックでもパラメトリックでもない，その中間あたりの方法(＝セミパラメトリックな手法)を利用することになる．

まとめると，取り上げた3つの問題「調査観察データでの因果推論」「選択バイアス」「データ融合」に対応する基本戦略は

[1] 欠測のあるデータの枠組みで考えること
[2] 共変量情報を積極的に集め，それを活用すること
[3] セミパラメトリックな手法を用いてロバスト[*10]な結果を得ること

である．

ただし，図1.4の(a)の因果推論や(b)の選択バイアスの場合と(c)のデータ融合では解決するべき問題が異なる．具体的には，因果推論の場合ではy_1やy_0の期待値や周辺分布の母数に関心があるが，データ融合においては，欠測している部分の値の予測に関心の中心がある．したがって，欠測データを予測するために，y_1とy_0の相関や回帰関係をデータから構築する必要がある．

では，まず第2章では調査観察研究での因果推論の枠組みを紹介しよう．

[*10] ここでいうロバスト(頑健)とは，モデルの仮定になるべく依存せずに関心のある量(母数や予測値)の推測を精度よく行なえることである．

2

欠測データと因果推論

統計的因果推論や選択バイアスの議論を行なう際には，一見迂遠なようだが，これらの状況で得られるデータを「欠測のあるデータ」とみなして議論することで，統一的な理解と解決方法を考えることが可能になる．そこで本章では，まず「欠測のあるデータ」についての概説を行なう．次に欠測の特殊な例である反実仮想アプローチを利用したルービンの因果モデルとルービンの因果効果を定義する．さらに，ある条件を仮定することで，調査観察研究においても共変量の情報を用いれば因果効果を推定できることを示す．また共変量情報を利用する方法であるパラメトリックな回帰モデルやノンパラメトリックな回帰モデルを紹介し，その問題点を指摘する．

2.1 欠測の分類

データの欠測はさまざまな状況で生じるが,大別して下記の4つに分類することができる.

[1] 各変数レベルでの記入漏れや無回答
[2] 打ち切り(ある上限や下限などの閾値を超えると,閾値を超えたことはわかるが,本来の値がわからない)や切断(閾値を超えた観測値の数そのものが不明)
[3] 経時データやパネルデータでの脱落(**dropout**)またはパネルの摩耗(**attrition**)
[4] 調査や測定全体への無回答や不参加,測定不能

狭義の欠測の定義としては[4]を除外するという考え方もあるが,発生のメカニズムを考える場合はこの4つは関連があるため,以後本書ではこれらを欠測と呼ぶ.実際,第5章で取り上げる"選択バイアス"は[4]の問題によって生じる.一方,より広い概念として**不完全データ**(**incomplete data**)という言葉を利用する場合もあり(たとえば,岩崎,2002),その場合は上記の4つに加えて,[5]四捨五入や小数点切り下げなどの値の丸め(ラウンディング)や,[6]連続値の離散値化,を取り上げる場合がある.また,不完全データでないデータを**完全データ**(**complete data**)と呼ぶ.

複数の変数が測定されている場合には欠測パターン(**missing pattern**)を考えることがあり,"一部の変数に対する欠測(item nonresponse)"と,上記の分類の[4]に当たる"全変数に対する欠測(unit nonresponse)"に分けて考える.さらに"一部の変数に対する欠測"については**単調欠測**(**monotone missingness**)かどうかによって分類することがある.ここで「欠測パターンが単調欠測である」とは「ある変数で欠測があれば,別の変数でも必ず欠測がある」という関係がすべての対象者(個体)で成立することを指し,対象者と変数を適切に入れ替えれば,図2.1のような欠測パターンになる場合である.

複数時点で同一対象者を追跡調査するような経時データやパネルデータにおいては対象者の脱落が起こる場合がしばしばある.この場合,ある測定時点で

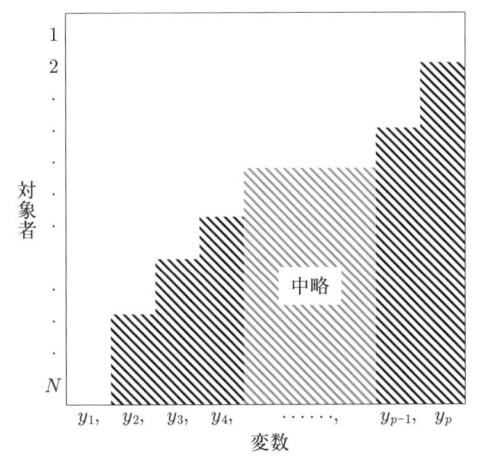

図の説明:
縦軸: 対象者 (1, 2, ..., N)
横軸: 変数 ($y_1, y_2, y_3, y_4, \ldots, y_{p-1}, y_p$)
中略
斜線部分は欠測を表わす

図 2.1　単調欠測

欠測であれば，次の測定時点でも欠測になるため，単調欠測と考えることができる．これ以外にも，社会調査や市場調査などで「最初の質問で該当しなかった場合には以下の質問項目に答えない」という場合があるが，これについても単調欠測と考えてモデリングや解析を行なう場合がある．

このように単調欠測かどうかは欠測発生のモデルを立てる場合には重要な区分である．

2.2　欠測のメカニズム

ランダムな欠測

「ある対象者においてある変数がなぜ欠測したか」のメカニズムを欠測メカニズム(missing mechanism)と呼ぶが，これについてはルービンの研究以来，3通りに分けて考えるのが一般的である(Rubin, 1976)．

（ⅰ）完全にランダムな欠測(MCAR：missing completely at random)

欠測するかどうかはモデリングに用いている変数には依存しない．

(ii) ランダムな欠測(MAR：missing at random)

欠測するかどうかは，欠測値には依存せずに観測値に依存する．

(iii) ランダムでない欠測(NMAR：not missing at random)[*1]

欠測するかどうかは欠測値そのものの値や観測していない他の変数にも依存する．

欠測データの解析では，この順を追って対応が難しくなる．

以後，関心のある変数を y とし，$\bm{y}=(\bm{y}_{\mathrm{obs}}^t, \bm{y}_{\mathrm{mis}}^t)^t$ を欠測がなかった場合の完全データのベクトルとし，$\bm{y}_{\mathrm{obs}}$ を観測されているデータのベクトル，$\bm{y}_{\mathrm{mis}}$ を欠測しているデータのベクトルとする[*2]．

ここで関心があるのは，完全データベクトルについての同時分布 $p(\bm{y}|\bm{\theta})$ の母数 $\bm{\theta}$ である．また，欠測するかしないかを表わすインディケータ変数を m とし，そのベクトルを $\bm{m}$ とする．このとき，$\bm{y}$ と $\bm{m}$ の同時分布を

$$p(\bm{y}, \bm{m}|\bm{\theta}, \bm{\phi}) = p(\bm{y}|\bm{\theta})p(\bm{m}|\bm{y}, \bm{\phi}) \tag{2.1}$$

のように，「$\bm{y}$ の周辺分布」と「$\bm{y}$ を条件付きにしたときの欠測インディケータ $\bm{m}$ の分布」の積で表現されると仮定するモデルを選択モデル(selection model)と呼ぶ．またここで式(2.1)のように，$\bm{y}$ の周辺分布の母数 $\bm{\theta}$ と別に欠測モデルの母数 $\bm{\phi}$ が定められる場合を $\bm{\theta}$ と $\bm{\phi}$ が分離している(distinctness)という[*3]．ここで，式(2.1)は完全データベクトルについての尤度であるため，完全データの尤度(complete data likelihood)と呼ぶことがある．

ここで，観測されているデータとインディケータ変数についての同時分布は，$\bm{y}$ と $\bm{m}$ の同時分布から欠測しているデータベクトルを積分消去すること

[*1] MNAR(missing not at random)という用語もある．

[*2] ここで t はベクトルの転置を表わす．また，2.2節でベクトルで表記したものには対象者すべてのデータがベクトルに含まれているとする．たとえば第 i 対象者の y の値を y_i とすると，$\bm{y}$ は $(y_1, \cdots, y_N)^t$ の要素の中で観測されているものが $\bm{y}_{\mathrm{obs}}$ に対応するように適切に並べ替えたものとなる．一方，2.4節以降でのベクトルは通常の記法と同じように，多変量をまとめて表記するためのものである．

[*3] 欠測メカニズムの3つの分類とは別に，無視できない欠測(nonignorable missingness)という用語がある．"無視できる欠測(ignorable missingness)" であるとは，"ランダムな欠測" であり，かつ「$\bm{y}$ の周辺分布の母数と欠測モデルの母数が式(2.1)のように分離している」場合である．少なくともどちらか一方の性質がない場合が "無視できない欠測" である．

で次のように表現できる[*4].

$$p(\boldsymbol{y}_{\mathrm{obs}}, \boldsymbol{m}|\boldsymbol{\theta}, \boldsymbol{\phi}) = \int p(\boldsymbol{y}|\boldsymbol{\theta})p(\boldsymbol{m}|\boldsymbol{y}, \boldsymbol{\phi})d\boldsymbol{y}_{\mathrm{mis}} \qquad (2.2)$$

これが $\boldsymbol{\theta}$ と $\boldsymbol{\phi}$ についての**完全尤度**(full likelihood)[*5]であり,この完全尤度を最大化する推定量が最尤推定量となる.この式からも,本来関心がある $\boldsymbol{\theta}$ の推定を行なう際でも,欠測メカニズム $p(\boldsymbol{m}|\boldsymbol{y}, \boldsymbol{\phi})$ を考慮する必要があるということがわかる.

例 2.1(無回答や不参加の場合の例).
より具体的にサンプルサイズを N,対象者 i での y の実現値を y_i とし,ベクトル y_i は独立かつ同一に分布 $p(y|\boldsymbol{\theta})$ に従うとする.さらに,欠測の分類での[4]の場合,つまり $m_i=1$ の場合には y_i が観測され,$m_i=0$ の場合には欠測するときを考える.また $\boldsymbol{y}=(y_1, \cdots, y_N)^t$, $\boldsymbol{m}=(m_1, \cdots, m_N)^t$ とし,$\boldsymbol{y}_{\mathrm{obs}}$ を $m_i=1$ となる y_i を集めたベクトルとする.このとき式(2.2)は

$$p(\boldsymbol{y}_{\mathrm{obs}}, \boldsymbol{m}|\boldsymbol{\theta}, \boldsymbol{\phi}) = \prod_{i:m_i=1} p(y_i|\boldsymbol{\theta})p(m_i|y_i, \boldsymbol{\phi}) \prod_{i:m_i=0} \int p(y_i|\boldsymbol{\theta})p(m_i|y_i, \boldsymbol{\phi})dy_i \qquad (2.3)$$

と書くことができる[*6].

さて,"ランダムな欠測(MAR)"の仮定が成立する場合には,定義から「欠測するかどうかは,欠測値には依存せずに観測値に依存する」

$$p(\boldsymbol{m}|\boldsymbol{y}, \boldsymbol{\phi}) = p(\boldsymbol{m}|\boldsymbol{y}_{\mathrm{obs}}, \boldsymbol{\phi})$$

ことになる.したがってこの場合は式(2.2)は

$$p(\boldsymbol{y}_{\mathrm{obs}}, \boldsymbol{m}|\boldsymbol{\theta}, \boldsymbol{\phi}) = \int p(\boldsymbol{y}|\boldsymbol{\theta})p(\boldsymbol{m}|\boldsymbol{y}_{\mathrm{obs}}, \boldsymbol{\phi})d\boldsymbol{y}_{\mathrm{mis}}$$
$$= p(\boldsymbol{y}_{\mathrm{obs}}|\boldsymbol{\theta})p(\boldsymbol{m}|\boldsymbol{y}_{\mathrm{obs}}, \boldsymbol{\phi})$$

[*4] 以後本書では変数が離散の場合であっても,連続の場合と同じ積分記号を用いるが,これは記法を簡略にするためである.さらに,記法を簡便にするため,確率変数と実測値を区別して記述しないので注意されたい.
[*5] "完全データの尤度"と混同しやすいが,こちらは観測されたデータを完全に利用しているという意味での"完全"尤度である.
[*6] ただし $\prod_{i:m_i=0}$ は $m_i=0$ となる添え字 i についてのみ積を取るということを表わす.

となるため,対数完全尤度は

$$\log p(\boldsymbol{y}_{\text{obs}}, \boldsymbol{m}|\boldsymbol{\theta}, \boldsymbol{\phi}) = \log p(\boldsymbol{y}_{\text{obs}}|\boldsymbol{\theta}) + \log p(\boldsymbol{m}|\boldsymbol{y}_{\text{obs}}, \boldsymbol{\phi})$$

となる.$p(\boldsymbol{y}_{\text{obs}}|\boldsymbol{\theta})$ を観測データの尤度(observed data likelihood)[*7]と呼ぶ.

ここで普通は $\boldsymbol{\theta}$ についてのみ関心があるため,$\boldsymbol{\theta}$ の最尤推定量を得るためには欠測インディケータの分布に関する部分 $p(\boldsymbol{m}|\boldsymbol{y}_{\text{obs}}, \boldsymbol{\phi})$ は無視して,観測データの尤度 $p(\boldsymbol{y}_{\text{obs}}|\boldsymbol{\theta})$ を用いて推論を行なえばよいことがわかる.

さらに,完全にランダムな欠測では,

$$p(\boldsymbol{m}|\boldsymbol{y}, \boldsymbol{\phi}) = p(\boldsymbol{m}|\boldsymbol{\phi})$$

であり,式(2.2)は

$$p(\boldsymbol{y}_{\text{obs}}, \boldsymbol{m}|\boldsymbol{\theta}, \boldsymbol{\phi}) = p(\boldsymbol{y}_{\text{obs}}|\boldsymbol{\theta})p(\boldsymbol{m}|\boldsymbol{\phi})$$

と書けるため,ランダムな欠測のときと同様に観測データの尤度だけで推論を行なえばよいことがわかる.一方,"ランダムでない欠測"の場合についてはここでは取り上げず,第4章で説明する.

では具体的にそれぞれの欠測メカニズムに従う例を見ていこう.

例 2.2(欠測メカニズムの例1:完全にランダムな欠測).
面接調査を行なう際に,調査員に対する謝金のコストの問題から,すべての調査対象者に対して,乱数表を用いて2分の1の確率で調査項目の後半部を質問せずに終了するとする.このときの後半部の欠測 m は質問項目 $\boldsymbol{y}$ に依存せず

$$p(m|\boldsymbol{y}, \boldsymbol{\phi}) = 0.5$$

となり,「完全にランダムな欠測」である.

例 2.3(欠測メカニズムの例2:ランダムな欠測としての選抜効果).
入学試験の妥当性を調べるために,入試得点 y_1 と入学後の成績 y_2 の関係を調べたいとする.このとき,「入学試験で合格点に達しなかった学生は入学できない(当然入学後の成績はわからない)」ためにデータの欠測が生じる.具体的には y_1 が C 以上の場

[*7] 完全データの尤度とは言葉が似ているが全く異なる概念であることに注意する.

合には合格して y_2 が観測され,C 未満の場合には不合格なため y_2 は欠測する.

ここで,入試得点 y_1 によって入学後の成績 y_2 を予測する回帰分析モデル

$$y_2 = \theta_1 + \theta_2 y_1 + \epsilon, \quad \epsilon \sim N(0, \sigma^2)$$

の切片 θ_1 と回帰係数 θ_2 に関心があるとすると,y_1 を条件付けたうえでの y_2 と m の同時分布は

$$p(y_2, m | y_1, \boldsymbol{\theta}, C) = p(y_2 | y_1, \theta_1, \theta_2, \sigma^2) p(m | y_1, C)$$

と書ける.この場合,欠測するかどうかは常に観測される y_1 にのみ依存し,欠測している値には依存しないため,"ランダムな欠測" である.さらに,"観測データの尤度"を最大化する切片と回帰係数の最尤推定量は,たんに入学者での「入試得点と入学後の成績」のペアを用いた最小二乗推定量と一致するため,**欠測が存在することを考えないで単純に解析してよい**ことになる.

一方,回帰モデルではなく,入試得点 y_1 と入学後の成績 y_2 が 2 変量正規分布[*8]

$$\begin{pmatrix} y_{i1} \\ y_{i2} \end{pmatrix} \sim N\left(\begin{pmatrix} \mu_1 \\ \mu_2 \end{pmatrix}, \begin{pmatrix} \sigma_1^2 & \sigma_{12} \\ \sigma_{12} & \sigma_2^2 \end{pmatrix} \right)$$

に従うとし,その共分散や相関係数を求める場合には,入学者での「入試得点と入学後の成績」のペアのデータだけを用いて計算した標本共分散や標本相関係数は真の値から大きく外れる(相関係数は一般に小さくなる.これは図 2.2 より明らか).具体的には

$$\prod_{i : m_i = 1} p(y_{i1}, y_{i2} | \mu_1, \mu_2, \sigma_1^2, \sigma_2^2, \sigma_{12})$$

を最大化する σ_{12} の推定量は,たとえサンプルサイズが大きくてもバイアスがある.一方,"観測データの尤度"

$$p(\boldsymbol{y}_{\mathrm{obs}} | \boldsymbol{\theta}) = \prod_{i : m_i = 1} p(y_{i1}, y_{i2} | \mu_1, \mu_2, \sigma_1^2, \sigma_2^2, \sigma_{12}) \prod_{i : m_i = 0} p(y_{i1} | \mu_1, \sigma_1^2)$$

を最大化する σ_{12} の最尤推定量は真値に近い(="一致性"を有する[*9]).

数値例として,$N=1000$,$\theta_1=50$,$\theta_2=0.8$,$y_1 \sim N(50, 100)$,$\sigma^2=49$ のデータをプロットしたものを図 2.2 に記載する.またここでは $C=60$ 点以上が入試に合格しているとする.したがってグレーの部分に存在する学生の y_2 のデータは欠測している.この数値例では全データの相関は約 0.753 であるが,合格した人だけから単純に相関係数を計算すると 0.406 程度と,きわめて大きなバイアスがある[*10].一方,"ランダ

[*8] 実は 2 変量正規分布に限らず,一般の多変量分布でも同様の結論が得られる.
[*9] 一致推定量と一致性については数理統計学の教科書を参照してほしい.
[*10] このようなバイアスは第 5 章で紹介する選択バイアスの一種と考えることもできる.

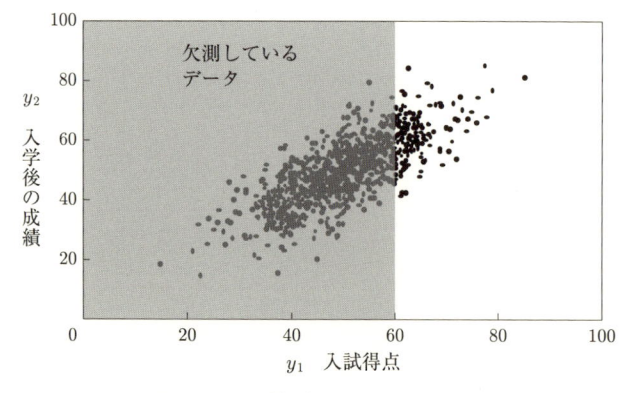

図 2.2 入試得点による選抜と欠測

な欠測"であることを利用して合格者のデータだけで回帰分析を行ない，θ_2 や誤差分散の推定値，y_1 の分散の推定値を用いて y_1 と y_2 の相関係数の推定値を"復元"する

$$\widehat{Corr}(y_1,y_2) = \frac{\widehat{Cov}(y_1,y_2)}{\sqrt{\hat{V}(y_1)} \times \sqrt{\hat{V}(y_2)}} = \frac{\hat{\theta}_2 \times \hat{V}(y_1)}{\sqrt{\hat{V}(y_1)} \times \sqrt{\hat{\theta}_2^2 \times \hat{V}(y_1) + \hat{V}(\epsilon)}} \fallingdotseq 0.731$$

のような方法でも，かなり真値に近い値が得られる．2変量正規分布の仮定の下で観測データの尤度を用いて推定する場合も同じ結果になる[*11]．

2.3 パターン混合モデルと共有パラメータモデル

2.2節では選択モデル，つまり式(2.1)のモデルによる説明を行なったが，$\boldsymbol{y}$ と $\boldsymbol{m}$ の同時分布を

$$p(\boldsymbol{y},\boldsymbol{m}|\boldsymbol{\xi},\boldsymbol{\omega}) = p(\boldsymbol{y}|\boldsymbol{m},\boldsymbol{\xi})p(\boldsymbol{m}|\boldsymbol{\omega}) \tag{2.4}$$

と表現されるという仮定を置くパターン混合モデル(pattern mixture model)を利用することもできる．ここで $p(\boldsymbol{y}|\boldsymbol{m},\boldsymbol{\xi})$ は欠測のインディケータ変数を条件付けたときの $\boldsymbol{y}$ の分布を，$p(\boldsymbol{m}|\boldsymbol{\omega})$ は欠測の比率を表わしている($\boldsymbol{\xi}$ と $\boldsymbol{\omega}$ はそれぞれの母数ベクトルである)．

[*11] 説明変数と誤差の分布に正規分布を仮定した回帰モデルと2変量正規分布は同値のモデルであり，一方の母数を他方の母数に変換できるため．

2.3 パターン混合モデルと共有パラメータモデル ◆ 33

パターン混合モデルは下記のように書き直すことができる.

$$p(\boldsymbol{y}, \boldsymbol{m}|\boldsymbol{\xi}, \boldsymbol{\omega}) = p(\boldsymbol{y}_{\mathrm{obs}}|\boldsymbol{m}, \boldsymbol{\xi})p(\boldsymbol{m}|\boldsymbol{\omega})p(\boldsymbol{y}_{\mathrm{mis}}|\boldsymbol{y}_{\mathrm{obs}}, \boldsymbol{m}, \boldsymbol{\xi}) \quad (2.5)$$

ここで"ランダムな欠測"の仮定が成立するなら(以下煩雑なのでパラメータを省略すると)

$$\begin{aligned}p(\boldsymbol{y}_{\mathrm{obs}}, \boldsymbol{y}_{\mathrm{mis}}, \boldsymbol{m}) &= p(\boldsymbol{y}_{\mathrm{obs}}, \boldsymbol{y}_{\mathrm{mis}})p(\boldsymbol{m}|\boldsymbol{y}_{\mathrm{obs}}, \boldsymbol{y}_{\mathrm{mis}}) \\ &= p(\boldsymbol{y}_{\mathrm{obs}}, \boldsymbol{y}_{\mathrm{mis}})p(\boldsymbol{m}|\boldsymbol{y}_{\mathrm{obs}}) \\ &= p(\boldsymbol{y}_{\mathrm{mis}}|\boldsymbol{y}_{\mathrm{obs}})p(\boldsymbol{y}_{\mathrm{obs}}|\boldsymbol{m})p(\boldsymbol{m})\end{aligned}$$

ただし,3段目への式変形ではベイズの定理を利用する.したがって

$$p(\boldsymbol{y}_{\mathrm{obs}}|\boldsymbol{m})p(\boldsymbol{m})p(\boldsymbol{y}_{\mathrm{mis}}|\boldsymbol{y}_{\mathrm{obs}}, \boldsymbol{m}) = p(\boldsymbol{y}_{\mathrm{mis}}|\boldsymbol{y}_{\mathrm{obs}})p(\boldsymbol{y}_{\mathrm{obs}}|\boldsymbol{m})p(\boldsymbol{m})$$

よって,パターン混合モデルの表現を利用した場合に"ランダムな欠測"であるための条件は

$$p(\boldsymbol{y}_{\mathrm{mis}}|\boldsymbol{y}_{\mathrm{obs}}, \boldsymbol{m}) = p(\boldsymbol{y}_{\mathrm{mis}}|\boldsymbol{y}_{\mathrm{obs}}) \quad (2.6)$$

つまり欠測するかしないかによって「観測データを所与としたときの欠測データの分布が変わらない」ということになる.

例 2.4(パターン混合モデルの例).

2つの変数 y_1, y_2 があるとして,一部のデータでは y_2 が欠測している場合を考える.ここで2つの変数どちらも観測されている場合を $m=1$,y_2 が観測されていない場合を $m=0$ とする.またパターン混合モデルではあくまで欠測インディケータ変数を条件付けたときの分布を考える.そこで,$m=j$ $(j=1,0)$ を条件付けたときの $\boldsymbol{y}=(y_1, y_2)^t$ の条件付き分布が2変量正規分布にしたがっている,つまり

$$\boldsymbol{y}|m \sim N(\boldsymbol{\mu}_m, \boldsymbol{\Sigma}_m)$$

とする.ただし

$$\boldsymbol{\mu}_m = \begin{pmatrix} \mu_{1m} \\ \mu_{2m} \end{pmatrix}, \quad \boldsymbol{\Sigma}_m = \begin{pmatrix} \sigma_{1m}^2 & \phi_m \\ \phi_m & \sigma_{2m}^2 \end{pmatrix}$$

とする.このとき,$\boldsymbol{\mu}_1, \boldsymbol{\Sigma}_1$ と μ_{10}, σ_{10}^2 は観測データから推定することができるが,$\mu_{20}, \sigma_{20}^2, \phi_0$ については何らかの仮定を置かないと推定することはできない.このモ

デルで"ランダムな欠測"を仮定するということ(式(2.6))は,

$$y_2|y_1, m \sim N\left(\mu_{2m} + \frac{\phi_m}{\sigma_{1m}^2}(y_1 - \mu_{1m}), \sigma_{2m}^2 - \frac{\phi_m^2}{\sigma_{1m}^2}\right)$$

が m に依存しない，つまり

$$\mu_{21} + \frac{\phi_1}{\sigma_{11}^2}(y_1 - \mu_{11}) = \mu_{20} + \frac{\phi_0}{\sigma_{10}^2}(y_1 - \mu_{10})$$

$$\sigma_{21}^2 - \frac{\phi_1^2}{\sigma_{11}^2} = \sigma_{20}^2 - \frac{\phi_0^2}{\sigma_{10}^2}$$

ということになる．当然 $\boldsymbol{\mu}_1 = \boldsymbol{\mu}_0$, $\boldsymbol{\Sigma}_1 = \boldsymbol{\Sigma}_0$ ならば"ランダムな欠測"になる．

また，$m=1$ の母集団比率を p_1, $m=0$ の母集団比率を p_0 とすると，$\boldsymbol{y}$ の周辺分布は混合分布

$$\boldsymbol{y} \sim p_1 N(\boldsymbol{\mu}_1, \boldsymbol{\Sigma}_1) + p_0 N(\boldsymbol{\mu}_0, \boldsymbol{\Sigma}_0)$$

となる．

パターン混合モデルの欠点は例 2.4 にも示したように「関心のある変数の周辺分布が混合分布で表現される」ことであり，後に定義する因果効果は周辺分布の母数として定義されているため，統計的因果推論ではパターン混合モデルはあまり利用されない．

さらに，対象者ごとに値の異なる変量効果(または潜在変数)$\boldsymbol{\beta}$ を所与とするとき $\boldsymbol{y}$ と $\boldsymbol{m}$ が条件付き独立となる，すなわち

$$p(\boldsymbol{y}, \boldsymbol{m}|\boldsymbol{\xi}, \boldsymbol{\omega}, \boldsymbol{\beta}) = p(\boldsymbol{y}|\boldsymbol{\beta}, \boldsymbol{\xi})p(\boldsymbol{m}|\boldsymbol{\beta}, \boldsymbol{\omega}) \tag{2.7}$$

とする共有パラメータモデル(**shared parameter model**)(Follman and Wu, 1995; Hoshino, 2005)も近年では利用される．ただし実際には式(2.7)において変量効果は潜在変数であり，観測できないことから

$$p(\boldsymbol{y}, \boldsymbol{m}|\boldsymbol{\xi}, \boldsymbol{\omega}) = \int p(\boldsymbol{y}|\boldsymbol{\beta}, \boldsymbol{\xi})p(\boldsymbol{m}|\boldsymbol{\beta}, \boldsymbol{\omega})p(\boldsymbol{\beta})d\boldsymbol{\beta} \tag{2.8}$$

の積分を行なう必要がある．実際に推定値を得るためにはマルコフ連鎖モンテカルロ法を用いたベイズ推定やモンテカルロ EM アルゴリズムが利用される．

2.4 欠測モデルからみた調査観察データと因果効果の定義

欠測と反実仮想モデル

これまでの欠測の議論をもとに，因果効果の定義を与える．まずは単純化のために，独立変数 z が2値（$z=1$ または $z=0$）しか取らない場合を考える．例として英語学習についての早期教育の効果を考えるとわかりやすいだろう．小学校で英語教育を受けるなら処置群（$z=1$），受けないなら対照群（$z=0$）であるとする．そして，従属変数 y は中学校で受ける英語のテスト[*12]であるとする．また，対象者番号を i ($i=1,\cdots,N$) で表わす（図 2.3）．

	早期教育する群($z=1$)			早期教育しない群($z=0$)		
所属群(z)	1	1	1	0	0	0
対象者番号	1	2	...	...	$N-1$	N
y_1	y_{11}	y_{21}	...	...	y_{N-11}	y_{N1}
y_0	y_{10}	y_{20}	...	...	y_{N-10}	y_{N0}

高い　　　　　　　　低い
共変量：（例）親の学歴や収入

y_1：早期教育をした場合の子供の中学校での成績
y_0：早期教育しない場合の子供の中学校での成績
グレーの部分は実際には得られないデータである

図 2.3 早期教育の評価研究を欠測のあるデータとして考える

ここで，ルービンの因果効果(Rubin, 1974)およびルービンの因果モデル(Rubin causal model, Holland(1986))を考えるうえで重要な**潜在的な結果変数**(**potential outcomes**)を定義する．潜在的な結果変数とは，独立変数がとり得る値の数と同じ数だけ存在する「仮想的な従属変数」のことである．たとえば独立変数が2値（処置群に所属／対照群に所属）の場合には，「もし処置群に割り当てられた場合に得られる従属変数の値」y_1 と「もし対照群に割り

[*12] 実際はすでに大部分の小学校高学年では学校で英語教育を受けており，小学校低学年での英語教育の効果が小学校高学年でのテスト得点にどのように現われるか，と考えるのが妥当かもしれない．

当てられた場合に得られる従属変数の値」y_0 の2つの潜在的な結果変数が存在すると考える．

ここで取り上げている英語教育には「受ける／受けない」の2つの状態があるが，これに対応して，2つの潜在的な結果変数 y_1 および y_0 として，「もし英語教育を受けていた場合の中学校での成績 y_1」，「もし英語教育を受けていなかった場合の中学校での成績 y_0」を仮定する．そして，本来は両方とも値が存在するはずであるが，実際には一方しか観測されないと考える．たとえば $z=1$ の対象者，つまり英語教育を受けた子供については「もし英語教育を受けていなかった場合の中学校での成績 y_0」は観測されず，また $z=0$ の対象者，つまり英語教育を受けなかった子供については「もし英語教育を受けていた場合の中学校での成績 y_1」は観測されない．しかし，あえて独立変数の条件の数だけ「本来あり得た結果」を考えるというのがルービンの因果モデルの本質的な特徴である．また実際には起こらなかった潜在的な結果を仮想的に考えることから，**反実仮想モデル／アプローチ**(**counterfactural model/approach**)と呼ばれることもある．

反実仮想の考え方自体は有名なパスカルの「もしクレオパトラの鼻がもう少し短かったら，世界は今とは違ったものになっていただろう」という言葉があるようにはるか以前から存在していたが，これを統計学に適用して実験研究と調査観察研究どちらでも利用できる因果効果を明確な形で定義したのはルービンの功績である．

またここで，実際に観測される従属変数 y の値は2つの潜在的な結果変数 y_1, y_0 と独立変数 z を組み合わせることで

$$y = zy_1+(1-z)y_0 \tag{2.9}$$

と表現できる．

因果効果の定義

ルービンの因果効果を定義する前に，対象者 i での2つの潜在的結果変数の差 $y_{i1}-y_{i0}$ を対象者 i に対する因果効果と定義する．同じ対象者について「もし処置群に割り当てられていた場合の結果」と「もし対照群に割り当てられて

いた場合の結果」の差であり，条件の割り当て(独立変数)以外の対象者の要因が除去されている量であることから，これを因果効果と呼ぶのはきわめて自然であろう．

ただし，実際には**潜在的な結果変数のうち必ず一方は観測できない**ため，この推定量は実際には観測されたデータから計算することができない．これを**因果推論における根本問題**と呼ぶ(Holland, 1986)．

次に，第1章で簡単に紹介した**ルービンの因果効果**(Rubin, 1974)を2つの潜在的な結果変数の期待値の差

$$E(y_1-y_0) = E(y_1)-E(y_0)$$

と定義する(Rosenbaum and Rubin(1983)ではこれを**平均処置効果(average treatment effect)** とも呼んでいる)．この値は母集団の対象者全員が「処置群に割り当てられた際の結果」と「対照群に割り当てられた際の結果」の差の平均ともいえる．

因果効果の具体例を示そう．英語教育の例なら，「もし英語教育を受けていた場合の中学校での成績 y_1」と「もし英語教育を受けていなかった場合の中学校での成績 y_0」についての個人内の差 y_1-y_0 の期待値が因果効果である．ここで y_1-y_0 は同じ個人における「英語教育を受けることによる中学校での成績の増加量」であり，ある個人において「中学校での成績」が「英語教育を受けるかどうか」の違いのみによってどれくらい異なるかを示す量である．したがって，この量の母集団平均を因果効果と考えることは自然である．

ここで y_{i1}, y_{i0} をそれぞれ対象者 i における y_1, y_0 の値とすると，因果効果の一番素直な推定量は，対象者全体での y_1 と y_0 の差の平均

$$\hat{E}(y_1-y_0) = \frac{1}{N}\sum_{i=1}^{N}(y_{i1}-y_{i0})$$

である(N はサンプルサイズ)が，潜在的な結果変数のうち必ず一方は欠測しており，観測されたデータからこれを計算することはできない．

因果効果と無作為割り当て

さて，ここでもし英語教育などのプログラムへの割り当て z がランダム(無

作為割り当て)であれば, z と従属変数 (y_1, y_0) は独立となる. したがって条件付き分布 $p(y_1|z)=p(y_1,z)/p(z)$ は $p(y_1)$ に, そして $p(y_0|z)=p(y_0,z)/p(z)$ は $p(y_0)$ に一致するため, 期待値も同様に

$$E(y_1) = E(y_1|z), \quad E(y_0) = E(y_0|z) \quad (z=0,1) \tag{2.10}$$

となり, 因果効果 $E(y_1)-E(y_0)$ は

$$E(y_1)-E(y_0) = E(y_1|z=1)-E(y_0|z=0) \tag{2.11}$$

と表わすことができる. 右辺の $E(y_1|z=1)$ と $E(y_0|z=0)$ は「英語教育を受けた群での, 英語教育を受けていた場合の中学校での成績 y_1 の期待値」と「英語教育を受けなかった群での, 英語教育を受けていなかった場合の中学校での成績 y_0 の期待値」である. また従属変数 y の条件付き期待値は, 式(2.9)から明らかに

$$E(y_1|z=1) = E(y|z=1), \quad E(y_0|z=0) = E(y|z=0)$$

となる. つまり**無作為割り当てならば欠測値**(具体的には $z=1$ のときの y_0 と $z=0$ のときの y_1)の存在を無視して, 観測された各群の平均値の差

$$\frac{1}{N_1}\sum_{i:z_i=1}^{N} y_i - \frac{1}{N_0}\sum_{i:z_i=0}^{N} y_i$$

を用いることで因果効果をバイアスなく(不偏)推定することができる(ただし N_1, N_0 はそれぞれの群のサンプルサイズとする). ここで $E(y_1)$ と $E(y_0)$ をそれぞれ y_1 と y_0 の**周辺期待値**[*13]と呼ぶ.

処置群での介入効果

因果効果と同時に経済学や政策評価の分野で非常によく利用される量として, **処置群での平均介入効果または因果効果**(**average treatment effect on the treated : TET**)(Heckman and Robb, 1985)がある. これは処置群における潜在的な結果変数の差の期待値

[*13] ここで"周辺"とは割り当て z や共変量 x によって条件付けられていない期待値であることを示す.

$$TET = E(y_1 - y_0 | z = 1)$$

である．失業者に対する失業給付の効果や教育ニーズのある子供に対する特別教育プログラムの効果など，政策介入の効果を調べる際には，処置群において「もし介入(失業給付や特別教育プログラム)を実施した場合の結果変数と，実施しなかった場合の結果変数の差の期待値」のほうが，因果効果よりも意味のある量になることが多い．このような理由から"処置群での因果効果"を推定することを目的とすることが多い．第3章で紹介する差分の差推定においても推定の対象となる量である．

同様に対照群での因果効果(average treatment effect on the untreated：TEU)

$$TEU = E(y_1 - y_0 | z = 0)$$

を考えることもできる．ここで TET と TEU は欠測インディケータ z の値を変えるだけであるので，一般的には一方を正しく推定する(たとえば一致性があるなど)方法を用いればもう一方も正しく推定することができる．TET と TEU はどちらも観測することができない値を含んでいるため，因果効果と同じく，単純な解析では推定することはできない量である．

また TET と TEU を用いると因果効果は

$$E(y_1 - y_0) = TET \times p(z=1) + TEU \times p(z=0)$$

と表わされ，また $p(z=1)$ と $p(z=0)$ はそれぞれの群の構成比率であるため，TET と TEU が推定できれば因果効果も推定できることがわかる．

また，上記の関係を見るとわかることだが，**因果効果は処置群と対照群がどのような母集団から抽出されたものであるかに依存する量である**．実際，処置群と対照群が1対2の場合にはその比率で構成された混合母集団上での $y_1 - y_0$ を表わし，1対10ならばほとんど対照群を抽出した元の母集団での因果効果である，といってもよい(第3章での解析例でも取り上げる)．

分位点での因果効果と周辺構造モデル

結果変数の期待値における差ではなく,介入の効果が分位点によって異なるかどうかを調べることに関心がある場合がある.たとえばある政策の所得への効果や教育プログラムの学業成績への効果など,所得が低い人や学業成績が低い人にこそ効果があることが求められる場合も多い.また,所得の分布などは非対称であるため,期待値よりメディアン等の分位点に関心があることが多い.

ここで,$Q_\alpha(a)$ を変数 a の $100\times(1-\alpha)$% 分位点とすると,分位点での因果効果(**quantile treatment effect**)は

$$Q_\alpha(y_1) - Q_\alpha(y_0) \tag{2.12}$$

と定義される.ただし,分位点での因果効果は通常の因果効果同様,「割り当てを所与とした場合の結果変数の分布」$p(y_0|z=0), p(y_1|z=1)$ ではなく,「結果変数の周辺分布」$p(y_0), p(y_1)$ での分位点の計算を行なっていることに注意する.また,分位点での因果効果と「結果変数の差」の分位点は一般的には異なる,つまり

$$Q_\alpha(y_1) - Q_\alpha(y_0) \neq Q_\alpha(y_1 - y_0)$$

であることにも注意する.

上記の分位点以外にも,潜在的な結果変数の周辺分布や周辺モーメント構造のパラメータを推定することに関心があることもある.特に共変量 $\boldsymbol{x}$ の影響を除去した「潜在的な結果変数の周辺期待値構造」を周辺構造モデル(**marginal structural model**)と呼ぶ.たとえば2つの潜在的な結果変数 y_1 と y_0 に対する割り当て z の効果だけではなく,それ以外の変数 $\boldsymbol{v}$(定数項を含む)の効果の違いを見たい場合には

$$y_1 = \boldsymbol{\beta}_1^t \boldsymbol{v} + \epsilon_1, \quad y_0 = \boldsymbol{\beta}_0^t \boldsymbol{v} + \epsilon_0 \tag{2.13}$$

とモデリングし,$\boldsymbol{\beta}_0$ や $\boldsymbol{\beta}_1$ に関心があることがある.他にも潜在的な結果変数が多変量である場合に,$\boldsymbol{y}_1$ 内の相関係数と $\boldsymbol{y}_0$ 内の相関係数(やその違い)

に関心があることは多い．調整変数が存在する場合には，v を定数項($=1$)や調整変数，および独立変数と調整変数の交互作用項を含むベクトルとすればよい．周辺構造モデルの解析については 3.4 節を参照されたい．

2.5　共変量調整による因果効果推定のための条件

共変量調整とは？

　教育効果や政策プログラムなどの評価において因果効果を推定する場合に問題となるのは，"潜在的な結果変数"と"割り当て"いずれにも影響を与えるさまざまな共変量の影響を考える必要があるということである．

　2.4 節のはじめで紹介した早期教育の例の場合，「中学校での英語テストの成績」(潜在的な結果変数)と「小学校での英語教育の有無」(割り当て変数)どちらに対しても，親の教育意欲や学歴，収入といった共変量が関連していることは明白である．

　一方，"潜在的な結果変数"と"割り当て"のいずれにも大きな影響を与える共変量が存在したとしても，すでに式(2.11)で見たようにプログラムへの割り当てが無作為であれば共変量の影響を考える必要はなく，無作為割り当てで得られた群分けにしたがって得られるグループ平均の差を因果効果とすればよい．

　しかし社会科学や医学・疫学など人間の行動が関連する分野においては，無作為割り当てを強制的に行なうことはできない．したがって，無作為割り当てが行なえない調査観察研究では，共変量の影響を除去することが必要となる．

　英語教育の例ならば，図 2.4 にあるように，「親の教育意欲が高いほど子供を早いうちから英語教育しやすい」，また「子供に勉強させるので，教育意欲の高い親の子供では中学校での英語テストの成績が高い」，「収入が高い親ほど学校以外での英語教育を子供に行なう」といった間接的な関係が生じ，本来は独立変数単独による結果変数への因果効果がないにも関わらず，見かけ上両者の関係が生じる疑似相関が現われる可能性がある．したがって，親の学歴や収入，教育意欲などのさまざまな共変量の影響を除去して，「小学校での英語教育」単独での「中学校での英語テストの成績」への効果を知ることが必要と

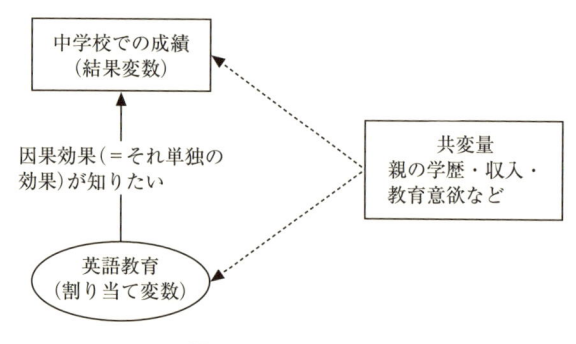

図 2.4 共変量の影響

なる.

ここで，登場している3つの変数群である"潜在的な結果変数"(y_1, y_0)，"割り当て" z，"共変量" $\boldsymbol{x}$ すべての同時分布を考える．ここでは"割り当て"は"潜在的な結果変数"が欠測するかどうかについてのインディケータ変数であると考え，2.2節で紹介した"選択モデル"の考え方にもとづいて同時分布の分解を行なう．つまり $(y_1, y_0), \boldsymbol{x}, z$ の同時分布を

$$p(y_1, y_0, \boldsymbol{x}, z) = p(z|y_1, y_0, \boldsymbol{x})p(y_1, y_0|\boldsymbol{x})p(\boldsymbol{x}) \tag{2.14}$$

のように「潜在的な結果変数と共変量を条件付けたときの割り当ての分布」「共変量を条件付けたときの潜在的な結果変数の分布」および「共変量の分布」[*14]の3者の積で表現する．

このように同時分布を表現したとき，本来関心のある潜在的な結果変数の周辺分布，たとえば $p(y_1)$ は

$$p(y_1) = \int p(z|y_1, y_0, \boldsymbol{x})p(y_1, y_0|\boldsymbol{x})p(\boldsymbol{x}) dy_0 dz d\boldsymbol{x}$$

となり，この周辺分布は"割り当て"，もう一方の"結果変数" y_0 および共変量の値には依存しない．共変量の値に依存しない量を得るために共変量の分布について期待値を取ること(共変量についての周辺化と呼ばれることがある)を今

[*14] 実際は共変量の分布のパラメータ自身に関心が無ければ，通常の回帰分析の場合と同様に共変量の分布をモデリングしなくてよい．

後共変量調整と呼ぶ.

共変量を用いて因果効果を推定するための条件

前節で考えたような「プログラム等への割り当てがランダムである」実験研究ではなく,割り当てが共変量 x の値に依存する場合を考える.たとえば事前のテストの成績や学習状況を表わす変数によって特定の教育プログラムを受けるか受けないかが決定される場合である.

ただし「割り当てはあくまで共変量にのみ依存し,結果変数には依存しない」と仮定する.この仮定は強く無視できる割り当て(**strongly ignorable treatment assignment**)条件(Rosenbaum and Rubin, 1983)[*15]と呼ばれるものである.

これは,共変量 x の値を条件付けると[*16],処置群($z=1$)に割り当てられたときの潜在的な結果変数 y_1 と対照群($z=0$)に割り当てられたときの潜在的な結果変数 y_0 の同時分布が,割り当て変数 z と独立である

$$(y_1, y_0) \perp\!\!\!\perp z | \boldsymbol{x} \tag{2.15}$$

という条件である(ただし,$\perp\!\!\!\perp$ は独立を表わす).これを同時分布の言葉で言い換えると

$$p(y_1, y_0, \boldsymbol{x}, z) = p(y_1, y_0 | \boldsymbol{x}) p(z | \boldsymbol{x}) p(\boldsymbol{x})$$

と表現できる.上記の式と式(2.14)より "強く無視できる割り当て" 条件は

$$p(z | y_1, y_0, \boldsymbol{x}) = p(z | \boldsymbol{x}) \tag{2.16}$$

つまり,どちらの群に割り当てられるかは共変量の値に依存し,従属変数による割り当てへの影響はあくまで「共変量と従属変数の関係」を通じてのみ間接的に存在している,という仮定であるといえる.この仮定は強く感じられるかもしれないが,後で見るように,マッチングや層別解析などこれまで広く利用されている手法でもこの仮定を利用している.

[*15] 厳密には Rosenbaum and Rubin(1983)では $0 < p(z=1|\boldsymbol{x}) < 1$ の条件も付加する.
[*16] 共変量を条件付けるというのは共変量の値が同じ対象だけで考える,というのと同じである.

一方,潜在的な結果変数が観測されるか欠測するかどうかが"ランダムな欠測"であるとは,

$$p(z=j|y_1,y_0,\boldsymbol{x}) = p(z=j|y_j,\boldsymbol{x}) \qquad (j=1,0) \qquad (2.17)$$

つまり処置群($z=1$)に割り当てられる確率は処置群で観測される y_1 にも依存し,また対照群($z=0$)に割り当てられる確率は対照群で観察される y_0 にも依存することを許す.式(2.16)と式(2.17)を比較すると,明らかに"強く無視できる割り当て"条件が成立すれば"ランダムな欠測"条件が成立する[*17].

さて,式(2.16)をベイズの定理を用いて言い換えると,

$$p(z|y_1,y_0,\boldsymbol{x}) = \frac{p(y_1,y_0|z,\boldsymbol{x})p(z|\boldsymbol{x})}{p(y_1,y_0|\boldsymbol{x})} = p(z|\boldsymbol{x})$$

より

$$p(y_1,y_0|z,\boldsymbol{x}) = p(y_1,y_0|\boldsymbol{x}) \qquad (z=1,0) \qquad (2.18)$$

つまり"強く無視できる割り当て"条件は「共変量を条件付ければ y_1,y_0 の同時分布の形はどちらの群に割り当てられたかには依存しない」という仮定と等しいことがわかる.

さて,"強く無視できる割り当て"条件が成立していれば,式(2.18)を周辺化して期待値を取ることで,以下の平均での独立性(**mean independence**)

$$\begin{aligned} E(y|z=1,\boldsymbol{x}) &= E(y_1|z,\boldsymbol{x}) = E(y_1|\boldsymbol{x}) \\ E(y|z=0,\boldsymbol{x}) &= E(y_0|z,\boldsymbol{x}) = E(y_0|\boldsymbol{x}) \end{aligned} \qquad (z=1,0) \qquad (2.19)$$

が成立する."平均での独立性"の仮定が成立していれば,共変量を条件付けたときの因果効果 $E(y_1-y_0|\boldsymbol{x})$ は

$$E(y_1-y_0|\boldsymbol{x}) = E(y_1|z=1,\boldsymbol{x}) - E(y_0|z=0,\boldsymbol{x}) \qquad (2.20)$$

つまり,観測された結果変数についての回帰関数 $E(y_1|z=1,\boldsymbol{x})$ および $E(y_0|z$

[*17] ただし,実際には「$z=1$ では y_1 には依存するが y_0 には依存せず,$z=0$ では y_0 には依存するが y_1 には依存しない」という状況は社会科学分野ではあり得ないため,両者は理論的な関心を除けば実質的に等値であると考えてよい.

$=0, \boldsymbol{x})$ を用いて表現することができる．さらに共変量に関して期待値をとれば[*18]

$$E(y_1-y_0) = E_{\boldsymbol{x}}[E(y_1-y_0|\boldsymbol{x})] = E_{\boldsymbol{x}}[E(y_1|z=1,\boldsymbol{x})-E(y_0|z=0,\boldsymbol{x})]$$
$$= E_{\boldsymbol{x}}[E(y|z=1,\boldsymbol{x})-E(y|z=0,\boldsymbol{x})] \quad (2.21)$$

となり，(欠測データを無視して)観測されているデータのみを用いて因果効果を推定することができることがわかる．

ここで，因果効果を推定するためだけなら"強く無視できる割り当て"条件ではなく"平均での独立性"が成立していればよい．しかし潜在的な結果変数の期待値以外の母数を推定したい場合や，潜在的結果変数のモデリングが必要な場合には"強く無視できる割り当て"条件が必要である(詳しくは3.4節を参照)．

また，共変量の影響を除去した後の結果変数の期待値の差である因果効果$E(y_1-y_0)$を周辺効果(**marginal effect**)と呼ぶことがあり，一方，共変量の値を所与とした結果変数の条件付き期待値の差$E(y_1-y_0|\boldsymbol{x})$を条件付き効果(**conditional effect**)と呼ぶことがある．

2.6　共変量調整による因果効果の推定法

既存の共変量の調整方法と問題点

"平均での独立性"は「共変量が同じ対象者については，処置群と対照群で潜在的な結果変数の期待値は同じである」ということを意味している．この条件をうまく利用することで因果効果を推定する方法は多数存在するが，大きく分けて4つに分類することができる．

(1)　マッチング(均衡化)
割り当て変数$z=1$のグループ(処置群)と$z=0$のグループ(対照群)で共変量

[*18] E_aをaの分布に関する期待値を取ることを意味する記号とする．

の値が同じになる対象者のペアを作る."平均での独立性"より,共変量が同じ対象者のペアで従属変数について差を取り,できたペア数分の平均を取れば,式(2.21)より因果効果の不偏推定値になることがわかる.

さて,本来的な意味でのマッチングは,処置群と対照群で「共変量として調整に用いる変数すべてが完全に同じ値を取る対象者」をペアにするもの(これを完全マッチング(exact matching)と呼ぶ)であるが,実際には共変量が複数になると完全マッチングを行なうことは無理であり,なるべく共変量の値が類似した(距離が近い)対象者をペアにすることになる.この場合には距離の定義によってマッチングのペアの作成方法は複数考えることができる.距離を計算する際に特に問題となるのは,各変数のスケールをどのように設定するかであるが,それを解決する方法としては,共変量の共分散行列を用いて変数の基準化を行なうマハラノビスの距離

$$\{(\boldsymbol{x}_i-\boldsymbol{x}_j)^t \boldsymbol{S}^{-1}(\boldsymbol{x}_i-\boldsymbol{x}_j)\}^{1/2}$$

(ただし $\boldsymbol{x}_i, \boldsymbol{x}_j$ は対象者 i と j の共変量ベクトル,$\boldsymbol{S}$ は共変量ベクトルの標本共分散行列)を用いるマハラノビスマッチング(Rubin, 1980)がよく利用される.ただし共変量にカテゴリカル変数が含まれている場合にこの方法を利用すると,サンプルサイズを大きくしてもバイアスが残ることが知られている(Abadie and Imbens, 2006).

どのような距離を利用するかという選択以外にも,処置群の対象者と対照群の対象者を1対1でマッチングさせるのか,1対多なのか,または多対多なのかによって解析結果は異なる.また,「単純に処置群でのある観測値に対して最小の距離にあるような対照群の観測値をマッチングさせる」最近傍マッチング(nearest neighbor matching)と,最近傍マッチングを行なった場合に「ペアが(研究者が指定する)特定の距離以上になるときにはマッチングしない」キャリパーマッチング(caliper matching)[*19]に分けることもできる.

また,一般的には処置群のほうがサンプルサイズは小さい場合が多いので,1対1のマッチングでは処置群のサンプルサイズ分のペアを作成したら,対照

---

*19 1対多や多対多のマッチングに利用されることが多い.

群の残りのデータは利用しないことに注意する．

（2） 恒常化・限定（サブグループ解析）

共変量のある特定の値の対象者のみに限定して解析を行なう．完全マッチングも共変量の特定の値の範囲に限定すれば実行しやすくなるからである．"平均での独立性"を仮定すれば，共変量の値が同じ対象者のグループの中での「処置群と対照群間の従属変数の平均値の差」を計算することで"条件付き効果"を推定できる．

（3） 層別解析

共変量の値をいくつかの層に分け，層ごとで2つのグループがその共変量の値について等質になるようにし，比較した結果を統合する．

（4） 回帰モデルを用いる方法

各群ごとに回帰関数 $E(y_1|z=1,\boldsymbol{x})$ と $E(y_0|z=0,\boldsymbol{x})$ をデータから推定し，その差の標本平均を取ることで因果効果を直接推定する．

しかしこれらの方法はそれぞれ欠点を有している．上記のうち"回帰モデルを用いる方法"以外の欠点を以下に記述する．

マッチングの欠点

マッチングにおいては共変量に連続変数が存在するときは，一般に両群で完全に値が一致するようなペアを作ることはできない．そこで，なるべく近い対象者をペアにする必要があるが，その方法が恣意的である．また，共変量の数が多いと実行するのが難しくなる（次元問題（dimension problem）と呼ぶ）．たとえば，共変量が2つだけの場合であっても，一方の変数のスケールが大きければ，他方の変数の変動はほとんど考慮されなくなってしまう．したがってスケールをどう設定すればよいかという問題が生じる．また，共変量にカテゴリカル変数が存在する場合には距離の定義が難しくなる．

さらに，共変量の分布の重なりがない部分についてはマッチングができない

というサポート問題(support problem)も存在する.

また，医学研究での健常群と疾患群の比較のように一方のサンプルサイズが小さい場合には，1対1のマッチングでは小さい群のサンプルサイズ分のペアしか作成することができない．この場合にマッチングによって推定されるのは「疾患群での因果効果」(より一般的には前節で取り上げた"処置群での処置効果" TET)に近くなり，本来の因果効果は推定できないと考えてよい．これは，サンプルサイズが小さい群とすると，式(2.21)の期待値が x の分布についてではなく，$x|z=1$ の分布について取られていると考えることができるからである．

恒常化・限定の欠点

解析の対象とした共変量の値においてのみ得られた"条件付き効果"しかわからず，因果効果は推定できない．

層別解析の欠点

層別解析においては，どのように層別を行なうかに関してマッチングと同様の恣意性が残る．さらにマッチング同様に次元問題やサポート問題も存在する．

回帰モデルを用いる因果効果の推定

一方，回帰モデルを利用する方法はどうであろうか？　これは，まず潜在的な結果変数の共変量への回帰関数を推定し，その回帰関数を共変量について期待値を取ることで，潜在的な結果変数の周辺期待値を計算する方法であり，その最も単純なモデルとして「割り当て変数 z を共変量とともに説明変数として利用する重回帰分析モデル」，いわゆる共分散分析モデル(analysis of covariance)がある．これ以外にもパス解析モデル，Cox回帰や多群の構造方程式モデルなどもこの種の手法として考えることができる．

まず式(2.20)から因果効果は

$$E(y_1-y_0) = E_{\boldsymbol{x}}\bigl(E(y_1-y_0|\boldsymbol{x})\bigr) = \int \bigl(E(y_1|\boldsymbol{x})-E(y_0|\boldsymbol{x})\bigr)p(\boldsymbol{x})d\boldsymbol{x}$$
$$= \int \bigl(E(y_1|z=1,\boldsymbol{x})-E(y_0|z=0,\boldsymbol{x})\bigr)p(\boldsymbol{x})d\boldsymbol{x} \quad (2.22)$$

と表現できるため,「($z{=}1$ での)y_1 の $\boldsymbol{x}$ への回帰関数」$E(y_1|\boldsymbol{x})$ を $g(\boldsymbol{x}|\boldsymbol{\beta}_1)$,「($z{=}0$ での)y_0 の $\boldsymbol{x}$ への回帰関数」$E(y_0|\boldsymbol{x})$ を $g(\boldsymbol{x}|\boldsymbol{\beta}_0)$ とし,$\boldsymbol{\beta}_1$ と $\boldsymbol{\beta}_0$ をそれぞれ回帰関数のパラメータとすると,因果効果の推定量は

$$\frac{1}{N}\sum_{i=1}^{N}\bigl(g(\boldsymbol{x}_i|\boldsymbol{\beta}_1)-g(\boldsymbol{x}_i|\boldsymbol{\beta}_0)\bigr) \quad (2.23)$$

と表現できる.実際にはパラメータ $\boldsymbol{\beta}_1, \boldsymbol{\beta}_0$ の推定が必要であるが,もしここでこれらの一致推定量を代入できれば,上記の推定量が因果効果の一致推定量になることは明らかである[*20].

結果変数の条件付き分布の母数推定

"強く無視できる割り当て" 条件が成立していれば,観測値のペア $(y_1, z{=}1, \boldsymbol{x})$ や $(y_0, z{=}0, \boldsymbol{x})$ だけから計算した $\boldsymbol{\beta}_1, \boldsymbol{\beta}_0$ の最小二乗推定量や最尤推定量は一致性を持つことが知られているが,それはなぜだろうか.また,前節で取り上げたのは回帰モデルを用いた因果効果の推定であり,期待値構造の推定である.一方,2.4 節で述べたように,潜在的な結果変数の周辺分布の母数に関心がある場合にはどうしたらよいだろうか? このことを考えるために「共変量を所与としたときの結果変数の条件付き分布」について説明しよう.

まず y_1 や y_0 の周辺分布を考えるのではなく,$\boldsymbol{x}$ を与えた下での条件付き分布

$$p(y_1|\boldsymbol{x},\boldsymbol{\vartheta}_1), \quad p(y_0|\boldsymbol{x},\boldsymbol{\vartheta}_0)$$

の母数を推定することとする.ここで $\boldsymbol{\vartheta}_1, \boldsymbol{\vartheta}_0$ はそれぞれの母数である.これらの分布の形状がわかれば,共変量 $\boldsymbol{x}$ の分布で周辺化することで,周辺分布の形状を計算することができる.

また,式 (2.14) 右辺の共変量を所与としたときの y_1 と y_0 の同時分布を

[*20] たとえば Amemiya(1985) の第 4 章の結果を利用する.

$$p(y_1, y_0 | \boldsymbol{x}, \boldsymbol{\vartheta}_1, \boldsymbol{\vartheta}_0, \boldsymbol{\psi})$$

とし,$\boldsymbol{\psi}$ は y_1 と y_0 の相関構造に関する母数とする.

2.5節で述べたように,"強く無視できる割り当て"条件が成立していれば,"ランダムな欠測"の仮定が成立していることになる.したがって2.2節での欠測の議論を利用して,式(2.2)の $\boldsymbol{m}$ を割り当て変数 z で置き換えて考えればよい.さて"ランダムな欠測"が成立している場合の観測データの尤度は

$$p(\boldsymbol{y}_{\mathrm{obs}}|\boldsymbol{x}) = \int p(y_1, y_0|\boldsymbol{x}, \boldsymbol{\vartheta}_1, \boldsymbol{\vartheta}_0, \boldsymbol{\psi}) d\boldsymbol{y}_{\mathrm{mis}}$$
$$= \prod_{i:z_i=1} p(y_{i1}|\boldsymbol{x}_i, \boldsymbol{\vartheta}_1) \times \prod_{i:z_i=0} p(y_{i0}|\boldsymbol{x}_i, \boldsymbol{\vartheta}_0)$$

となる[*21].したがって母数 $\boldsymbol{\vartheta}_1, \boldsymbol{\vartheta}_0$ を最尤推定する際には単純に「各群で $\boldsymbol{x}$ を与えた下での条件付き分布にもとづく尤度を最大化」すればよい.また当然ではあるが,相関構造に関する母数 $\boldsymbol{\psi}$ は推定できないことに注意する.

上記は観測データの尤度を最大化する最尤法であるが,最小二乗法などのさまざまな推定法を含むM推定(詳しくは付録A.1節参照)として一般化して考えることもできる."強く無視できる割り当て"条件が満たされていれば,共変量 $\boldsymbol{x}$ を所与としたときに y_1, y_0 と z は独立であることから,$\boldsymbol{\vartheta}_1, \boldsymbol{\vartheta}_0$ に関する"完全データ"(全対象で y_1 と y_0 が得られている)を用いた推定方程式

$$\sum_i^N \begin{pmatrix} Q_1(y_{i1}, \boldsymbol{x}_i | \boldsymbol{\vartheta}_1) \\ Q_0(y_{i0}, \boldsymbol{x}_i | \boldsymbol{\vartheta}_0) \end{pmatrix} = 0$$

があり,それが共変量を所与とした場合に不偏

$$E_{\boldsymbol{y}|\boldsymbol{x}} \begin{bmatrix} Q_1(y_1, \boldsymbol{x} | \boldsymbol{\vartheta}_1) \\ Q_0(y_0, \boldsymbol{x} | \boldsymbol{\vartheta}_0) \end{bmatrix} = 0$$

であれば,観測データの推定方程式

[*21] $z=1$ なら y_0 は欠測,$z=0$ なら y_1 は欠測であることから.

$$\sum_i^N \begin{pmatrix} z_i Q_1(y_{i1}, \boldsymbol{x}_i | \boldsymbol{\vartheta}_1) \\ (1-z_i) Q_0(y_{i0}, \boldsymbol{x}_i | \boldsymbol{\vartheta}_0) \end{pmatrix} = 0$$

も $\boldsymbol{x}$ を所与とした下での独立性から不偏となり，その解は $\boldsymbol{\vartheta}_1, \boldsymbol{\vartheta}_0$ の一致推定量となる．

2.7　回帰モデルを用いた因果効果の推定の問題点

さて，回帰モデルを用いて「2群での回帰関数の差の平均」を用いて因果効果を推定できることがわかった．

回帰モデルがマッチングや層別解析より優れているのは，マッチングの部分で取り上げた次元問題やサポート問題が生じないということである．一方，回帰モデルを用いた推定法の問題点は2点ある．

（1）　結果変数と共変量のモデリングが必要

結果変数と共変量の関係を正しくモデル化する必要があるということである．モデル化には一般に線形関数を利用することが多く，Cox 回帰などでもハザード関数の対数をとった後では線形のモデルである．もちろん非線形な関係を仮定することは容易であるが，既知の回帰関数を利用する必要があり，回帰関数の設定を誤ると，推定値に大きなバイアスが生じることが知られている．社会科学などにおける共変量の数が多い研究では，回帰関数の誤設定の可能性は高くなるため，注意が必要である．

（2）　直接因果効果の推定値は得られない

回帰モデルを用いた場合の直接の推測の対象は2つのグループでの切片や回帰係数の推定値の差，または条件付き効果であり，そこから因果効果を式 (2.22) のように推定する必要がある．

この問題を回避するための解析方法としては傾向スコア解析法などを含めたノンパラメトリック，またはセミパラメトリックな解析法があるが，これにつ

いては 2.8 節, および第 3 章で紹介する.

ルービンの因果モデルと共分散分析モデルのもろさ

(1)の問題点を具体的に示すために, 前節で説明した回帰モデルのもっともシンプルな例として下のモデルを考えてみる[*22].

$$y_{i1} = \tau_1 + \boldsymbol{x}_i^t \boldsymbol{\beta}_1 + \epsilon_{i1}, \quad y_{i0} = \tau_0 + \boldsymbol{x}_i^t \boldsymbol{\beta}_0 + \epsilon_{i0} \tag{2.24}$$

さらに共変量についての偏回帰係数は 2 つの潜在的な結果変数で等しい($\boldsymbol{\beta}_1 = \boldsymbol{\beta}_0 = \boldsymbol{\beta}$)という制約をおく.

$z_i=1$ の場合には y_{i1} が, $z_i=0$ の場合には y_{i0} が観測されること, 観測される結果変数 y_i は $y_i = z_i y_{i1} + (1-z_i) y_{i0} = z_i(y_{i1}-y_{i0}) + y_{i0}$ であることから

$$y_i = \tau_0 + (\tau_1-\tau_0)z_i + \boldsymbol{x}_i^t \boldsymbol{\beta} + \epsilon_{i0} + (\epsilon_{i1}-\epsilon_{i0})z_i$$

そして誤差の分布も等しい(ϵ_{i0} と ϵ_{i1} が同一の分布に従う)という制約をおく. するとこのモデルは

$$y_i = \tau_0 + \tau_z z_i + \boldsymbol{x}_i^t \boldsymbol{\beta} + \varepsilon_i$$

と書けることになり, 通常の線形の共分散分析モデルと同一となる(ただし $\tau_z = \tau_1 - \tau_0$ は切片の差, $\varepsilon_i = \epsilon_{i0} + (\epsilon_{i1}-\epsilon_{i0})z_i$).

また式(2.22)から,

$$E(y_1|\boldsymbol{x}) - E(y_0|\boldsymbol{x}) = \tau_1 + \boldsymbol{x}^t \boldsymbol{\beta} - (\tau_0 + \boldsymbol{x}^t \boldsymbol{\beta}) = \tau_1 - \tau_0 = \tau_z$$

のように, 因果効果は $\tau_1 - \tau_0 = \tau_z$ となる. したがって割り当て変数 z についての偏回帰係数の推定値が因果効果の推定値となる.

逆にいえば, 共分散分析モデルを用いてルービンの因果効果を推定する場合には,

[1] 共変量への潜在的な結果変数の回帰関数が線形である

[*22] 式(2.24)におけるパラメータについては, "強く無視できる割り当て" 条件が成立していれば, 観測されているもの($z=1$ での y_1 と $z=0$ での y_0)から最小二乗推定や最尤推定を行なって得られる推定量に一致性がある.

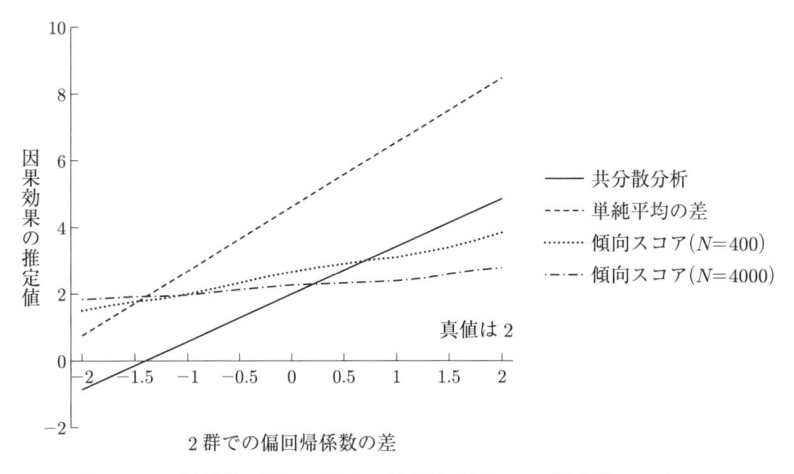

図 2.5　回帰係数が異なる場合の共分散分析による推定値のバイアス

[2] 上記の線形関数が潜在的な結果変数(y_1, y_0)間で共通である
[3] 誤差変数の分布が潜在的な結果変数(y_1, y_0)間で共通である

という強い仮定を暗黙の内に置いていることになる．

実際にこの仮定が崩れた場合にどのようなことが起きるか，簡単なシミュレーション結果を示そう．ここでは共変量を3つとし，処置群に割り当てられるか対照群に割り当てられるかは"強く無視できる割り当て"条件に依存すると仮定する．

まずは，真のモデルが「回帰関数が線形であるが偏回帰係数は共通ではない」場合の推定値[*23]を図2.5に示す(傾向スコアについては3.2節で説明する)．ここで本来の因果効果は2に設定しているが，ほとんどの条件で2群の単純平均の差は明らかに2からずれている．これは共変量と潜在的な結果変数に相関があり，群分けも共変量の値に依存して決定されているためである．また，偏回帰係数が共通である場合(横軸が0のところ)を除けば，共分散分析の偏回帰係数の推定値も2から大きく外れていることがわかる．さらに，

---

*23　サンプルサイズは400の場合，4000の場合，40000の場合それぞれ100データセット作成して，その推定値の平均をプロットしたが，それぞれのサンプルサイズでほとんど同じ結果が得られる．また，ここでは処置群と対照群の比率が平均して1対3になるように設定している．

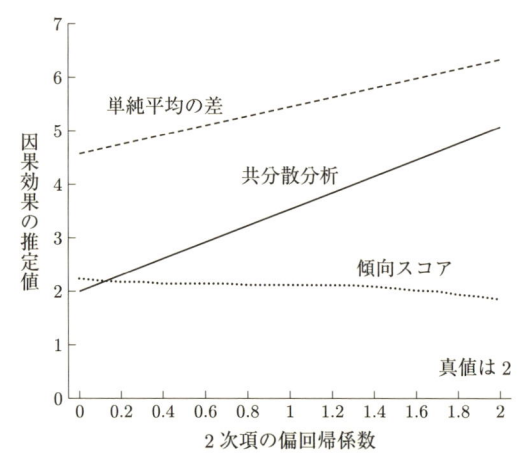

図 2.6 2次の項が存在する場合の共分散分析による推定値のバイアス

「本来の因果効果」が正であるのにも関わらず，共分散分析での割り当て変数への偏回帰係数が負になることがあることにも注意するべきである．

次に，真のモデルが「1次の項だけでなく2次の項が存在する（ただし群間で共通）」場合のデータを発生させ，そのデータから計算した推定値を図2.6に示した（簡便のため，3つの共変量のそれぞれの2次の項の係数の大きさは同じとした）[*24]．

ここでは2次の項だけ加えた結果を示しているため，2次の項を説明変数として解析すればよいのではと思われるかもしれない．しかし，線形以外の項を考慮するとするならば2次以外にもさまざまな（多項式，ロジスティック関数など）関数を考える必要がある．また社会科学で得られる実際のデータでは共変量の数はこのシミュレーションで仮定した3どころか10〜20変数以上利用する場合があり，それぞれの共変量ごとにも高次の関数を用意することを考えると現実的ではない．

さらにサンプルサイズが大きい場合でも，上記の3つの仮定が成立していることが明らかでない場合には単純な共分散分析モデルを用いた結果を因果効

[*24] ここでもさまざまなサンプルサイズでデータを発生させているが，結果はサンプルサイズにほとんど依存しない．

果とみなして議論するのは危険である．

この簡単なシミュレーションからもわかるように，回帰関数の仮定を事前に設けずに解析を行なう手法(= セミパラメトリック，ノンパラメトリックな解析法)を利用することが望ましい．そこでまずはノンパラメトリックな解析法としてカーネル回帰モデルを簡単に説明する．

2.8　カーネル回帰モデルの利用とその問題点

2.6 節では「潜在的な結果変数の共変量への回帰モデル」を用いて因果効果を推定することが理論上は可能であることを示した．具体的には，回帰分析モデルを用いた因果効果の表現(式(2.22))と具体的な推定式(式(2.23))を紹介した．

しかし，2.7 節でも例示したように，回帰モデルを用いた方法は回帰関数を誤って設定すると大きなバイアスを生じることがある．共変量が多くなるほど，回帰関数が誤って設定される可能性は高まるため，調査観察研究では回帰関数を用いないロバストな手法が望まれる．

カーネル回帰分析を用いた因果効果の推定

回帰関数の誤設定を避ける方法としてよく知られているのがカーネル回帰を始めとする局所多項式回帰モデルである(数理的な詳細は付録 A.3 節を参照)．カーネル回帰ならば，式(2.23)での $g(\boldsymbol{x}|\boldsymbol{\beta}_1)$ および $g(\boldsymbol{x}|\boldsymbol{\beta}_0)$ をカーネル回帰関数(Härdle et al., 2004)とすれば，共変量と結果変数の回帰関数を事前に仮定せずに済む．また，バンド幅の設定によっては線形関数にすることも，完全にフィットする関数を得ることも理論上は可能である．

そこで，まずは"ランダムな欠測"が存在する場合のカーネル回帰分析と，これを利用した因果効果の推定法を紹介する(たとえば Cheng(1994))．

共変量 x を所与としたときの y の条件付き期待値 $E[y|x]$ の Nadaraya-Watson 推定量(Nadaraya, 1964；Watson, 1964) $\hat{E}[y|x]$ は

$$\hat{E}[y_j|x] = \frac{\sum_{i=1}^{N} z_i K_h(x, x_i) y_{ij}}{\sum_{i=1}^{N} K_h(x, x_i) z_{ij}}, \quad \text{ただし } z_{i1}=z_i, \quad z_{i0}=1-z_i \quad (j=1,0)$$

となる．ここで $K_h(a,b)$ はバンド幅が h のカーネル関数であり，バンド幅が大きくなると回帰関数が滑らかになるということから，このようなパラメータは平滑化パラメータと総称される．カーネル関数は複数提案されているが，ガウスカーネル $K_h(a,b)$

$$K_h(a,b) = (2\pi)^{-1/2} \exp\left\{-\frac{((a-b)/h)^2}{2}\right\}$$

がよく利用される．さてここで欠測値を共変量を所与としたときの y の条件付き期待値で補完することにより，$E[y_j]$ の推定量は

$$\hat{E}[y_j] = \frac{1}{N} \sum_{i=1}^{N} \{z_{ij} y_{ij} + (1-z_{ij})\hat{E}[y_j|x_i]\}$$

と表現することができる．また，分散 $V(E[y_j])$ の推定値は

$$\hat{V}(\hat{E}[y_j]) = \frac{1}{N} \sum_{l=1}^{N} \left[\frac{\sum_{i=1}^{N} K_h(x_l, x_i) z_{ij} y_{ij}^2}{h_j(x_i) \sum_{i=1}^{N} K_h(x_l, x_i) z_{ii}} \right.$$
$$\left. + \frac{h_j(x_i)-1}{h_j(x_i)} (\hat{E}[y|x_i])^2 \right] - (\hat{E}[y_j])^2$$

となる．ただし $h_j(x) = \{\sum_{i=1}^{N} K_h(x, x_i) z_{ij}\} / \{\sum_{i=1}^{N} K_h(x, x_i)\}$ はカーネル回帰による j 群への所属確率である[*25]．また推定量同士の共分散の推定値は

$$\widehat{Cov}(\hat{E}[y_1], \hat{E}[y_0]) = \frac{1}{N} \sum_{l=1}^{N} \hat{E}(y_1|x_i)\hat{E}(y_0|x_i) - \hat{E}(y_1)\hat{E}(y_0)$$

であることから，漸近的に

$$\hat{E}[y_1] - \hat{E}[y_0] \sim N\big(E(y_1)-E(y_0), V(\hat{E}[y_1]) + V(\hat{E}[y_0]) - 2\widehat{Cov}(\hat{E}[y_1], \hat{E}[y_0])\big)$$

[*25] 先取りになるが，これはカーネル回帰を利用した場合の"傾向スコア"(3.1 節)として考えることもできる．

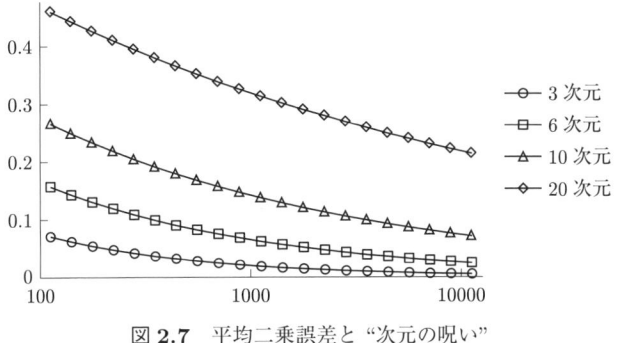

図 2.7 平均二乗誤差と"次元の呪い"

が成立することを利用して検定などを行なうことも可能である．

カーネル回帰法はいちいち回帰関数の形を指定しなくてよいという大きな利点があるが，一方

(1) バンド幅を変えると回帰関数の形状が大きく変わり，小さいとノイズに敏感になり，大きいとデータへの適合度が低下する．過剰適合を避けるためには交差検証法(cross validation)が必要である．またモデル評価基準を利用することでバンド幅の選択を行なうことも可能であるが，その場合には分布仮定が必要である，などといったように，最適な決定法についてはいまだ議論が残っている．特に説明変数が多変量の場合のバンド幅の指定についてはさまざまな議論がある．

(2) 説明変数が多い場合には推定に必要なデータ量が指数的に増加する次元の呪い(**curse of dimensionality**)があることが知られている．より具体的には，次元を d とすると，漸近的な平均二乗誤差は $N^{-4/(d+4)}$ に比例し(Härdle et al., 2004)，次元が高いほど収束が遅くなる．図 2.7 の横軸にサンプルサイズ，縦軸に $N^{-4/(d+4)}$ をプロットしたが，これを見ても，説明変数の次元が多くなると収束が極端に遅くなることは明らかである．たとえば次元が $d=20$ の場合にはサンプルサイズを 100 から 10000 に増やしたところで，平均二乗誤差が 46.4％ 程度にしか低減しない．

といった問題点を有する．特に後者の問題点は，調整に利用すべき共変量の数が多数に及ぶ社会科学や医学・疫学ではたいへん重要である．この問題を解決

するために近年さまざまな研究がおこなわれている．簡単な解決法として説明変数ごとに1次元のカーネル関数を設定し，その積で多次元カーネル関数を表現することがあるが，説明変数間の相関や交互作用項を導入することができなくなる(Qin et al., 2008)．一方，より一般的な解決策として正則化の議論がある(詳しくは赤穂(2008)第7章を参照)が，正則化項の設定や正則化パラメータの決定の問題が残り，現時点では社会科学のデータ解析方法として応用できるまでの研究が蓄積されてはいないと思われる．

またカーネル回帰分析以外のノンパラメトリックな手法としては，たとえば「説明変数ごとに特定の関数を設定し，その和をすべての説明変数と結果変数の回帰関数とする」**加法分離性**(additive separability)の仮定を用いる**一般化加法モデル**(**general additive model**)などを利用することがある．この場合も加法分離性が成立することを正当化することは難しい．

2.7節では通常のパラメトリックな回帰手法の問題点を説明した．また本節では「潜在的な結果変数と共変量の回帰関数」のモデル仮定を行なわないノンパラメトリックな解析手法の代表例としてカーネル回帰モデルを紹介し，その問題点を説明した．

両者がそれぞれ問題点を有していることから，両者の中間的なモデルをうまく作れば，両者の欠点を補い合い，いいとこ取りができると考えるのが自然である．これが，セミパラメトリックモデルを用いた解析であり，研究者にとって関心のある部分だけにパラメトリックなモデルを仮定し，関心のない部分にはパラメトリックなモデルを仮定せず(=ノンパラメトリックに)解析をする方法である．たとえば式(2.13)は2つの潜在的な結果変数 y_1, y_0 を説明変数 v で説明するパラメトリックなモデルであるが，実際には共変量 x が結果変数にも説明変数にも関連している．しかし共変量 x とこれらの変数の回帰関係は仮定せずに(ここの部分はノンパラメトリックに)解析をしたければ，セミパラメトリックな解析方法を利用することになる．

近年医学や経済学，政治学分野で非常によく利用されているセミパラメトリックな解析方法の代表が次章で紹介する傾向スコアである．

3

セミパラメトリック解析

第2章では調査観察データからも因果効果を推定できることを示した．その具体的な推定方法として最もわかりやすいのは回帰分析モデルを利用する方法である．一方，第2章では回帰分析モデルの問題点も示した．具体的には「回帰分析モデルは潜在的な結果変数と共変量の間の回帰関数の指定を行なう必要がある」こと，特に社会科学や医学・疫学でのデータのように，共変量の数が多いことが想定される場合には，「モデルの誤設定によって推定にバイアスが生じる可能性がある」ことである．一方，ノンパラメトリックな手法にも問題がある．そこで本章では共変量と結果変数の回帰モデルが仮定できない，または仮定したくない場合に利用するべき種々のセミパラメトリック法として傾向スコア，IPW推定量，二重にロバストな推定法，操作変数法，"差分の差"推定などについて説明する．

3.1 傾向スコアとは

無作為割り当てが不可能な相関研究において,因果効果を推定する方法として,ローゼンバウムとルービンは,傾向スコア(**propensity score**)という新しい概念を提案した(Rosenbaum and Rubin, 1983).これは,複数の共変量を1つの変数に集約することができれば,その1変数の上で層別化などを行なうことができ,2.6節で述べたようなマッチングや層別での問題が起こらない,ということから考え出された概念である.ここで傾向スコアを定義する前に,まずはバランシングスコア(**balancing score**)の定義を与える.バランシングスコア $b(\boldsymbol{x})$ とは,

$$\boldsymbol{x} \perp\!\!\!\perp z | b(\boldsymbol{x}) \tag{3.1}$$

つまりそれを条件付けすることにより,共変量と割り当てが独立になるような「共変量の関数」である.ここで,すべてのバランシングスコアは,関数 g を使って $p(z=1|\boldsymbol{x})=g(b(\boldsymbol{x}))$ と表現できる[*1].式(3.1)が成立するためには,

$$\begin{aligned} p(z=1|b(\boldsymbol{x})) &= \int p(z=1|\boldsymbol{x},b(\boldsymbol{x}))p(\boldsymbol{x}|b(\boldsymbol{x}))d\boldsymbol{x} = E_{\boldsymbol{x}|b(\boldsymbol{x})}\bigl[p(z=1|\boldsymbol{x})\bigr] \\ &= E_{\boldsymbol{x}|b(\boldsymbol{x}),\,p(z=1|\boldsymbol{x})}\bigl[p(z=1|\boldsymbol{x})\bigr] = p(z=1|\boldsymbol{x}) \\ &= p(z=1|\boldsymbol{x},b(\boldsymbol{x})) \end{aligned} \tag{3.2}$$

において右辺第1段と第2段の等号の条件として $p(z=1|\boldsymbol{x})=g(b(\boldsymbol{x}))$ が成立すればよいからである.

また式(3.2)から,割り当てを共変量で説明するのと"バランシングスコア"で説明するのは同じであることもわかる.

さてここで2.5節で説明した"強く無視できる割り当て"条件が成立していると仮定すると,

[*1] ここでは十分条件を示す.必要条件については Rosenbaum and Rubin(1983)の定理2を参照.

$$p(z=1|y_1,y_0,b(\boldsymbol{x})) = \int p(z=1|y_1,y_0,\boldsymbol{x},b(\boldsymbol{x}))p(\boldsymbol{x}|y_1,y_0,b(\boldsymbol{x}))d\boldsymbol{x}$$
$$= E_{\boldsymbol{x}|y_1,y_0,b(\boldsymbol{x})}\bigl[(p(z=1|y_1,y_0,\boldsymbol{x}))\bigr] = E_{\boldsymbol{x}|y_1,y_0,b(\boldsymbol{x})}\bigl[(p(z=1|\boldsymbol{x}))\bigr]$$
$$= p(z=1|\boldsymbol{x})$$

したがって式(3.2)と合わせると

$$p(z|y_1,y_0,b(\boldsymbol{x})) = p(z|b(\boldsymbol{x}))$$

が成立し，これを2.5節と同じようにベイズの定理を用いて言い換えると

$$(y_1,y_0) \perp\!\!\!\perp z|b(\boldsymbol{x}) \tag{3.3}$$

つまりバランシングスコアを条件付ければ，割り当て z と潜在的な結果変数 y_1, y_0 は独立になる．

バランシングスコアは一意に決まるものではなくさまざまなものがあり，たとえば $\boldsymbol{x}$ そのものもバランシングスコアの一種である．その中でも傾向スコアはあらゆるバランシングスコアの関数として表わすことができる最も粗い (coarsest：他のあらゆるバランシングスコアの関数となる) 1次元のバランシングスコアである．

傾向スコアの定義 第 i 対象者の共変量の値を $\boldsymbol{x}_i$，割り当て変数の値を z_i とするとき，群1へ割り当てられる確率 e_i：

$$e_i = p(z_i=1|\boldsymbol{x}_i)$$

を第 i 対象者の傾向スコアという (ただし $0 \leq e_i \leq 1$)．

ここで，実際には各対象者の傾向スコアの真値はわからないので，データから推定する必要がある．推定においてはモデル設定が必要であるが，一般的にはプロビット回帰モデルやロジスティック回帰モデルが使用されることが多い．たとえばロジスティック回帰モデルを利用する場合では，第 i 対象者の割り当て変数と(定数1を含めた)共変量ベクトルをそれぞれ z_i, $\boldsymbol{x}_i$ とすると，z_i が1になる確率はロジスティック回帰モデルで表現される．

$$p(z_i=1|\boldsymbol{x}_i) = e_i = \frac{1}{1+\exp\{-\boldsymbol{\alpha}^t\boldsymbol{x}_i\}} \tag{3.4}$$

このとき割り当てに関する尤度は

$$\prod_{i=1}^{N}\left(\frac{1}{1+\exp\{-\boldsymbol{\alpha}^t\boldsymbol{x}_i\}}\right)^{z_i}\left(1-\frac{1}{1+\exp\{-\boldsymbol{\alpha}^t\boldsymbol{x}_i\}}\right)^{1-z_i} \tag{3.5}$$

となる．これを最大化する最尤推定値 $\hat{\boldsymbol{\alpha}}$ を用いることで，第 i 対象者の傾向スコアの推定値は

$$\hat{e}_i = \frac{1}{1+\exp\{-\hat{\boldsymbol{\alpha}}^t\boldsymbol{x}_i\}}$$

と表わされる．ここで，モデルをあらかじめ設定する必要のないノンパラメトリック回帰を用いて傾向スコアを推定することもある (2.8 節の注 25 を参照)．しかしここでも，潜在的な結果変数そのものを共変量に回帰させる場合と同じように"次元の呪い"が存在することから，一般的には傾向スコアの推定はパラメトリックに行なわれることが多い．

3.2　傾向スコアを用いた具体的な解析方法

傾向スコアを用いると因果効果が推定できる理由

傾向スコアを用いた共変量調整は，前提条件である"強く無視できる割り当て"条件が満たされていれば，すべての共変量を用いて調整を行なったのと同じだけ偏りを減少させることができる．

なぜなら，因果効果は

$$E(y_1)-E(y_0) = E(y_1-y_0) = E_e(E(y_1-y_0|e))$$

であり，さらに式 (3.3) より，

$$E(y_1|e) = E(y_1|e, z=1), \quad E(y_0|e) = E(y_0|e, z=0) \tag{3.6}$$

結果として因果効果は

$$E(y_1)-E(y_0) = E_e\bigl[E(y_1|e, z=1)-E(y_0|e, z=0)\bigr] \tag{3.7}$$

と表現することができる.つまり傾向スコアを所与として(= 同じ傾向スコアの値の元で)各群から得られた y_1, y_0 から y_1-y_0 を計算し,それを傾向スコアの分布で期待値を取ると,元々の関心対象である因果効果になる.

ここで,式(3.7)の右辺において,y_1 については $z=1$,y_0 については $z=0$ が所与となっていることに注意してほしい.これはつまり潜在的な結果変数のうち「$z=0$ のときの y_1」や「$z=1$ のときの y_0」といった観測されていない値については考えなくてもよいということがわかる.したがってこれらの式展開から,傾向スコアと観測されている従属変数(つまり処置群の対象者の y_1 と対照群の対象者の y_0)の情報を用いれば因果効果を推定することができるということである.

この結果を用いる調整法は複数考えることができる.たとえば式(3.7)から,「傾向スコアの値が等しい処置群と対照群のペアをマッチングすると,その差の平均は因果効果 $E(y_1-y_0)$ の不偏推定量となる」ことは明らかである.

傾向スコアによる具体的な調整法

傾向スコアを用いた調整法はすべて二段階推定法であり,以下の2つのステップを踏む必要がある.

(1) 傾向スコアの推定

割り当て変数 z を共変量 x によって説明するモデルを設定し,そのモデルの母数の推定を行なう.母数の推定値を用いて,各対象者ごとに $z=1$ に割り当てられる予測確率を計算し,これを傾向スコアの推定値とする.また,カテゴリカルな共変量が存在する場合は,その共変量の欠測値を欠測カテゴリーとすることで,傾向スコアが計算されない対象者を減らすことができることに注意する.

(2) 推定された傾向スコアを用いた調整

上記で推定された傾向スコアを用いて,具体的な調整を行なう方法としてローゼンバウムとルービンはマッチングと層別,共分散分析の3つの方法を提案しており,これまでの解析例の多くではこれらの方法が利用されてきた.

しかし現在ではすぐ後に示す IPW 推定量についての理論的研究が進み，しだいに利用例が増えつつある．

上記に述べたように，傾向スコアを用いた解析は段階推定であるが，推定された傾向スコアを用いた場合と，真の傾向スコアがわかっている場合の解析結果の差に関する理論的研究やシミュレーション研究がいくつか行なわれている(たとえば Drake, 1993)．それらの結果は「推定した傾向スコアを用いても，推定の偏りは真の傾向スコアを用いた場合と同様である」ことを示している．

ここで傾向スコアを利用して因果効果 $E(y_1)-E(y_0)$ の推定を行なう方法を紹介する．ローゼンバウムとルービンが提案したのは以下の3つの方法である．

(1) マッチング

2つの群で傾向スコアが等しい対象者をペアにして，その差の平均をもって因果効果 $E(y_1)-E(y_0)$ の推定値とする．実際には第2章ですでに紹介したように処置群でのある観測値に対して最小の距離になるような対照群の観測値をマッチングさせる最近傍マッチングや，最近傍マッチングを行なった場合に「ある特定の距離以上になるときにはマッチングしない」キャリパーマッチング(caliper matching)などを行なう．いずれにせよ，距離を計算する際に傾向スコアという1次元の値の上で計算を行なうことで，共変量が複数ある場合でも各変数のスケールをどのように設定するべきかという問題も考える必要がなく，計算も容易になる(Rのプログラムについては付録Bを参照)．

(2) 層別解析

傾向スコアの大小によっていくつかのサブクラス(通常は5つ)に分け，その各クラスで処置群と対照群の平均の計算と，全体としての効果の推定量を計算する．具体的には全体のサンプルサイズを N，第 $k(=1,\cdots,K)$ サブクラスの(処置群と対照群を合わせた)サンプルサイズを N_k，処置群の平均を $\bar{y}_{1k}$，対照群の平均を $\bar{y}_{0k}$ とするとき，因果効果の推定量 $\hat{d}_{01}$ は

$$\hat{d}_{01} = \sum_{k=1}^{K} \frac{N_k}{N}(\bar{y}_{1k} - \bar{y}_{0k}), \quad Var(\hat{d}_{01}) = \sum_{k=1}^{K} \left(\frac{N_k}{N}\right)^2 Var(\bar{y}_{1k} - \bar{y}_{0k})$$

と表現される．通常はサブクラスのサイズが等しくなるように層別される．

(3) 共分散分析

割り当て変数と傾向スコアを説明変数とした線形の回帰分析を行なう．ここで割り当て変数は2値であるので，共分散分析と呼ぶこともできる．

現在でもこれらの方法は医学分野を中心に利用されている．特に共変量が多数あるときには，傾向スコアという1次元上でマッチングや層別を行なえばよいために非常に有用である．

ここで，適用例を紹介しよう．

例 3.1 (定期借家権制度導入の賃貸住宅市場への影響)．
これまでの借家権制度では契約の更新拒絶・解約の申入れにおいて正当の事由があることを要求されていたが，2000年に導入された定期借家権制度ではこれが不要になり，制度導入によって賃貸住宅市場の活性化が期待されていた．そこで山鹿・大竹 (2003) は定期借家権導入の前後における東京都の賃貸住宅の賃金等のデータを用いて，定期借家権の導入によって平均家賃が低下するかどうかを調べた．ここでも「定期借家かどうか」はランダムに決定されているわけではなく，比較的床面積が広く，都心からの距離が近く，築年数が浅い物件が定期借家になりやすいため，これらに加えて，最寄り駅から物件までのバスおよび徒歩での時間，新耐震基準を満たすかどうか，どの沿線か，どの自治体かといった合計8変数を共変量として傾向スコアを算出し，傾向スコアを用いて10階級に分けた．結果として多くの階級内で定期借家は普通借家より家賃が平均的に低くなることがわかり，物件そのものの有する要因を除去しても定期借家制度によって家賃水準が低下する可能性が示唆された．

例 3.2 (McWilliams らによる保険加入の健康診断の受診率への影響)．
米国では日本のような国民皆保険制度がなく，基本的には保険の加入は個人に委ねられている．保険に加入していない成人は相対的に適切なケアを受ける機会に恵まれず，健康上の不利な影響を受けることが知られていたが，「保険加入の有無」も「医療機関への受診」も個人の裕福度や健康状態に影響を受けるため，単純に加入群と非加入群の比較をすることには意味がない．そこで McWilliams ら (2003) は保険加入がもたらす各種健康診断の受診率への影響を調べた．ミシガン大学社会調査研究所が公開している

「健康と退職に関するパネル調査」データの分析を行なった結果,保険加入群と非加入群の間では,傾向スコアを用いた共分散分析によって 12 の共変量[*2]の影響を調整してもコレステロール検査,マモグラフィ(女性),前立腺検査(男性)の受診率にはっきりと差があることがわかった.

傾向スコア解析の利点

図 3.1 は最尤推定(または回帰関数を用いた推定法)と傾向スコア解析,および 3.5 節で取り上げる"二重にロバストな推定"の関係を表わしている.

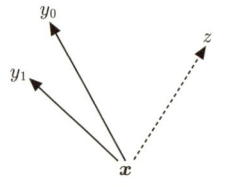

図 3.1 最尤推定と傾向スコア解析・二重にロバストな推定の関係

1) "$a \to b$" は b の a への回帰モデルを表す.
2) 実線はその部分のモデルを正しく指定しないと周辺分布のパラメータや因果効果を正しく推定できないことを表す.
3) 破線はその部分のモデル仮定が不要であるか,"モデル A" か "モデル B" の一方が正しく指定できれば周辺分布のパラメータや因果効果を正しく推定できることを示す.

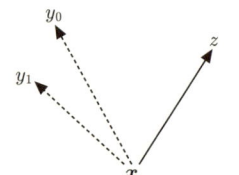

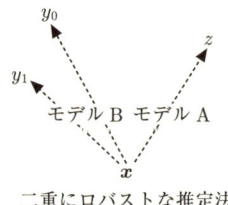

傾向スコアを用いた解析法の最大の利点は,「結果変数と共変量の回帰モデル」(図 3.1 の y_1, y_0 と x の関係)を仮定する必要がないということである.通常,関心のある従属変数(= 結果変数)は一つの研究で複数存在するが,割り当て z は 1 次元である.したがって「割り当てと共変量の回帰モデル(図 3.1 の z と x の関係)」のほうが「結果変数と共変量の回帰モデル」よりもモデルの誤設定の可能性が低いといえる.

[*2] 年齢・性別・人種・居住地域・学歴・雇用状態・年収・自己申告の健康状態・アルコール摂取・喫煙・体重・慢性疾患の有無.

「回帰モデルを仮定する共分散分析」と「傾向スコアによる調整法」との比較についてはさまざまな先行研究があり，傾向スコアの有利な点が指摘されているので，これについて紹介したい．

(1) 傾向スコアは共変量を1変数に縮約しているので，2つの群において局外要因・共変量の値に重なりがない（または少ない）場合でも使える

既存のマッチング法との比較に関して，Rosenbaum and Rubin(1985)では既存のマッチングによる推定の偏りを以下の3つの原因の和に分けることができるとしている．つまり，(i) "強く無視できる割り当て" 条件からの逸脱，(ii)処置群の対象者に対応する対照群の対象者が見つからない問題，(iii)不正確なマッチングによる影響，である．ここで，(i)は既存のマッチングと傾向スコアを用いたマッチングのいずれでも存在するが，傾向スコアを用いたマッチングでは1次元上でのマッチングであるために(ii)の問題（次元問題ともいえる）が解決され，かつ(iii)（サポート問題といえる）も減少する．

(2) 共変量と従属変数のモデル設定を行なわなくてもよい

2.7節の「共分散分析的手法の問題点」のところでも論じたが，共分散分析は従属変数と共変量の間に既知の関数関係を想定する必要がある．しかし，傾向スコア的手法ではその必要はない（ただし，正しい関数関係が想定できるときには，回帰モデルの設定を行なうことで共変量の変動を除去できるため，たとえば検定の検出力を向上させることができるなどの利点がある）．

(3) モデルの誤設定に強い

Drake(1993)では，関心のある要因と共変量(2つ)をともに説明変数としたモデル（従属変数が連続なら共分散分析，2値ならロジスティック回帰）と層別による傾向スコア解析を比較したところ，

[1] どちらも推定の偏りは同じ程度
[2] 共変量を無視したら，どちらも同程度偏る
[3] どちらも真のモデルと異なるモデルで推定している場合は，傾向スコア解析のほうがバイアスが小さい

という結果になった．この研究は傾向スコアを推定するためのロジスティック回帰分析モデルがある程度真のモデルと異なっていても，ロバストな結果が得られるということを示唆している．

ここで，簡単なシミュレーション例を紹介しよう．2.7節の「ルービンの因果モデルと共分散分析」の後半で行なったシミュレーションの結果(図2.5および図2.6)では傾向スコア解析を行なった結果が併記されている．

回帰係数が異なるデータ(図2.5)では単純平均と共分散分析での結果はサンプルサイズに依存しないが，傾向スコアの推定値はサンプルサイズにある程度依存するため，サンプルサイズが400の場合と4000の場合を示している．いずれにせよ，共分散分析的な解析手法では共変量 x と結果変数 y_1, y_0 の回帰関数を誤って設定すると因果効果の推定値のバイアスは非常に大きいが，傾向スコアを用いた因果効果の推定値はロバストであることがわかる．

ローゼンバウムとルービンの提案した傾向スコア解析の問題点

しかし，上にあげた3つの手法には以下のような欠点がある．

[1] いずれの方法でも，2群以上の比較に関心がある場合は2群ごとに別々の傾向スコアを推定する必要があるために，因果効果を求めるための母集団が各2群の解析ごとに異なってしまう．

[2] マッチング・層別解析では因果効果の推定値は計算できるが，その標準誤差が正確には計算できない(ただしいくつかの前提の下での計算式は考案されている)．

[3] マッチング・層別解析ともに，各周辺期待値($E(y_1), E(y_0)$)の推定ができない．

[4] マッチングでは，他方の群と同じ傾向スコアをもつ対象者が必要であるが，傾向スコアは連続変数なので，理論上そのような対象者は存在しない．そこで「最も傾向スコアの差が小さい対象者をペアにする」などといった方法がとられるが，ペアにする基準が恣意的である．また，ある基準以上に傾向スコアの差が小さくなるようなマッチングを行なうためには対象者を非常に多くとる必要がある．層別では Rosenbaum and Rubin

(1984)が5層以上とればよいと提案し，多くの応用研究でも5層に層別がされている．しかしこれが適切であるという理論的な保証はない．

[5] マッチングを利用する場合，対象者の数が多い群でデータの多くが無駄になる．関連して問題となるのは，マッチングによる推定値は「対象者数が少ないほうの群の共変量の分布」の上で期待値をとったときの因果効果の推定値になることである．通常は処置群のサンプルサイズのほうが少ないので，多くの場合「処置群での因果効果」TET しか推定できない．

逆に，マッチングを用いるときに両群の対象者数が同じであり，かつ1対1のマッチングを行なえば差の平均も平均の差も同じになり，推定値は両群の単純平均の差と等しくなってしまい，調整する意味がない．一方，1対多のマッチングでは1対何にするかという点でも恣意性が残る．

[6] 共分散分析のモデルで傾向スコア解析を行なうための前提条件として，傾向スコアと目的変数が線形な関係にある必要があるが，傾向スコアが0から1をとる以上，そのような関係を仮定することに無理がある．

ローゼンバウムとルービンが提案した3つの手法には上記のような欠点があり，その後，以下の2つの方法が提案され，次第に利用されつつある．

IPW 推定量

Rubin(1985)は層別標本抽出における Horovitz and Thompson(1952)の方法を拡張した「傾向スコアによる重み付け推定法」を提案している．これは，傾向スコアの逆数による重み付け平均である．

$$\hat{E}(y_1) = \sum_{i=1}^{N} \frac{z_i y_i}{e_i} / \sum_{i=1}^{N} \frac{z_i}{e_i}, \quad \hat{E}(y_0) = \sum_{i=1}^{N} \frac{(1-z_i) y_i}{1-e_i} / \sum_{i=1}^{N} \frac{(1-z_i)}{1-e_i} \quad (3.8)$$

ここで，真の傾向スコアの値がわかっていて，さらに"強く無視できる割り当て"条件が成立するならば，$z^2=z, z(1-z)=0$ より

$$\begin{aligned} E\left(\frac{zy}{e}\right) &= E\left(\frac{z^2 y_1 + z(1-z) y_0}{e}\right) = E\left(\frac{zy_1}{e}\right) \\ &= E_{\boldsymbol{x}}\left[E\left(\frac{z}{e} y_1 \Big| \boldsymbol{x}\right)\right] = E_{\boldsymbol{x}}\left[E\left(\frac{z}{e} \Big| \boldsymbol{x}\right) E(y_1|\boldsymbol{x})\right] \\ &= E_{\boldsymbol{x}}\left[E(y_1|\boldsymbol{x})\right] = E(y_1) \end{aligned} \quad (3.9)$$

となる．つまり $\hat{E}(y_1)$ は y_1 の周辺平均の，同様に $\hat{E}(y_0)$ は y_0 の周辺平均の不偏推定量になる．もちろん通常は真の傾向スコア e_i はわからず，推定値 $\hat{e}_i$ で代用するが，その場合にもそれぞれの推定量は y_1 や y_0 の周辺平均の一致推定量となる[*3]．

ここで N を大きくしていくと，

$$\frac{1}{N}\sum_{i=1}^{N}\frac{z_i}{e_i} \overset{確率収束}{\to} 1 \qquad \frac{1}{N}\sum_{i=1}^{N}\frac{(1-z_i)}{(1-e_i)} \overset{確率収束}{\to} 1$$

であることが大数の法則より成立する．したがって式(3.8)の分母を N で代用している文献も多いが，代用せずに式(3.8)を利用したほうが推定精度が高いことが知られている．

この方法であれば，因果効果 $E(y_1)-E(y_0)$ だけでなく，各群の周辺期待値 $E(y_1), E(y_0)$ を計算することが可能である（付録BにRのプログラムを記載した）．

また，この重み付け法は現在では逆確率による**重み付け(inverse probability weighting)**(IPW)を用いたIPW推定量(inverse probability weighting estimator：IPWE)と呼ばれることが多い．

このIPW推定量は，**M推定量(M estimator)**(付録A.1節参照)として考えることができる．具体的には付録A.1節での $\boldsymbol{\theta}$ を $(E(y_1), E(y_0))^t$ とし，関数 $\boldsymbol{m}$ を

$$\left(\frac{z}{e}(y-E(y_1)), \frac{1-z}{1-e}(y-E(y_0))\right)^t$$

とおけば，式(A.2)は

$$\frac{1}{N}\sum_{i=1}^{N}\left(\frac{z_i}{e_i}(y_i-E(y_1)), \frac{1-z_i}{1-e_i}(y_i-E(y_0))\right)^t = 0$$

となる．また式(A.3)と式(A.4)より，真の傾向スコアがわかっている場合の因果効果のIPW推定量の漸近分散は，

[*3] 以後，傾向スコアの推定値を代入する場合の議論では同様である．

3.2 傾向スコアを用いた具体的な解析方法 ◆ 71

$$A(\theta_0) = E\begin{pmatrix} \dfrac{z}{e} & 0 \\ 0 & \dfrac{1-z}{1-e} \end{pmatrix} = \begin{pmatrix} 1 & 0 \\ 0 & 1 \end{pmatrix}$$

$$B(\theta_0) = E\begin{pmatrix} \dfrac{z^2(y-E(y_1))^2}{e^2} & \dfrac{z(1-z)(y-E(y_1))(y-E(y_0))}{e(1-e)} \\ \dfrac{z(1-z)(y-E(y_1))(y-E(y_0))}{e(1-e)} & \dfrac{(1-z)^2(y-E(y_0))^2}{(1-e)^2} \end{pmatrix}$$

$$= E\begin{pmatrix} \dfrac{(y_1-E(y_1))^2}{e} & 0 \\ 0 & \dfrac{(y_0-E(y_0))^2}{(1-e)} \end{pmatrix}$$

より

$$\frac{1}{N}\sum_{i=1}^{N}\left\{\frac{(y_{i1}-\hat{E}(y_{i1}))^2}{e} + \frac{(y_{i0}-\hat{E}(y_{i0}))^2}{(1-e)}\right\} \tag{3.10}$$

となる．ただし，実際にはこれは計算できないので，上記の B の期待値をそれぞれ観測平均で置き換えたものを利用すればよい．これは結果として

$$\frac{1}{N}\sum_{i=1}^{N}\left\{\frac{z_i(y_i-E(y_1))^2}{e_i^2} + \frac{(1-z_i)(y_i-E(y_0))^2}{(1-e_i)^2}\right\}$$

となる．

通常は傾向スコアの真値はわからないために推定する必要がある．その場合でも「割り当てを共変量で説明するロジスティック回帰分析モデル」(式(3.5))の母数を推定するためのM推定の関数を上記に加えて議論すればよい．たとえば式(3.5)の母数 α を最尤法で推定する場合には，関数 m に対数尤度(式(3.5)の対数)の導関数ベクトルを追加する．結果として式(3.10)から

$$\frac{1}{N}DC^{-1}D^t$$

を引いたものが因果効果の推定量の漸近分散になる．ただし，$\gamma = \dfrac{\partial}{\partial \alpha}e$ (=傾向スコアを母数 α で微分したもの)とし，

$$C = E\left\{\frac{\gamma\gamma^t}{e(1-e)}\right\}, \quad D = E\left\{\left(\frac{(y_1-E(y_1))}{e} + \frac{(y_0-E(y_0))}{(1-e)}\right)\gamma^t\right\}$$

とする．

一般的には関心のない局外パラメータ(ここでは α)の真値が既知の場合の

ほうが，推定する必要のある場合に比べて関心のあるパラメータ θ の推定量の分散は小さくなるが，ここでは $\tilde{\theta}(\hat{\alpha})$ の漸近分散は，推定値 $\hat{\alpha}$ の代わりにその真値を代入した場合の推定量 $\tilde{\theta}(\alpha^0)$ よりも小さくなるという非常に興味深い現象が生じている．同様な問題は他の段階推定でも存在するが，詳細は Henmi and Eguchi (2004) を参照されたい．

例 3.3（MacKenzie らによる外傷センター(Trauma center)の有用性の研究）．

外傷センターとは，ドクターヘリ等の施設を備え，外傷治療に特化した救急救急医療を担う救急救急センターである．ドイツでは半径 50 km 以内に外傷センターを置くことを義務づけているなど，先進諸国では近年普及しているが，日本ではまだ設置している病院の数が非常に少ない．アメリカにおいても普及が進みつつあるが，外傷センターのような特化した施設を有する病院は重病人が集まりやすいため，センターの設置に関する評価を行なう際に死亡率などの観点から単純比較を行なうのは当然適切ではない．

そこで MacKenzie et al. (2006) は National Study on the Costs and Outcomes of Trauma (NSCOT) 調査において，質が高いことを認定された外傷センターのある病院 (18 病院) と，外傷センターを持たない病院 (51 病院) とで治療を受けた患者 5043 人の治療予後を比較した．集計レベルの解析から，外傷センターのある病院で治療を受けた患者群は相対的に年齢が低く，併存疾患が少なく，男性や非白人・保険未加入者が多く，症状の程度は重かった．これらの共変量や症状に関するさまざまな変数（頭蓋開放骨折をしているかなど）から計算した傾向スコアを用いた IPW 推定量を利用すると，外傷センターを持つ病院での入院中の死亡率は持たない病院に比して有意に低く (7.6% vs. 9.5%)，また 1 年以内の死亡率も有意に低い (10.4% vs 13.8%) ことがわかった．

例 3.4（小学校での英語教育の国語テスト得点への影響）．

第 1 章の冒頭に紹介したように，近年，小学校での英語教育の是非に関する議論が盛んである．すでに韓国やタイなどのアジア各国では小学校低学年から英語教育を学校教育の現場に導入している．これは，L-R の判別など音韻的な学習については 10 歳程度がクリティカルポイントであるなどといった実証的な研究知見にもとづくものである．一方，日本では「小学校低学年ではまだ書き言葉に慣れていない．早期教育は無駄なだけでなく，日本語学習にも支障があるのではないか」という英語教育の国語への影響を懸念する声は大きいが，実証データをともなった議論は行なわれていない．

そこで Ojima and Hagiwara (2007) は実際に小学校低学年から英語教育を行なっている学校に通う子供と，行なっていない学校に通う子供に対する国語テストの平均得点の比較を行なった（図 3.2 の "調整前"）．その結果は，英語教育を行なっている学校の生徒の国語テストの平均は 79.49（平均の標準誤差 1.528）であり，一方，英語教育を行

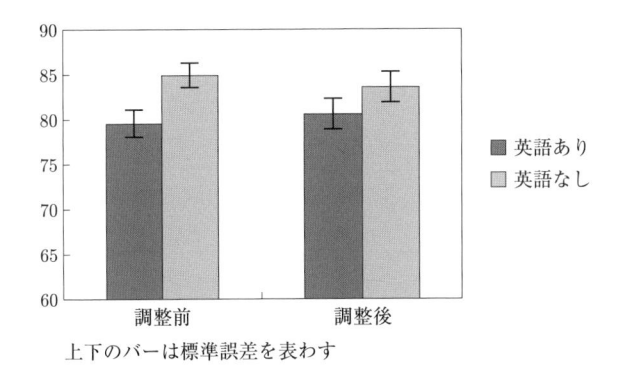

3.2 傾向スコアを用いた具体的な解析方法 ◆ 73

図 3.2 学校での英語教育が国語テスト得点に与える影響
上下のバーは標準誤差を表わす

表 3.1 英語教育を行なっている学校の生徒と行なっていない学校の生徒の親の学歴や教育費等の違い

(%)

		英語あり	英語なし			英語あり	英語なし
父親の学歴	中　学	3.62	0.00	経済満足度	大変不満	5.80	2.03
	高　校	22.46	15.54		やや不満	24.64	8.78
	専門学校	15.94	11.49		どちらともいえない	34.78	29.05
	高等専門学校	0.00	4.05		やや満足	29.71	51.35
	短期大学	2.17	1.35		大変満足	5.07	8.78
	大　学	49.28	56.08	教育費	5 千円未満	15.33	12.16
	大学院	6.52	11.49		5 千〜1 万円未満	30.66	21.62
母親の学歴	中　学	0.72	0.68		1 万〜2 万円未満	34.31	43.92
	高　校	28.99	17.57		2 万〜3 万円未満	17.52	16.89
	専門学校	22.46	14.86		3 万〜4 万円未満	2.19	4.05
	高等専門学校	0.72	2.03		4 万〜5 万円未満	0.00	1.35
	短期大学	21.01	35.14		5 万円以上	0.00	0.00
	大　学	24.64	29.73				
	大学院	1.45	0.00				

なっていない学校の生徒の国語テストの平均は 84.87（平均の標準誤差 1.377），そして差の p 値は 0.009 と有意であり，小学校低学年での英語教育が国語に悪影響があるように思われる．しかし，この研究は無作為割り当てをともなった実験研究ではない．たまたまこの研究では「英語教育を行なっていない学校」の学区となっている地域は転勤族が主に住む地域であり，親の学歴や教育費などが「英語教育を行なっている学校」の親より平均して高い．したがって単純に 2 つのグループを比較するのではなく，家庭環境についてのバックグラウンドの影響を除去した "英語教育の国語への因果効果" を

推定する必要がある．

そこで親の学歴，月額の教育費などあわせて4変数を用いた共変量調整を行なった（具体的に利用した変数の頻度分布を表3.1に記載）．IPW推定による周辺期待値の推定値は英語なしで80.56（標準誤差1.644），英語ありで83.60（標準誤差1.627）となり（図3.2の"調整後"），因果効果のz値も-1.3153であり，p値は0.094と有意ではない．つまり，親の学歴や経済的な満足度，子供への教育費を等質にした場合，「すべての生徒に英語教育を行なった場合」と「すべての生徒に英語教育を行なわなかった場合」での国語テスト得点にほぼ違いがないということである．この4変数だけについて調整を行なった場合に有意差がなくなることから，より多くの変数についての影響を除去すれば，因果効果はより小さくなることが期待される．

この研究の対象者はある特定地域の限られた学校の生徒であるため，解析結果から日本全体での小学校低学年における英語教育の国語への影響を議論することはできない．しかし，このような実証データによってさまざまな教育政策を議論することができることを示している．

カーネルマッチング

ヘックマンは処置群と対照群のマッチングを1対1で行なう場合に生じる問題点を解決するため，カーネルマッチング（**kernel matching**）を提案している（Heckman et al., 1998）．これはカーネルを利用した重みで対照群のすべての観測値を重み付けた値を「本来ならば処置群では観測されないy_0」の代わりとして利用する方法である．具体的には「第i対象者が処置群に所属している場合には本来は観測されないはずの」潜在的な結果変数y_{i0}を，式(3.6)の関係を利用して，対照群でのy_0のeへのカーネル回帰関数から

$$\hat{y}_{i0} = \frac{\sum_{j=1}^{N}(1-z_j)K_{ij}y_{j0}}{\sum_{j=1}^{N}(1-z_j)K_{ij}} \tag{3.11}$$

によって予測する．ただし$K_{ij}=K_h(e_i,e_j)$は2.8節に示したバンド幅hのカーネル[*4]であり，これが重みになっている．図3.3はカーネルマッチングの手

[*4] ヘックマンらはシルバーマンの"rule-of-thumb"の方法である$1.06 \times \hat{\sigma}_e \times N^{-1/5}$を利用している．

3.2 傾向スコアを用いた具体的な解析方法 ◆ 75

$$K_{ij}=K\left(\frac{e_i-e_j}{h}\right)$$

対照群での傾向スコア

処置群での傾向スコア

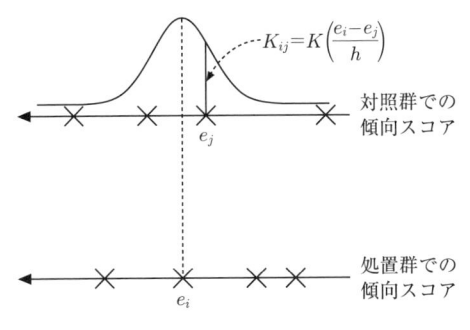

図 **3.3** カーネルマッチング

順を示している．処置群と対照群ともに傾向スコアで個人がソートされているとする(図の×に各個人の傾向スコアの値があるとする)．処置群での e_i と同じ傾向スコアを持つ対照群の個人は存在しないので，通常のマッチングを行なう場合には一番近い e_j をマッチングさせる．一方，カーネルマッチングでは対照群のすべての個人の値をカーネルの重みで利用する．具体的には対照群で傾向スコアが e_j の個人の値は K_{ij} の重みで利用する．

また，ヘックマンはたんなるカーネル法だけではなく，局所線形回帰の考え方を用いた**局所線形カーネル回帰マッチング**(**local linear kernel regression matching**)を提案している．これは**局所多項式回帰**(**local polynomial regression, loess** または **lowess**)(Stone, 1977；Härdle et al., 2004)において説明変数を傾向スコアの推定値とする方法であり，特に多項式を線形関数とした局所線形回帰を利用する場合のものである．局所多項式回帰と局所線形回帰は付録 A.3 節で説明するが，結果としてカーネルマッチングと異なり，重みはカーネルそのもの $(1-z_j)K_{ij}$ ではなく

$$\frac{(1-z_j)K_{ij}\sum_{k=1}^{N}\left[(1-z_k)K_{ik}(e_k-e_i)^2\right]-K_{ij}(e_j-e_i)\sum_{k=1}^{N}\left[(1-z_k)K_{ik}(e_k-e_i)\right]}{\sum_{j=1}^{N}(1-z_j)K_{ij}\sum_{k=1}^{N}(1-z_k)K_{ik}(e_k-e_i)^2-\left(\sum_{k=1}^{N}(1-z_k)K_{ik}(e_k-e_i)\right)^2}$$

となる(付録 A.3 節の式(A.33)の応用である[*5])．一般に説明変数の定義域の

[*5] 局所多項式回帰の一種である局所定数回帰を利用することで式(3.11)のカーネルマッチングが得られる．

境界値ではカーネル回帰よりも局所線形回帰のほうが推定のバイアスが減少することが知られていることから，Heckman et al.(1998)は傾向スコアの推定値が0や1に近い値に集中する可能性がある場合に，特にカーネルマッチングより局所線形カーネル回帰マッチングのほうが良いとしている．

3.3 傾向スコア解析の拡張

一般化推定方程式における IPW 推定量

無作為割り当てがされていない2つの群に対して，「共変量の影響が除去された場合の回帰係数の差」の検討などを可能にする方法として一般化推定方程式における IPW 推定量が提案されている．

一般化推定方程式(generalized estimating equation) (Liang and Zeger, 1986)は平均や回帰関数など平均構造に関心がある場合に非常によく利用される方法である．ここで，従属変数 y を独立変数 w を用いて回帰することが目的であるとするとき，通常の一般化推定方程式では

$$\sum_{i=1}^{N} S_i(\boldsymbol{\beta}) = \sum_{i=1}^{N} \frac{\partial \boldsymbol{\mu}(\boldsymbol{w}_i, \boldsymbol{\beta})}{\partial \boldsymbol{\beta}^t} \boldsymbol{V}_i^{-1} (\boldsymbol{y}_i - \boldsymbol{\mu}(\boldsymbol{w}_i, \boldsymbol{\beta})) = 0$$

を解くことで，y の w への回帰関数 $\boldsymbol{\mu}(\boldsymbol{w}, \boldsymbol{\beta})$ の母数 $\boldsymbol{\beta}$ の推定量を得る．ここで $\boldsymbol{V}_i$ は作業共分散行列であり，$\boldsymbol{A}_i$ を対角成分である行列，ϕ を過分散パラメータとすると $\boldsymbol{V}_i = \phi \boldsymbol{A}_i^{1/2} \boldsymbol{R}_i \boldsymbol{A}_i^{1/2}$ と表わされる．ここで $\boldsymbol{R}_i$ は作業相関行列(working correlation matrix)と呼ばれ，一定の条件にさえ合致すれば，恣意的に決定しても推定の一致性は保証される．

さてここで，従属変数 y が(潜在的な結果変数であり)欠測する可能性があるとする．このとき欠測するかどうかを表わす変数を z とすると，z が w にのみ依存するならば，

$$p(z_i | \boldsymbol{y}_i, \boldsymbol{w}_i) = p(z_i | \boldsymbol{w}_i)$$

となる．このとき

$$\sum_{i=1}^{N} z_i \frac{\partial \boldsymbol{\mu}(\boldsymbol{w}_i, \boldsymbol{\beta})}{\partial \boldsymbol{\beta}^t} \boldsymbol{V}_i^{-1} (\boldsymbol{y}_i - \boldsymbol{\mu}(\boldsymbol{w}_i, \boldsymbol{\beta})) = 0$$

の解は $\boldsymbol{\beta}$ の一致推定量である．なぜなら $E(zS(\boldsymbol{\beta})|\boldsymbol{w})=E(z|\boldsymbol{w})E(S(\boldsymbol{\beta})|\boldsymbol{w})=0$ の関係が成立するからである．しかし，「説明変数 $\boldsymbol{w}$ 以外の変数（= 共変量 $\boldsymbol{x}$）の値によっても欠測するかどうかの確率が変わる」場合

$$p(z_i|\boldsymbol{y}_i,\boldsymbol{w}_i,\boldsymbol{x}_i) = p(z_i|\boldsymbol{w}_i,\boldsymbol{x}_i)$$

には一致性が保証されない．

そこでロビンスらは回帰モデルの母数推定のための重み付き一般化推定方程式法を提案している（Robins et al., 1994）．彼らはまず，欠測が起こるかどうかについて独立変数と共変量で説明するモデル

$$p(z_i|\boldsymbol{x}_i,\boldsymbol{w}_i,\alpha)$$

を考える（このモデルはロジスティック回帰モデルなどである）．そして，母数 α の最尤推定値 $\hat{\alpha}$ を用いて計算できる，各対象者の観測確率の推定値の逆数

$$\chi_i(\hat{\alpha}) = \frac{1}{p(z_i=1|\boldsymbol{x}_i,\boldsymbol{w}_i,\hat{\alpha})}$$

を用いた重み付き一般化推定方程式

$$\sum_{i=1}^n \chi_i(\hat{\alpha})z_i\frac{\partial \boldsymbol{\mu}(\boldsymbol{w}_i,\boldsymbol{\beta})}{\partial \boldsymbol{\beta}^t}\boldsymbol{V}_i^{-1}(\boldsymbol{y}_i-\boldsymbol{\mu}(\boldsymbol{w}_i,\boldsymbol{\beta}))=0$$

を解くことで得られる $\boldsymbol{\beta}$ の推定量が一致性を持つことを証明した．これは

$$E(\chi_i(\hat{\alpha})z_iS_i(\boldsymbol{\beta})|\boldsymbol{x}_i,\boldsymbol{w}_i) = E(\chi_i(\hat{\alpha})z_i|\boldsymbol{x}_i,\boldsymbol{w}_i)E(S_i(\boldsymbol{\beta})|\boldsymbol{w}_i) = 0$$

の関係から明らかである．ロビンスらはこのような重み付き一般化推定方程式の枠組みでドロップアウトのある場合のパネル調査（定義は 3.9 節）での推定法の開発などさまざまな研究を行なっているが，そこでの本質的な関心は「欠測の有無にのみ関係する共変量 $\boldsymbol{x}$ を除外した $\boldsymbol{y}$ と $\boldsymbol{w}$ の回帰関数 $\boldsymbol{\mu}(\boldsymbol{w},\boldsymbol{\beta})$ の推定」にある．これは 2.4 節でも紹介した周辺構造モデル（**marginal structural model**）の一種である．

一般化傾向スコア

これまで紹介してきた傾向スコア解析はすべて 2 群での因果効果の推定に

ついてのものである．これまでは同時に解析の対象にする集団が2つ以上の場合には，2群ごとに比較をすることが多かった．しかしこれを行なうと，各解析で母集団が異なるという問題が生じる．たとえばA, B, Cの3群が存在する場合，群A, Bの傾向スコアによる解析はAとBを混合した集団を母集団とすることになり，A, B, C全体を母集団とした場合の結果を与えることはできない．

これに対してImbens(2000)は，たとえ割り当て変数が2値でなくても，傾向スコアを利用できることを示した．その方法は非常に簡単であり，割り当て変数zが1からJまでの値を取る場合，条件jにおける潜在的な結果変数y_jを考えるとき

$$z_j = \begin{cases} 1 & z = j \\ 0 & (上記以外) \end{cases} \quad (j = 1, \cdots, J)$$

となるようなz_jをつくり，2値化して各z_jごとに傾向スコア(これを一般化傾向スコア(generalized propensity score)と呼ぶ)を計算すればよいというものである．つまり第j群への一般化傾向スコアを

$$e_j = p(z_j = 1|\boldsymbol{x}) \quad (j = 1, \cdots, J)$$

と定義し，名義ロジスティック回帰分析や，2値化してロジスティック回帰分析やプロビット回帰分析を実行し，各対象者での推定値を計算すればよい．

また，このときの一般化傾向スコア使用の前提条件は「割り当て変数zと従属変数$\boldsymbol{y}$が，共変量$\boldsymbol{x}$を所与として独立」という"強く無視できる割り当て"条件から，「各jごとにz_jとj番目のy_jが，共変量$\boldsymbol{x}$を所与として独立」という，より弱い条件に緩和することができる(この条件は"weak unconfoundedness"条件と呼ばれる).

一般化傾向スコアを用いて因果効果や各群の周辺期待値を推定するためには，一般化傾向スコアを用いたIPW推定を行なえばよい．

周辺分布の分位点の推定

周辺期待値や因果効果ではなく，第2章の式(2.12)で定義した"分位点での

因果効果"を推定するために，Firpo(2007)はノンパラメトリックに推定した傾向スコアを用いた「共変量調整後の周辺分布の分位点の推定法」を提案している．まず通常の α 分位点の推定量は

$$\left\{ \sum_{i:y_i \geq q}^{N} \alpha|y_i-q| + \sum_{i:y_i < q}^{N} (1-\alpha)|y_i-q| \right\}$$
$$= \left\{ \sum_{i:y_i \geq q}^{N} \alpha(y_i-q) + \sum_{i:y_i < q}^{N} (\alpha-1)(y_i-q) \right\}$$
$$= \sum_{i=1}^{N} (y_i-q)(\alpha-1(y_i \leq q))$$

を最小とする q であることが知られている(Koenker and Bassett, 1978)．実際，$\alpha=0.5$ ならば上記の関数を最小化する q がメディアンであることは明らかである．

そこで，共変量調整を行なった後の y_j $(j=1,0)$ の周辺分布の α 分位点は

$$\sum_{i=1}^{N} \hat{\omega}_{ij}(y_i-q_j)(\alpha-1(y_i \leq q_j)) \tag{3.12}$$

を最小化する解 $\hat{q}_j$ とすればよい．ただし $\hat{\omega}_{ij}$ は，対象者 i に対して推定された傾向スコアを $\hat{e}_i$ とすると

$$\hat{\omega}_{i1} = \frac{z_i}{N\hat{e}_i}, \quad \hat{\omega}_{i0} = \frac{1-z_i}{N(1-\hat{e}_i)}$$

である．したがって α 分位点での因果効果は $\hat{q}_1 - \hat{q}_0$ とすればよい．同様に α 分位点での TET は式(3.12)での $\hat{\omega}_{ij}$ を

$$\hat{\omega}_{i1} = \frac{z_i}{\sum_{i=1}^{N} z_i}, \quad \hat{\omega}_{i0} = \frac{\hat{e}_i(1-z_i)}{(1-\hat{e}_i)\sum_{i=1}^{N} z_i}$$

とすればよい．

3.4 一般的な周辺パラメトリックモデルの推定

前節で紹介した傾向スコアによる解析法は，因果効果の推定や潜在的な結果変数の周辺期待値の推定には利用できるが，それ以外の周辺分布の母数推定に

は利用できない.2.4節で説明したように,共変量の効果を直接モデリングせずに,結果変数と共変量以外の変数との関係を見たり,結果変数が多変量であるときにその周辺相関構造を見たいという研究関心があることは多い.実際に第1章で紹介した成長曲線モデルの例は,周辺期待値の推定からだけでは議論できない.

本節では,このような目的で利用するための傾向スコアを用いた一般的な周辺パラメトリックモデルの推定法を紹介する(Hoshino et al., 2006;Hoshino, 2008)[*6].

まず一般化傾向スコアの枠組み同様に,集団が J あるとし,y_j を対象者が集団 j に所属した場合の潜在的な結果変数とする.また,表記を簡便にするために $y=(y_1^t,\cdots,y_J^t)^t$ とする.このとき独立変数 z は集団への所属のインディケータ変数となり,J 個のカテゴリーを持つ($z=1,\cdots,J$).ある対象者がどの集団に所属するかは共変量 x に依存する.つまり x を所与としたときに $z=j$ となる確率

$$e_j(\boldsymbol{x},\boldsymbol{\alpha}) = p(z_j=1|\boldsymbol{x},\boldsymbol{\alpha}) \qquad (j=1,\cdots,J)$$

が一般化傾向スコアである.ここでは x によってのみ欠測するかどうかが決まるという"ランダムな欠測"という状況を考えている.したがって x を所与とする y の条件付き分布 $p(y|x)$ や x を y で説明する回帰モデルに関心がある場合は,観測データの尤度を用いた最尤法によって一致推定量を得ることができる.しかしここでの関心は潜在的な結果変数 y の周辺分布のパラメータの推定,具体的には各 j ごとの周辺分布

$$p(\boldsymbol{y}_j|\boldsymbol{\theta}_j(\boldsymbol{\theta}))$$

のパラメータ $\boldsymbol{\theta}_j$ があるパラメータ $\boldsymbol{\theta}$ の関数として表わされる場合に,$\boldsymbol{\theta}$ を推定することにある.たとえば一元配置分散分析モデルであれば

[*6] 共変量が従属変数と独立である場合(たとえば標本抽出モデルの層別抽出など)については Wooldridge(1999)を,第5章で紹介する選択バイアスの場合については Wooldridge(2002)を参照.

$$y_j = \mu + \beta_j + \epsilon_j, \quad \epsilon_j \sim N(0, \sigma^2) \quad (j = 1, \cdots, J)$$

となり，$\boldsymbol{\theta} = (\sigma^2, \mu, \beta_1, \cdots, \beta_J)^t$ を推定するのが目的となる．このようなモデルは 2.4 節で紹介した"周辺構造モデル"として表現でき，調整変数を含めたり，潜在的な結果変数の (共変量について期待値が取られた後の) 周辺分布のモデリングに有用である．

このモデル設定においては，潜在的な結果変数 $\boldsymbol{y}$ と共変量 $\boldsymbol{x}$ が独立である場合を除いては，観測データの単純な尤度を用いた最尤法には一致性はない．

そこで，まず対象者 N 人のデータ $(\boldsymbol{y}_{11}, \cdots, \boldsymbol{y}_{1J}, \boldsymbol{x}_1, z_{11}, \cdots, z_{1J}), \cdots,$ $(\boldsymbol{y}_{N1}, \cdots, \boldsymbol{y}_{NJ}, \boldsymbol{x}_N, z_{N1}, \cdots, z_{NJ})$ が独立かつ同一の分布にしたがっているとする．このとき，もしすべての潜在的な結果変数が観測されていれば，$\boldsymbol{\theta}$ を推定するためには通常の M 推定 (付録 A.1 節参照) として，目的関数を

$$\frac{1}{N} \sum_{i=1}^{N} \sum_{j=1}^{J} m_j(\boldsymbol{y}_{ij} | \boldsymbol{\theta}_j(\boldsymbol{\theta})) \tag{3.13}$$

とし，

$$E_{\boldsymbol{y}} \left[\frac{\partial}{\partial \boldsymbol{\theta}} \sum_{j=1}^{J} m_j(\boldsymbol{y}_j | \boldsymbol{\theta}_j(\boldsymbol{\theta}^0)) \right] = 0$$

(ただし $\boldsymbol{\theta}^0$ は $\boldsymbol{\theta}$ の真値) を満たす目的関数の最大化や最小化を行なえばよい．

しかし実際には $z_{ij} = 1$ である対象者については $\boldsymbol{y}_j$ 以外の結果変数はすべて欠測なので，式 (3.13) を用いた M 推定は利用できない．そこで，以下の目的関数 $Q^W(\boldsymbol{y}, \boldsymbol{x}, \boldsymbol{z} | \boldsymbol{\theta}, \boldsymbol{\alpha})$

$$Q^W(\boldsymbol{y}, \boldsymbol{x}, \boldsymbol{z} | \boldsymbol{\theta}, \boldsymbol{\alpha}) = \frac{1}{N} \sum_{j=1}^{J} \sum_{i=1}^{N} \frac{z_{ij}}{e_j(\boldsymbol{x}_i, \hat{\boldsymbol{\alpha}})} m_j(\boldsymbol{y}_{ij} | \boldsymbol{\theta}_j(\boldsymbol{\theta})) \tag{3.14}$$

を最大化する推定量 $\tilde{\boldsymbol{\theta}}(\hat{\boldsymbol{\alpha}})$ を傾向スコアによる重み付き M 推定量 (propensity score weighted M estimator) (以下 **PME** と略す) と呼ぶ．ただし一般化傾向スコアを推定するために必要なパラメータ $\boldsymbol{\alpha}$ の最尤推定量を $\hat{\boldsymbol{\alpha}}$ とする．

ここで関数 m_j の形状によって，目的関数は対数尤度を傾向スコアの逆数で重み付けたものにもなれば，最小二乗基準 (をマイナス 1 倍したもの) を傾向スコアの逆数で重み付けたものにもなる．

さて $\tilde{\boldsymbol{\theta}}(\hat{\boldsymbol{\alpha}})$ は一致推定量であり，かつ下記の漸近分布

$$\sqrt{N}(\tilde{\boldsymbol{\theta}}(\hat{\boldsymbol{\alpha}})-\boldsymbol{\theta}^0) \sim N\big(\mathbf{0}, A^{-1}(\boldsymbol{\theta}^0)(B(\boldsymbol{\theta}^0)-\Gamma\Sigma_{\hat{\boldsymbol{\alpha}}}\Gamma^t)A^{-1}(\boldsymbol{\theta}^0)\big) \qquad (3.15)$$

に従うことがわかっている．ただし $\Sigma_{\hat{\boldsymbol{\alpha}}}$ は $\sqrt{N}\hat{\boldsymbol{\alpha}}$ の漸近分散であり，また A, B, Γ はそれぞれ

$$A(\boldsymbol{\theta}^0) = E\bigg[\sum_{j=1}^{J} \frac{z_j}{e_j(\boldsymbol{x},\boldsymbol{\alpha}^0)} \frac{\partial^2}{\partial\boldsymbol{\theta}\partial\boldsymbol{\theta}^t} m_j(\boldsymbol{y}_j|\boldsymbol{\theta}_j(\boldsymbol{\theta}^0))\bigg]$$
$$= E\bigg[\sum_{j=1}^{J} \frac{\partial^2}{\partial\boldsymbol{\theta}\partial\boldsymbol{\theta}^t} m_j(\boldsymbol{y}_j|\boldsymbol{\theta}_j(\boldsymbol{\theta}^0))\bigg]$$

$$B(\boldsymbol{\theta}^0) = E\bigg[\frac{\partial}{\partial\boldsymbol{\theta}} \sum_{j=1}^{J} \frac{z_{ij}}{e_j(\boldsymbol{x},\boldsymbol{\alpha}^0)} m_j(\boldsymbol{y}_j|\boldsymbol{\theta}_j(\boldsymbol{\theta}^0))$$
$$\times \frac{\partial}{\partial\boldsymbol{\theta}^t} \sum_{j=1}^{J} \frac{z_{ij}}{e_j(\boldsymbol{x},\boldsymbol{\alpha}^0)} m_j(\boldsymbol{y}_j|\boldsymbol{\theta}_j(\boldsymbol{\theta}^0))\bigg]$$
$$= \sum_{j=1}^{J} E\bigg[\frac{1}{e_j(\boldsymbol{x},\boldsymbol{\alpha}^0)} \frac{\partial}{\partial\boldsymbol{\theta}} m_j(\boldsymbol{y}_j|\boldsymbol{\theta}_j(\boldsymbol{\theta}^0)) \frac{\partial}{\partial\boldsymbol{\theta}^t} m_j(\boldsymbol{y}_j|\boldsymbol{\theta}_j(\boldsymbol{\theta}^0))\bigg]$$

$$\Gamma = E\bigg(\frac{\partial^2}{\partial\boldsymbol{\theta}\partial\boldsymbol{\alpha}^t} \sum_{j=1}^{J} \frac{z_j}{e_j(\boldsymbol{x},\boldsymbol{\alpha})} m_j(\boldsymbol{y}_j|\boldsymbol{\theta}_j(\boldsymbol{\theta}))\bigg)$$
$$= -E_{\boldsymbol{x}}\bigg[\sum_{j=1}^{J} E_{z_j|\boldsymbol{x}}\bigg[\frac{z_j}{e_j^2(\boldsymbol{x},\boldsymbol{\alpha})} \frac{\partial e_j(\boldsymbol{x},\boldsymbol{\alpha})}{\partial\boldsymbol{\alpha}}|\boldsymbol{x}\bigg] E_{\boldsymbol{y}_j|\boldsymbol{x}}\bigg[\frac{\partial}{\partial\boldsymbol{\theta}} m_j(\boldsymbol{y}_j|\boldsymbol{\theta}_j(\boldsymbol{\theta}))|\boldsymbol{x}\bigg]\bigg]$$

となる．証明の詳細は Hoshino et al.(2006) を参照されたいが，本質的には "強く無視できる割り当て" 条件から

$$E_{\boldsymbol{y},\boldsymbol{x},z}\bigg[\frac{\partial}{\partial\boldsymbol{\theta}} \sum_{j=1}^{J} \frac{z_j}{e_j(\boldsymbol{x},\boldsymbol{\alpha})} m_j(\boldsymbol{y}_j|\boldsymbol{\theta}_j(\boldsymbol{\theta}^0))\bigg]$$
$$= E_{\boldsymbol{x}}\bigg\{\sum_{j=1}^{J} E_{z_j|\boldsymbol{x}}\bigg[\frac{z_j}{e_j(\boldsymbol{x},\boldsymbol{\alpha})}\bigg] E_{\boldsymbol{y}_j}\bigg[\frac{\partial}{\partial\boldsymbol{\theta}} m_j(\boldsymbol{y}_j|\boldsymbol{\theta}_j(\boldsymbol{\theta}^0))\bigg]\bigg\} = 0$$

となることを利用している．また，A, B, Γ での期待値を標本平均に置き換えれば，データからも計算ができる．

PME での統計的仮説検定

上記の推定量を用いた仮説検定も考案されている．一般性のため，複合帰無

3.4 一般的な周辺パラメトリックモデルの推定 ◆ 83

仮説で考える．つまり $\boldsymbol{\theta}$ の次元を r とすると，帰無仮説が $r-q$ 個の制約

$$R_l(\boldsymbol{\theta}) = 0 \quad (l = 1, \cdots, r-q)$$

で表わされるとする．この表現の代わりに，帰無仮説の下でのパラメータベクトルを $\boldsymbol{\beta}=(\beta_1,\cdots,\beta_q)^t$ と定義すると

$$\theta_l = g_l(\beta_1, \cdots, \beta_q) \quad (l = 1, \cdots, r)$$

と表現できるとする．ここで，$\tilde{\boldsymbol{\beta}}(\hat{\boldsymbol{\alpha}})$ を帰無仮説での $\boldsymbol{\theta}$ の推定量，$\tilde{\boldsymbol{\theta}}(\hat{\boldsymbol{\alpha}})$ を制約がない場合(= 対立仮説)での PME とする．

このとき，Δ を

$$\Delta = -2N\{Q^W(\boldsymbol{y},\boldsymbol{x},\boldsymbol{z}|\tilde{\boldsymbol{\beta}}(\hat{\boldsymbol{\alpha}}),\hat{\boldsymbol{\alpha}}) - Q^W(\boldsymbol{y},\boldsymbol{x},\boldsymbol{z}|\tilde{\boldsymbol{\theta}}(\hat{\boldsymbol{\alpha}}),\hat{\boldsymbol{\alpha}})\}$$

(ただし $Q^W(\boldsymbol{y},\boldsymbol{x},\boldsymbol{z}|\boldsymbol{\beta},\boldsymbol{\alpha})$ は $Q^W(\boldsymbol{y},\boldsymbol{x},\boldsymbol{z}|g(\boldsymbol{\beta}),\boldsymbol{\alpha})$ を意味する)と置くと，帰無仮説の下での Δ は「独立な自由度 1 のカイ二乗分布に従う確率変数 U_k の線形結合」$\sum_{k=1}^{r} \lambda_k U_k$ の分布と等しくなる．ただしここで λ_k は次の行列の k 番目の固有値である．

$$(B(\boldsymbol{\theta}^0) - \Gamma \Sigma_{\hat{\boldsymbol{\alpha}}} \Gamma^t)(A(\boldsymbol{\theta}^0)^{-1} - MA(\boldsymbol{\beta}^0)^{-1}M^t)$$

ただし

$$A(\boldsymbol{\beta}^0) = \sum_{j=1}^{J} E\left[\frac{\partial^2}{\partial \boldsymbol{\beta} \partial \boldsymbol{\beta}^t} m_j(\boldsymbol{y}_j|\boldsymbol{\beta}_j(\boldsymbol{\beta}))\right]_{\boldsymbol{\beta}=\boldsymbol{\beta}^0}$$

であり，$\boldsymbol{\beta}^0$ は $\boldsymbol{\beta}$ の真値，M は $r \times q$ の行列であり，その ij 要素が

$$M_{ij} = \frac{\partial g_i}{\partial \beta_j}$$

である．

例 3.5(結果変数が 2 値の場合)．
　簡単のため，2 群の場合(処置群と対照群)に限定して議論する．処置群なら $z=1$，対照群なら $z=0$ となるインディケータ z を導入する．また，対象者を i とし($i=1,\cdots,N$)，もし対象者 i が処置群に割り当てられたときの潜在的な結果変数を $y_{i1}(=1,0)$，同様に対照群に割り当てられたときの潜在的な結果変数を $y_{i0}(=1,0)$ とする．$y_1=1$

となる周辺比率を p_1, $y_0=1$ となる周辺比率を p_0, つまり

$$E(y_j) = p_j \quad (j=1,0)$$

とおく．このとき式(3.14)の関数 m_j として確率関数の対数を利用したとき，$\hat{\boldsymbol{\alpha}}$ を所与とするときの目的関数 $Q^W(\boldsymbol{y},\boldsymbol{x},\boldsymbol{z}|\boldsymbol{\theta},\hat{\boldsymbol{\alpha}})$ は

$$Q^W(\boldsymbol{y},\boldsymbol{x},\boldsymbol{z}|\boldsymbol{\theta},\hat{\boldsymbol{\alpha}}) = \frac{1}{N}\sum_{j=0}^{1}\sum_{i=1}^{N}\frac{z_i}{e_j(\boldsymbol{x}_i,\hat{\boldsymbol{\alpha}})}\left\{y_{ij}\log p_j+(1-y_{ij})\log(1-p_j)\right\}$$

のように重み付きの対数尤度関数になる．これを最大にするような母比率の推定量は

$$\tilde{p}_j(\hat{\boldsymbol{\alpha}}) = \frac{\sum_{i}^{N}\dfrac{z_i}{e_{ij}}y_{ij}}{\sum_{i}^{N}\dfrac{z_i}{e_{ij}}}$$

ただし $e_{ij}=e_j(\boldsymbol{x}_i,\hat{\boldsymbol{\alpha}})$ であり，傾向スコアの推定量が既知の場合の p_1,p_0 の PME 推定量 $\tilde{p}_1,\tilde{p}_0$ の漸近分布は

$$\tilde{\boldsymbol{p}} = \begin{pmatrix}\tilde{p}_1\\\tilde{p}_0\end{pmatrix} \sim N\left(\begin{pmatrix}p_1\\p_0\end{pmatrix}, A^{-1}BA^{-1}\right)$$

で

$$A = -\begin{pmatrix}p_1^{-1}+(1-p_1)^{-1} & 0\\0 & p_0^{-1}+(1-p_0)^{-1}\end{pmatrix}, \quad B = \frac{1}{N}\sum_{i=1}^{N}\boldsymbol{\beta}_i\boldsymbol{\beta}_i^t$$

$$\boldsymbol{\beta}_i = \begin{pmatrix}\dfrac{z_i}{e_{i1}}\left(\dfrac{y_{i1}}{p_1}-\dfrac{1-y_{i1}}{1-p_1}\right)\\\dfrac{1-z_i}{1-e_{i1}}\left(\dfrac{y_{i0}}{p_0}-\dfrac{1-y_{i0}}{1-p_0}\right)\end{pmatrix}$$

したがって，$\tilde{p}_1-\tilde{p}_0$ の漸近分散は

$$\begin{pmatrix}1 & -1\end{pmatrix}A^{-1}BA^{-1}\begin{pmatrix}1\\-1\end{pmatrix}$$

となる．

また，結果変数が多値，つまり複数カテゴリーの場合でも，「当該カテゴリーへの所属」「そのカテゴリー以外への所属」という形で **2** 値化して上記と同じ方法で解析を行なえばよい．

例 **3.6** (結果変数が正規分布に従う場合)．

$\boldsymbol{y}_j$ の分布を

$$\boldsymbol{y}_j \sim N(\boldsymbol{\mu}_j, \boldsymbol{\Sigma}_j)$$

とおくと，$\hat{\boldsymbol{\alpha}}$ を所与とするときの目的関数は

$$Q^W(\boldsymbol{y},\boldsymbol{x},\boldsymbol{z}|\boldsymbol{\theta},\hat{\boldsymbol{\alpha}})$$
$$= -\frac{1}{N}\frac{1}{2}\sum_{i=1}^{N}\sum_{j=1}^{J}\frac{z_{ij}}{e_j(\boldsymbol{x}_i,\hat{\boldsymbol{\alpha}})}\left\{\log|\boldsymbol{\Sigma}_j|+(\boldsymbol{y}_{ij}-\boldsymbol{\mu}_j)^t\boldsymbol{\Sigma}_j^{-1}(\boldsymbol{y}_{ij}-\boldsymbol{\mu}_j)\right\}$$

となる．したがって，$\boldsymbol{\mu}_j$ の推定量は

$$\hat{\boldsymbol{\mu}}_j(\hat{\boldsymbol{\alpha}}) = \frac{\sum_i^N \frac{z_{ij}}{e_{ij}}\boldsymbol{y}_{ij}}{\sum_i^N \frac{z_{ij}}{e_{ij}}}$$

となる．また分散共分散行列 $\boldsymbol{\Sigma}_j$ の推定量は

$$\hat{\boldsymbol{\Sigma}}_j(\hat{\boldsymbol{\alpha}}) = \frac{\sum_i^N \frac{z_{ij}}{e_{ij}}(\boldsymbol{y}_{ij}-\hat{\boldsymbol{\mu}}_j(\hat{\boldsymbol{\alpha}}))(\boldsymbol{y}_{ij}-\hat{\boldsymbol{\mu}}_j(\hat{\boldsymbol{\alpha}}))^t}{\sum_i^N \frac{z_{ij}}{e_{ij}}}$$

となる．

例 3.7(多群の共分散構造分析モデルと潜在成長曲線モデル)．

結果変数の背後に潜在因子を仮定する必要がある場合や，パス解析モデル，多重指標モデルなどは共分散構造分析モデル(Bollen, 1989；狩野・三浦, 2002)に含まれる．特に LISREL モデルを多群に拡張した表現を行なうと，結果変数と潜在変数の関係を表わす測定方程式は

$$\boldsymbol{y}_j = \boldsymbol{\mu}_j + \boldsymbol{\Lambda}\boldsymbol{f}_j + \boldsymbol{e}_j \qquad (3.16)$$

のように記述できる．ここで $\boldsymbol{f}_j$ は対象者が j 群に所属した場合の潜在変数である．また構造方程式は

$$\boldsymbol{\eta}_j = \boldsymbol{\beta}_j + \boldsymbol{B}^0\boldsymbol{\eta}_j + \boldsymbol{\Gamma}\boldsymbol{\xi}_j + \boldsymbol{\zeta}_j$$

となる．ただし $\boldsymbol{f}_j = (\boldsymbol{\eta}_j^t, \boldsymbol{\xi}_j^t)^t$ である．ここで誤差に正規分布を仮定する．

$$\boldsymbol{e}_j \sim N(0, \boldsymbol{\Psi}_j), \quad \boldsymbol{\xi}_j \sim N(\boldsymbol{\nu}_j, \boldsymbol{\Phi}_j), \quad \boldsymbol{\zeta}_j \sim N(0, \boldsymbol{\Omega}_j)$$

また，目的関数として傾向スコアを用いた重み付き対数尤度を利用するなら m_j は

$$m_j(\boldsymbol{y}_{ij}|\boldsymbol{\theta}_j(\boldsymbol{\theta})) = -\frac{1}{2}\left\{p\log 2\pi + \log(|\boldsymbol{\Sigma}_j|) + (\boldsymbol{y}_{ij}-\boldsymbol{\mu}_{Yj})^t\boldsymbol{\Sigma}_j^{-1}(\boldsymbol{y}_{ij}-\boldsymbol{\mu}_{Yj})\right\}$$

となる．ただし $\boldsymbol{B}=\boldsymbol{I}-\boldsymbol{B}^0$ であり，

$$\boldsymbol{\mu}_{Yj} = \boldsymbol{\mu}_j + \boldsymbol{\Lambda}\begin{pmatrix} \boldsymbol{B}^{-1}(\boldsymbol{\beta}_j+\boldsymbol{\Gamma}\boldsymbol{\nu}_j) \\ \boldsymbol{\nu}_j \end{pmatrix}$$

さらに

$$\boldsymbol{\Sigma}_j = \boldsymbol{\Lambda}\begin{pmatrix} \boldsymbol{B}^{-1}(\boldsymbol{\Gamma}\boldsymbol{\Phi}_j\boldsymbol{\Gamma}^t+\boldsymbol{\Omega}_j)(\boldsymbol{B}^{-1})^t & \boldsymbol{B}^{-1}\boldsymbol{\Gamma}\boldsymbol{\Phi}_j \\ \boldsymbol{\Phi}_j\boldsymbol{\Gamma}^t\boldsymbol{B}^{-1} & \boldsymbol{\Phi}_j \end{pmatrix}\boldsymbol{\Lambda}^t+\boldsymbol{\Psi}_j$$

となる[*7]．ここで，推定値自体は共分散構造分析用のソフトウェアのうち，重みを扱う EQS, LISREL, M-plus, Mx などで重みとして推定された傾向スコアの逆数を利用すれば計算することが可能である．ただし，標準誤差を正しく出力するためには式(3.15)を利用して計算する必要がある．

さて，1.3 節で紹介した分析は潜在成長曲線モデル(latent growth curve model)と呼ばれるものである．解析例では t 年での第 $j(=1,0)$ 群に所属した場合の対象者 i の潜在的な結果変数 $y_{ij}(t)$ が時間に関する 2 次の項までの成長曲線モデル

$$y_{ij}(t) = \gamma_{0ij}+\gamma_{1ij}(t-1996)+\gamma_{2ij}(t-1996)^2+e_{ij}(t)$$

によって表現されるとする．さらに時間の項に対する係数 γ は対象者によって異なるが，これを変量効果と考え，$\boldsymbol{\gamma}_{ij}=(\gamma_{0ij},\gamma_{1ij},\gamma_{2ij})^t$ が正規分布

$$\boldsymbol{\gamma}_{ij} \sim N(\boldsymbol{\mu}_\gamma^j, \boldsymbol{\Sigma}_\gamma^j)$$

に従うとする．$\boldsymbol{y}_{ij}=(y_{ij}(1996),y_{ij}(1998),y_{ij}(2000),y_{ij}(2002))^t$ とするとき，

$$\boldsymbol{\Lambda} = \begin{pmatrix} 1 & 0 & 0 \\ 1 & 2 & 4 \\ 1 & 4 & 16 \\ 1 & 6 & 36 \end{pmatrix}, \quad \boldsymbol{f}_j = \boldsymbol{\gamma}_j$$

とすると共分散構造分析モデルの測定方程式(式(3.16))として表現でき，PME によって推定ができる．

[*7] 第 1 章での成長曲線モデルにおける因果効果の推定はこの手法を用いている．

3.5 二重にロバストな推定

前節では傾向スコアによる重み付き M 推定を用いた結果変数の周辺分布の母数推定法を紹介した．この方法はマッチングや層別にともなうさまざまな問題点を解決しているが，さらに下記の2つの観点から改善の方向がありそうである．つまり

[1] 傾向スコアを用いた解析法は傾向スコア推定の際に，$z=0$ のグループの共変量の情報を利用している．しかし傾向スコアを推定した後の結果変数の周辺分布の母数推定の際には「$z=0$ のグループの共変量の情報を用いていない」という点でデータを無駄にしている．

[2] 傾向スコアを計算する際の「割り当て z と共変量 x のモデル」が正しくない場合には，傾向スコアを用いた解析法は誤った結果を与える可能性がある．

という点である．前者の観点からは，「$z=0$ のグループの共変量のデータ」を何らかの形で傾向スコアを用いた解析法と併用することで，データ利用の効率を向上することができそうである．このような観点から，たんに傾向スコアの逆数で重み付けするのではなく，推定方程式に「$z=0$ のグループの共変量のデータ」を用いた項を付加することでデータ利用の効率を向上させ，推定量の分散を減少させるという考え方から考え出されたのが**拡大された逆確率重み付き推定量**(augmented inverse probability weighted estimator)，または拡大された傾向スコア逆数重み付き推定量(augmented inverse propensity weighted estimator)と呼ばれるものである(Robins et al., 1994)[*8]．ある特定の項を推定方程式に付加することによって，「共変量で結果変数を説明する回帰関数と誤差分布の指定が正しい場合の最尤推定量」ほどではないにせよ，分布についての仮定をしないセミパラメトリックな推定量の中では最も推定量の分散が小さくなる推定量である**局所有効なセミパラメトリック推定量**

[*8] 厳密にはこの論文は独立変数が欠測する状況での推定を目的としており，周辺期待値の推定や因果効果の推定とは異なるが，逆確率の重み付き法では利用しない $z=0$ での共変量を利用するというアイディアはこの論文による．

(locally efficient semiparametric estimator)を構成することができる．

ここではその数理的な詳細は省くが(たとえば Tsiatis(2006)を参照)，一般的には「$z=0$ のグループの共変量のデータ」を用いた項として「共変量で結果変数を説明する回帰関数」の形で表わされるものを用いれば局所有効なセミパラメトリック推定量を構成できることが知られている．

結果として，「共変量で結果変数を説明する回帰関数」を用いた項を推定方程式に付加すれば，上記の問題点 1 と問題点 2 は同時に解決されることになり，

条件 A 傾向スコアを計算する際に利用する「割り当て z と共変量 x のモデル」(図 3.1 のモデル A)が正しく指定されている

条件 B 「共変量で結果変数を説明する回帰関数」(モデル B)が正しく指定されている

のどちらかが成立していれば，結果変数の周辺期待値や因果効果を正しく推定できる(一致推定量を得られる)(Scharfstein et al., 1999)．そこで「共変量で結果変数を説明する回帰関数」を利用した "拡大された逆確率重み付き推定量" は**二重にロバストな推定量(doubly robust estimator)**(Bang and Robins, 2005；Hoshino, 2007)と呼ばれている．

例 3.8(周辺期待値に対する二重にロバストな推定量)．

実際に結果変数 y_1 の周辺期待値 $E(y_1)$ の "二重にロバストな推定量" を計算してみよう．傾向スコア算出のためのモデル $p(z|\boldsymbol{x}, \alpha)$ の母数 α の一致推定量を $\hat{\alpha}$，共変量で結果変数を説明する回帰関数 $E(y_1|\boldsymbol{x}) = g(\boldsymbol{x}, \boldsymbol{\beta}_1)$ の母数 $\boldsymbol{\beta}_1$ の一致推定量[*9]を $\hat{\boldsymbol{\beta}}_1$ とすると，

$$\hat{E}^{DR}(y_1) = \frac{1}{N} \sum^N \left[\frac{z_i y_{i1}}{e(\boldsymbol{x}_i, \hat{\alpha})} + \left(1 - \frac{z_i}{e(\boldsymbol{x}_i, \hat{\alpha})}\right) g(x_i, \hat{\boldsymbol{\beta}}_1) \right]$$

$$= \frac{1}{N} \sum^N \left[y_{i1} + \frac{z_i - e(\boldsymbol{x}_i, \hat{\alpha})}{e(\boldsymbol{x}_i, \hat{\alpha})} (y_{i1} - g(x_i, \hat{\boldsymbol{\beta}}_1)) \right] \quad (3.17)$$

は $E(y_1)$ の二重にロバストな推定量になる．同様に

$$\hat{E}^{DR}(y_0) = \frac{1}{N} \sum^N \left[\frac{(1-z_i) y_{i0}}{1 - e(\boldsymbol{x}_i, \hat{\alpha})} + \left(1 - \frac{1-z_i}{1 - e(\boldsymbol{x}_i, \hat{\alpha})}\right) g(x_i, \hat{\boldsymbol{\beta}}_0) \right] \quad (3.18)$$

[*9] "強く無視できる割り当て" 条件から $E(y_1|\boldsymbol{x}) = E(y_1|z=1, \boldsymbol{x})$ となる(式(2.19))ことを利用して，処置群での $(y, \boldsymbol{x})$ のペアを用いた回帰分析から一致推定量を得ることができる．

は $E(y_0)$ の二重にロバストな推定量になる．これらから因果効果の推定量も簡単に計算できる．

ここで，
$$E\left[\hat{E}^{DR}(y_1)\right] = E(y_1) + E\left[\frac{z-e(\boldsymbol{x},\alpha^*)}{e(\boldsymbol{x},\alpha^*)}(y_1-g(x,\boldsymbol{\beta}_1^*))\right]$$

より[*10]，条件 A が正しいときは[*11]
$$E_{y,\boldsymbol{x}}\left[E_{z|y,\boldsymbol{x}}\left\{\frac{z-e(\boldsymbol{x},\alpha^0)}{e(\boldsymbol{x},\alpha^0)}\right\}(y_1-g(x,\hat{\boldsymbol{\beta}}_1^*))\right]$$
$$= E_{y,\boldsymbol{x}}\left[\frac{e(\boldsymbol{x},\alpha^0)-e(\boldsymbol{x},\alpha^0)}{e(\boldsymbol{x},\alpha^0)}(y_1-g(x,\hat{\boldsymbol{\beta}}_1^*))\right] = 0$$

より，また条件 B が正しいときは[*12]
$$E_{z,\boldsymbol{x}}\left[E_{y|z,\boldsymbol{x}}\left\{\frac{z-e(\boldsymbol{x},\alpha^*)}{e(\boldsymbol{x},\alpha^*)}\right\}(y_1-g(x,\hat{\boldsymbol{\beta}}_1^0))\right]$$
$$= E_{z,\boldsymbol{x}}\left[\frac{z-e(\boldsymbol{x},\alpha^*)}{e(\boldsymbol{x},\alpha^*)}(E_{y|z,\boldsymbol{x}}(y_1)-g(x,\hat{\boldsymbol{\beta}}_1^0))\right] = 0$$

より，結果として条件 A か条件 B どちらかが成立すれば，$\hat{E}^{DR}(y_1)$ は期待値 $E(y_1)$ の一致推定量になる．

また，ここでも付録 A.1 節に記述した M 推定の考え方を利用することができ，具体的には式 (A.2) は
$$\frac{1}{N}\sum_{i=1}^{N}\left[\begin{array}{c}\frac{z_i}{e_i}(y_i-E(y_1))+\left(1-\frac{z_i}{e_i}\right)(g(\boldsymbol{x}_i,\boldsymbol{\beta}_1)-E(y_1)) \\ \frac{1-z_i}{1-e_i}(y_i-E(y_0))+\left(1-\frac{1-z_i}{1-e_i}\right)(g(\boldsymbol{x}_i,\boldsymbol{\beta}_0)-E(y_0))\end{array}\right]=0$$

となり，その解が式 (3.17) および式 (3.18) で示した"二重にロバストな推定量"である[*13]．したがって，付録 A.1 節の議論を利用して漸近分散を計算できる．因果効果の推定量の漸近分散は IPW 推定量の漸近分散 (式 (3.10)) から

$$\frac{1}{N}E\left\{\sqrt{\frac{1-e}{e}}(g(\boldsymbol{x},\boldsymbol{\beta}_1)-E(y_1))+\sqrt{\frac{e}{1-e}}(g(\boldsymbol{x},\boldsymbol{\beta}_0)-E(y_0))\right\}^2$$

を引いたものになる．このことから，二重にロバストな推定量は **IPW** 推定量よりも

[*10] $\hat{\alpha}, \hat{\boldsymbol{\beta}}_1$ がそれぞれ $\alpha^*, \boldsymbol{\beta}_1^*$ に収束するとする．
[*11] α^* は真値 α^0 に等しくなる．
[*12] $\boldsymbol{\beta}_1^*$ は真値 $\boldsymbol{\beta}_1^0$ に等しくなる．
[*13] 実際には $\boldsymbol{\beta}_1, \boldsymbol{\beta}_0$ および傾向スコア推定の際の母数 $\boldsymbol{\alpha}$ の推定方程式を解く必要がある．

漸近分散が小さい推定量であることがわかる．

また観測値からこれを推定する際には

$$\frac{1}{N^2}\sum^{N}\Big[\frac{z_i y_{i1}}{e(\boldsymbol{x}_i,\hat{\alpha})}+\Big(1-\frac{z_i}{e(\boldsymbol{x}_i,\hat{\alpha})}\Big)g(x_i,\hat{\boldsymbol{\beta}}_1)-\hat{E}^{DR}(y_1)\Big]^2$$

によって計算できる[*14]．

また，結果変数 y_0 の周辺期待値 $E(y_0)$ の"二重にロバストな推定量"は，式(3.17)で y_1 を y_0 に，z を $1-z$ に，e を $1-e$ にすればよい．

この二重にロバストな推定量は，条件 A が成立しているときには「共変量で結果変数を説明する回帰関数」のみを利用した推定量よりは推定量の分散は大きくなる．しかし条件 A，条件 B どちらかが成立していれば一致推定量が得られるという利点は推定量の効率より重視される場合が多いことから，近年応用研究で利用されるようになってきている．たとえば，Lunceford and Davidian(2004)ではさまざまな設定で傾向スコアによる層別推定や傾向スコア重み付け，二重にロバストな推定量，最尤推定量のシミュレーションによる比較を行なっている．条件 B(回帰モデル)が成立していれば，最尤法が一番推定誤差や分散が小さいが，二重にロバストな推定量もかなり効率が良い推定量であることがわかる(図3.4)[*15]．一方，彼らのシミュレーションにおいても，条件 B が成立していない場合には，最尤推定量の RMSE やバイアスは層別推定量などよりも大きくなることが示されている．

また，同研究では，応用研究でよく利用される傾向スコアによる層別推定(3.2節)はバイアス，RMSE ともに比較的大きいことから，二重にロバストな推定量を利用することを推奨している．

また，二重にロバストな推定量は，条件 A と条件 B のどちらも成立していない場合には一致推定量とはならない．そこで，どちらの条件も成立していない場合にどれだけ大きなバイアスが生じるのかについても，さまざまなシミュレーション研究が行なわれている(たとえば Kang and Schafer(2007)；Robins et al.(2007)参照)．その結果からは，傾向スコア重み付け推定と同様

[*14] β_1, β_0 や α を推定するかどうかには依存しない(PME のロバスト化の部分を参照)．

[*15] 原論文ではさまざまなモデル設定で実行しているが，ここでは原論文での β^{str}, ξ^{mod}, (i) の場合を紹介した．他のモデル設定でも結論はあまり変わらない．

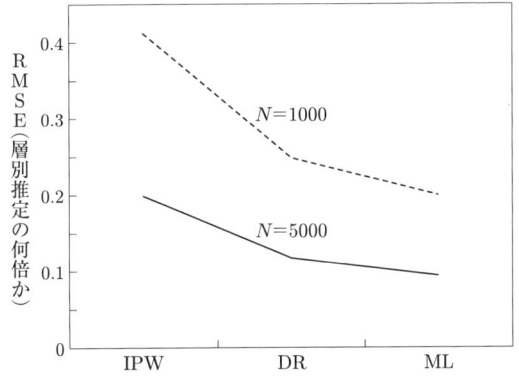

縦軸はそれぞれの RMSE が「傾向スコアを用いた層別推定量」の RMSE（平均二乗平方誤差）の何倍かを示す．

図 3.4　層別推定と IPW 推定，二重にロバストな推定（DR），最尤推定（ML）の比較

に，傾向スコアの分散が大きい場合，特に非常に小さい傾向スコアの推定値が得られる場合にはバイアスが大きくなる傾向があることが知られている．

PME のロバスト化

前節で紹介した傾向スコアによる重み付き M 推定量を"二重にロバスト"にすることで，「傾向スコアを計算する際に利用する割り当て z と共変量 x のモデル」と「共変量を所与としたときの結果変数の条件付き分布」のいずれかが正しければ，潜在的な結果変数の周辺分布のパラメータの一致推定量を得ることができる (Hoshino, 2007)．

ここで，前節のモデル設定と同じく，各 j ごとの潜在的な結果変数 y_j の周辺分布 $p(y_j|\theta_j(\theta))$ のパラメータ θ_j があるパラメータ θ の関数として表わされる場合に，θ を推定することを目的とする．

ここで，「共変量を所与としたときの結果変数の条件付き分布」を $p(y_j|x, \beta_j)$ とし，そのパラメータを β_j とする．また $\beta = (\beta_1^t, \cdots, \beta_J^t)^t$ とする．ここで推定方程式 $S(\hat{\gamma}) = 0$ を考える．ただし $\hat{\gamma} = (\hat{\theta}^t, \hat{\alpha}^t, \hat{\beta}^t)^t$ であり，

$$S(\boldsymbol{\gamma}) = \sum_{i=1}^{N} S_i(\boldsymbol{\gamma}) = \sum_{i=1}^{N} \begin{pmatrix} S_i(\boldsymbol{\theta}|\boldsymbol{\alpha},\boldsymbol{\beta}) \\ S_i(\boldsymbol{\alpha}) \\ S_i(\boldsymbol{\beta}) \end{pmatrix} = 0 \qquad (3.19)$$

さらに

$$S_i(\boldsymbol{\theta}|\boldsymbol{\alpha},\boldsymbol{\beta}) = \sum_{j=1}^{J} \frac{\partial}{\partial \boldsymbol{\theta}} \Big[\frac{z_{ij}}{e_j(\boldsymbol{x}_i,\boldsymbol{\alpha})} m_j(\boldsymbol{y}_{ij}|\boldsymbol{\theta}_j(\boldsymbol{\theta})) \\ + \Big(1 - \frac{z_{ij}}{e_j(\boldsymbol{x}_i,\boldsymbol{\alpha})}\Big) E_{\boldsymbol{y}_{ij}|\boldsymbol{x}_i,\boldsymbol{\beta}_j} \{m_j(\boldsymbol{y}_{ij}|\boldsymbol{\theta}_j(\boldsymbol{\theta}))\} \Big] \qquad (3.20)$$

$$S_i(\boldsymbol{\alpha}) = \frac{\partial}{\partial \boldsymbol{\alpha}} \log p(z_i|\boldsymbol{x}_i,\boldsymbol{\alpha}), \quad S_i(\boldsymbol{\beta}) = \sum_{j=1}^{J} \frac{\partial}{\partial \boldsymbol{\beta}} \log p(\boldsymbol{y}_{ij}|\boldsymbol{x}_i,\boldsymbol{\beta}_j)$$

とする.

また, 式(3.20)の $S_i(\boldsymbol{\theta}|\boldsymbol{\alpha},\boldsymbol{\beta})$ における積分の計算は多くのモデルにおいて解析的に実行できないが, その場合でも $p(\boldsymbol{y}|\boldsymbol{x},\boldsymbol{\beta})$ から $\boldsymbol{y}$ をサンプリングし, モンテカルロ平均を計算すればよい. 具体的には $\boldsymbol{\beta}$ に式(3.19)の3番目の推定方程式の解(=最尤推定値) $\hat{\boldsymbol{\beta}}$ を代入する. このとき,

$$E_{\boldsymbol{y}_{ij}|\boldsymbol{x}_i,\boldsymbol{\beta}_j} \{m_j(\boldsymbol{y}_{ij}|\boldsymbol{\theta}_j(\boldsymbol{\theta}))\} = \frac{1}{L} \sum_{l=1}^{L} m_j(\boldsymbol{y}_{ij}^l|\boldsymbol{\theta})$$

とすればよい. ただし $\boldsymbol{y}_{ij}^l$ は $p(\boldsymbol{y}_{ij}|\boldsymbol{x}_i,\hat{\boldsymbol{\beta}})$ からの l 番目のサンプルである ($l=1,\cdots,L$).

ここで行列 $\partial S_i(\boldsymbol{\gamma})/\partial \boldsymbol{\gamma}^t$ は

$$\frac{\partial}{\partial \boldsymbol{\gamma}^t} S_i(\boldsymbol{\gamma}) = \begin{pmatrix} \frac{\partial}{\partial \boldsymbol{\theta}^t} S_i(\boldsymbol{\theta}|\boldsymbol{\alpha},\boldsymbol{\beta}) & \frac{\partial}{\partial \boldsymbol{\alpha}^t} S_i(\boldsymbol{\theta}|\boldsymbol{\alpha},\boldsymbol{\beta}) & \frac{\partial}{\partial \boldsymbol{\beta}^t} S_i(\boldsymbol{\theta}|\boldsymbol{\alpha},\boldsymbol{\beta}) \\ 0 & \frac{\partial}{\partial \boldsymbol{\alpha}^t} S_i(\boldsymbol{\alpha}) & 0 \\ 0 & 0 & \frac{\partial}{\partial \boldsymbol{\beta}^t} S_i(\boldsymbol{\beta}) \end{pmatrix}$$
$$(3.21)$$

と書き直すことが可能である. この性質を利用すれば, $\hat{\boldsymbol{\gamma}}$ の漸近分散は付録A.1節のM推定の議論より

$$AVar(\hat{\boldsymbol{\gamma}}) = \frac{1}{N}\left\{E\left[\frac{\partial}{\partial\boldsymbol{\gamma}^t}S_i(\boldsymbol{\gamma})\right]\right\}^{-1} E[S_i(\boldsymbol{\gamma})S_i(\boldsymbol{\gamma})^t]\left\{E\left[\frac{\partial}{\partial\boldsymbol{\gamma}^t}S_i(\boldsymbol{\gamma})\right]^t\right\}^{-1} \quad (3.22)$$

のように書ける.ここで,どちらのモデルも正しく指定されている場合には $\hat{\boldsymbol{\theta}}$ の漸近分散は

$$\frac{1}{N}\left\{E\left[\frac{\partial}{\partial\boldsymbol{\theta}^t}S_i(\boldsymbol{\theta}|\boldsymbol{\alpha},\boldsymbol{\beta})\right]\right\}^{-1} E[S_i(\boldsymbol{\theta}|\boldsymbol{\alpha},\boldsymbol{\beta})S_i(\boldsymbol{\theta}|\boldsymbol{\alpha},\boldsymbol{\beta})^t]\left\{E\left[\frac{\partial}{\partial\boldsymbol{\theta}^t}S_i(\boldsymbol{\theta}|\boldsymbol{\alpha},\boldsymbol{\beta})\right]^t\right\}^{-1} \quad (3.23)$$

と書き直すことができ,$\boldsymbol{\alpha}$ と $\boldsymbol{\beta}$ を推定したかどうかには依存しない.また前節の結果と異なり,$\hat{\boldsymbol{\theta}}$ は漸近的に $\hat{\boldsymbol{\alpha}}$ と独立であることに注意する(一方,$\hat{\boldsymbol{\theta}}$ と $\hat{\boldsymbol{\beta}}$ には相関がある).

また,2つのモデルのうちどちらかが誤っている場合には,$\hat{\boldsymbol{\theta}}$ の漸近分散の推定値としては式(3.23)の代わりに式(3.22)を観測平均で置き換えたものを用いればよい.

3.6 独立変数を条件付けたときの結果変数の分布の母数推定

前節までで取り上げた話題は,潜在的な結果変数 y_1 の周辺分布 $p(y_1|\boldsymbol{\theta}_1)$ や y_0 の周辺分布 $p(y_0|\boldsymbol{\theta}_0)$ の母数推定であった.

一方,独立変数 z を所与としたときの条件付き分布

$$y_1|z=1 \sim p(y_1|z=1,\boldsymbol{\theta}_{11}) \quad (\text{処置群での } y_1 \text{ の分布})$$
$$y_1|z=0 \sim p(y_1|z=0,\boldsymbol{\theta}_{10}) \quad (\text{対照群での } y_1 \text{ の分布})$$
$$y_0|z=1 \sim p(y_0|z=1,\boldsymbol{\theta}_{01}) \quad (\text{処置群での } y_0 \text{ の分布})$$
$$y_0|z=0 \sim p(y_0|z=0,\boldsymbol{\theta}_{00}) \quad (\text{対照群での } y_0 \text{ の分布})$$

に関心がある場合がある.たとえば2.4節で定義した処置群での因果効果

$$TET = E(y_1-y_0|z=1) = E(y_1|z=1)-E(y_0|z=1)$$

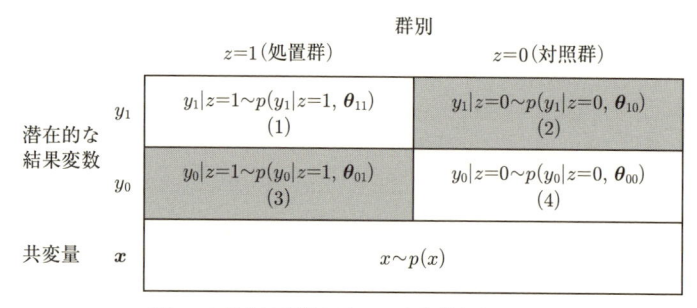

		群別	
		$z=1$（処置群）	$z=0$（対照群）
潜在的な結果変数	y_1	$y_1\|z=1\sim p(y_1\|z=1, \boldsymbol{\theta}_{11})$ (1)	$y_1\|z=0\sim p(y_1\|z=0, \boldsymbol{\theta}_{10})$ (2)
	y_0	$y_0\|z=1\sim p(y_0\|z=1, \boldsymbol{\theta}_{01})$ (3)	$y_0\|z=0\sim p(y_0\|z=0, \boldsymbol{\theta}_{00})$ (4)
共変量	x	$x\sim p(x)$	

グレーの部分は実際にはデータが得られていない．

図 3.5 独立変数を条件付けたときの潜在的な結果変数の分布

は処置群での y_1 の期待値 $E(y_1|z=1)$ と処置群での y_0 の期待値 $E(y_0|z=1)$ の差であり，これを推定するためには条件付き分布の考え方を利用する．

図 1.4 と同様に，データは図 3.5 の形になっており，(1) の部分と (4) の部分は完全なデータがあるので，通常の最尤推定や最小二乗推定などを行なえば $\boldsymbol{\theta}_{11}$ と $\boldsymbol{\theta}_{00}$ についての性質の良い推定量（一致推定量など）を得ることができる．一方，(2) の部分と (3) の部分はまったくデータが得られていない．したがって何も仮定を置かなければ $\boldsymbol{\theta}_{10}$ と $\boldsymbol{\theta}_{01}$ についての推定量は得られない．

しかし，ここで"強く無視できる割り当て"が仮定できれば[*16]，3.4 節で紹介した"傾向スコアによる重み付け M 推定量"の考え方を少し発展させるだけで $\boldsymbol{\theta}_{10}$ と $\boldsymbol{\theta}_{01}$ の一致推定量を得ることができる．具体的には，$\boldsymbol{\theta}_{10}$ なら

$$E_{y_1|z=1}\left[\frac{\partial}{\partial \boldsymbol{\theta}_{10}} m_{10}(y_1|\boldsymbol{\theta}_{10})\right] = 0$$

となるような目的関数

$$Q_{10}^W = \frac{1}{N}\sum_{i=1}^{N}\frac{z_i(1-e(\boldsymbol{x}_i,\hat{\alpha}))}{e(\boldsymbol{x}_i,\hat{\alpha})} m_{10}(y_{i1}|\boldsymbol{\theta}_{10}) \quad (3.24)$$

を最大化する推定量 $\tilde{\boldsymbol{\theta}}_{10}$ は $\boldsymbol{\theta}_{10}$ の一致推定量になり，漸近正規性も有する（証明は，星野 (2005)）．また同様に目的関数

[*16] この仮定があれば 2.7 節のように「潜在的な結果変数の共変量への回帰モデル」を用いる方法もあるが，モデルの誤設定の可能性からここでは詳細を割愛する．

3.6 独立変数を条件付けたときの結果変数の分布の母数推定 ◆ 95

$$Q_{01}^W = \frac{1}{N}\sum_{i=1}^{N} \frac{(1-z_i)e(\boldsymbol{x}_i,\hat{\alpha})}{(1-e(\boldsymbol{x}_i,\hat{\alpha}))} m_{01}(y_{i1}|\boldsymbol{\theta}_{01})$$

を最大化する推定量 $\tilde{\boldsymbol{\theta}}_{01}$ は $\boldsymbol{\theta}_{01}$ の一致推定量である．

具体的に，$\mu_{10}{=}E(y_1|z{=}0)$ を推定することを目的とすれば，重み付き二乗誤差和に -1 を掛けた

$$Q_{10}^W = -\frac{1}{N}\sum_{i=1}^{N} \frac{z_i(1-e(\boldsymbol{x}_i,\hat{\alpha}))}{e(\boldsymbol{x}_i,\hat{\alpha})}(y_i-\mu_{10})^2$$

を最大化する μ_{10} は

$$\tilde{\mu}_{10} = \frac{\displaystyle\sum_{i=1}^{N}\frac{z_i(1-e(\boldsymbol{x}_i,\hat{\alpha}))}{e(\boldsymbol{x}_i,\hat{\alpha})}y_i}{\displaystyle\sum_{i=1}^{N}\frac{z_i(1-e(\boldsymbol{x}_i,\hat{\alpha}))}{e(\boldsymbol{x}_i,\hat{\alpha})}} \tag{3.25}$$

となる．また "処置群での因果効果" TET の推定量 $\hat{E}(y_1{-}y_0|z{=}1)$ は処置群での標本平均 $\bar{y}_1$ から $\tilde{\mu}_{01}$ を引いたもの

$$\hat{E}(y_1{-}y_0|z=1) = \bar{y}_1 - \frac{\displaystyle\sum_{i=1}^{N}\frac{(1-z_i)e(\boldsymbol{x}_i,\hat{\alpha})}{1-e(\boldsymbol{x}_i,\hat{\alpha})}y_i}{\displaystyle\sum_{i=1}^{N}\frac{(1-z_i)e(\boldsymbol{x}_i,\hat{\alpha})}{1-e(\boldsymbol{x}_i,\hat{\alpha})}}$$

になる．

さらに，"強く無視できる割り当て" 条件から $E(y_1|z{=}0,\boldsymbol{x}){=}E(y_1|z{=}1,\boldsymbol{x})$ となる（式(2.19)）ことから，$z{=}1$ での y_1 の $\boldsymbol{x}$ への回帰関数 $g(\boldsymbol{x},\boldsymbol{\beta}_1)$ を利用すれば，式(3.17)と同じように

$$\begin{aligned}&\hat{E}^{DR}(y_1|z=0)\\&=\frac{1}{N_0}\sum_{i=1}^{N}\Big[\frac{z_i(1-e(\boldsymbol{x}_i,\hat{\alpha}))y_i}{e(\boldsymbol{x}_i,\hat{\alpha})}+\Big(1-\frac{z_i}{e(\boldsymbol{x}_i,\hat{\alpha})}\Big)g(x_i,\hat{\boldsymbol{\beta}}_1)\Big]\end{aligned} \tag{3.26}$$

が $E(y_1|z{=}0)$ の二重にロバストな推定量となる．

3.7 操作変数による推定と処置意図による分析

ルービンの因果効果の枠組みは「操作変数法」「処置要因による分析」「回帰分断デザイン」「差分の差推定」といった計量経済学や疫学と関係の深いモデルに適用することで、これらの手法に対するより一層の理解が深まる。特に「差分の差推定」をルービンの因果モデルの観点から捉え直すことで、研究デザインを工夫することでなるべく仮定の少ない解析を行なうという方法論的な方向性が見えてくる。

そこで、まずは操作変数法についての議論を紹介しよう。

回帰分析モデルでは、説明変数と誤差が無相関であることが回帰係数の最小二乗推定量が一致性を有する条件であるが、通常はその前提は保証されない。そこで「独立変数と相関があり」かつ「誤差との相関がゼロである」ような変数(操作変数(instrumental variable)と呼ぶ)を用いた推定を行なうことがしばしばある。

Imbens and Angrist(1994)や Angrist et al.(1996)では、ルービンの因果モデルの考え方と2値変数の操作変数による推定法を組み合わせることで、因果効果を推定することが可能であることを示した。ただし、ここでは後に定義する新しい因果効果の推定が目的になる。より具体的には、割り当て $d(=1,0)$ を説明する操作変数 $z(=1,0)$ が存在し、$z=1$ であれば得られる割り当て変数は d_1、同様に $z=0$ であれば観測される割り当て変数は d_0 とする。z の値によって観測される d が規定されるのと同様に、結果変数についても $d=1$ であれば y_1 が、また $d=0$ であれば y_0 が得られる。すなわち

$$d = zd_1+(1-z)d_0, \qquad y = dy_1+(1-d)y_0 \qquad (3.27)$$

と表わせる。ここで操作変数の仮定として

$$(y_0, y_1) \perp\!\!\!\perp z|d, \qquad d_z \perp\!\!\!\perp z \qquad (3.28)$$

「割り当て変数を条件付けると潜在的結果変数と操作変数は独立」、つまり操作変数は直接結果変数に影響を与えるのではなく、割り当て変数を通じてのみ影

響を与えるという**除外制約**(exclusion restriction)が成立しているとする．また，実際には"強く無視できる割り当て"条件と同様に，さまざまな共変量 x を所与として考えるが，まずは簡便のため共変量を省略して表記する．ここで，これまで見てきた因果効果の推定の枠組みとの違いは，「結果変数と割り当てが条件付き独立」なのではなく，「結果変数と操作変数が条件付き独立」であるという点である．結果変数に直接影響を与えないような変数を操作変数として選べば，この仮定は成立することが操作変数法を利用するメリットである．

ここで，もう一つの仮定として，割り当てと操作変数の単調性 ($d_{i1} \geq d_{i0}$) が成立しているとする．このとき Imbens and Angrist(1994) は**局所的平均処置効果**(local average treatment effect：**LATE**[*17])を

$$LATE = E(y_1 - y_0 | d_1 = 1, d_0 = 0)$$

と定義した．これは「操作変数の値と割り当て変数の値が同じになる ($z=0$ で $d=0$，$z=1$ で $d=1$)」という部分集団における因果効果，と考えることができる．具体的な理解を得るために次の例を見てみよう．

例 3.9 (バウチャー制度の効果 (Angrist et al., 2002))．
　教育バウチャー制度は理念的には学校間の競争を促進するなどの利点があるが，その評価をすることはさまざまな要因が介在するため難しい．アングリスト (Angrist) らはコロンビアのバウチャー制度についてのデータと操作変数法を用いてこの問題に対する実証研究を行なっている．

　コロンビアでは"私立の中等学校への授業料の半額程度を賄えるバウチャー"をくじ引きで 9 万人ほどの生徒に与える制度を導入している．くじに当たった学生は私立に入学すれば奨学金が与えられるが，奨学金だけでは授業料を払えないためにくじに当たっても奨学金の受け取りを辞退する学生もいる．

　一方，くじなしでも私立の中学校に入れる保護者もおり，そのような保護者の収入は高いなどといったことから，単純にバウチャーを受けた群とそれ以外の群を比較したり，私立の生徒かどうかで比較することは，(無作為割り当てにも関わらず) 無意味で

[*17] LATE，因果効果，処置群での因果効果はすべて周辺処置効果 (marginal treatment effect) という量を用いて統一的に表現できることが知られているが，数理的な観点においてのみ意味を持つため，ここでは説明しない．

ある.

そこで,くじに当たるかどうかを操作変数 z とし,くじに当たれば $z=1$ とする.また私立学校に在籍するなら $d=1$,公立なら $d=0$ とする.この場合,その後の学業成績や退学率を結果変数とすると,LATE は「くじが当たったら私立に入って奨学金を受ける$(d_1=1)$が,当たらなかったら公立に入る$(d_0=0)$生徒」における「奨学金を受けて私立に所属した場合での学業成績と公立に所属した場合の学業成績の差」であり,この量を推定することには教育政策上大きな意義がある.

また"公立学校の有用性"という観点からは $d_1=1, d_0=0$ の生徒が重要であり,「くじが当たろうが当たるまいが私立学校に入る$(d_1=1, d_0=1)$」または「どちらにしても公立に入る$(d_1=0, d_0=0)$」という生徒はこの例では(個人の自由であり)あまり考慮する必要はない.

推計結果からは,奨学金により中等学校の卒業率については 13 から 15% の上昇が,そして標準偏差で 0.3 程度の成績向上があったことがわかった.

またここでの"割り当ての操作変数の単調性"は「くじに当たったら私立に入らず,くじに外れればかえって私立学校に入る」という人(Angrist et al.(1996)の用語では"defiers")はいないと仮定していることになるが,このような仮定は一般に妥当であると考えられる.

$z=1$ の群と $z=0$ の群での y の期待値の差は式(3.27)と独立性の仮定(式(3.28))から

$$E(y|z=1) - E(y|z=0) = E(dy_1 + (1-d)y_0|z=1) - E(dy_1 + (1-d)y_0|z=0)$$
$$= E(d_1 y_1 + (1-d_1)y_0|z=1) - E(d_0 y_1 + (1-d_0)y_0|z=0)$$
$$= E(d_1 y_1 + (1-d_1)y_0) - E(d_0 y_1 + (1-d_0)y_0) = E((d_1-d_0)(y_1-y_0))$$

となる.ここで d_1-d_0 は $1, 0, -1$ を取るが,単調性の仮定から $p(d_1-d_0=-1)=0$ であるため,

$$E(y|z=1) - E(y|z=0) = E((d_1-d_0)(y_1-y_0))$$
$$= \sum_{a=1,0,-1} aE(y_1-y_0|d_1-d_0=a)p(d_1-d_0=a)$$
$$= E(y_1-y_0|d_1-d_0=1)p(d_1-d_0=1)$$

また単調性より $d_1-d_0=1$ は $d_1=1, d_0=0$ を表わしており,$p(d_1=1)=p(d_1=1,$

$d_0{=}1)+p(d_1{=}1,d_0{=}0)$, $p(d_0{=}1)=p(d_0{=}1,d_1{=}1)$ である．さらに $E(d|z{=}1)=p(d_1{=}1)$, $E(d|z{=}0)=p(d_0{=}1)$ より

$$LATE = \frac{E(y|z=1)-E(y|z=0)}{E(d|z=1)-E(d|z=0)} \tag{3.29}$$

と表現することができる(単調性の仮定から分母部分は0以上1以下となる)．

ここで $\bar{y}_{z=1}$ を $z=1$ に割り当てられた群での結果変数の平均，$\bar{d}_{z=1}$ を $z=1$ に割り当てられた群で $d=1$ となる比率，などとすると，式(3.29)の表現を用いた LATE の推定値は

$$\frac{\bar{y}_{z=1}-\bar{y}_{z=0}}{\bar{d}_{z=1}-\bar{d}_{z=0}} \tag{3.30}$$

と書くことができる．これは z が2値データの場合の操作変数推定量[*18]そのものであり，LATE は操作変数推定量によって推定が可能であるということがわかる．

また，操作変数推定では「独立変数と相関が高い操作変数を選ぶ」ことが重要であるが，両者とも2値変数の場合に相関が高いということはこの式の分母が1に近づくということであり，その場合には z で群分けした場合の平均値差そのものが LATE の推定値になるということを示している．

さらに，式(3.29)および式(3.30)から，LATE は利用する操作変数によって推定値だけではなく，パラメータそのものの意味が異なることに注意したい．

処置意図による分析

この LATE の議論は処置意図による分析(**intent-to-treat**)(あるいは "治療意図による分析")の議論にも利用できる．医学や経済学ではしばしば医師や政府がある介入・処置や治療を行なうかどうか($=z$)を実験的に無作為に決めることがあるが，実際には各個人がそれに従うかどうか($=d$)を決定するという場合が多い($d{\neq}z$ の場合を不服従(noncompliance)と呼ぶ)．そのような場合には処置意図による分析，つまり実際に従ったかどうか(d)ではなく，介入や治療を行なう対象として割り当てたかどうかの決定(z)で群分けをして

[*18] 計量経済学の初歩的な教科書を見よ．

解析を行なうほうがよいという議論がある．zで群分けしたときの結果変数の期待値はLATEの式(3.29)での分子部分であるため，たんにzの群間での結果変数の平均値差$\bar{y}_{z=1}-\bar{y}_{z=0}$だけでなく，それを各群での$d=1$の割合の差$\bar{d}_{z=1}-\bar{d}_{z=0}$で割ればLATEを正しく推定できる（一方，$d$で群分けして解析してもLATEを正しく推定することはできない）．

3.8 回帰分断デザイン

処置群に割り当てられるか対照群に割り当てられるかがある1つの変数xによって決定される場合，特にある閾値c以上なら一方の群に割り当てられるといった研究デザインを回帰分断デザイン（regression discontinuity design：RDD）と呼ぶ．具体的には割り当て変数zが$x>c$のとき$z=1$，$x\leqq c$のとき$z=0$となる場合であり，2群の間で共変量xのオーバーラップはないが，共変量xのみによって割り当てが決まるので，"強く無視できる割り当て"条件は成立している．

ここでもこれまで同様に潜在的な結果変数を考えると，処置群と対照群での回帰関数の差は

$$E(y|x,z=1)-E(y|x,z=0) = E(y_1|x,z=1)-E(y_0|x,z=0)$$
$$= \Big\{E(y_1|x,z=1)-E(y_0|x,z=1)\Big\}+\Big\{E(y_0|x,z=1)-E(y_0|x,z=0)\Big\}$$

のように，「処置群における潜在的な結果変数についての回帰関数の差」と「対照群に割り当てられた場合に得られる結果変数y_0の回帰関数の差」に分解できる．式(2.19)より後者はゼロになるので，「処置群と対照群での回帰関数の差」の共変量に関する処置群での期待値は

$$E_x\Big[E(y|x,z=1)-E(y|x,z=0)\Big]$$
$$= E_{x|z=1}\Big[E(y_1|x,z=1)-E(y_0|x,z=1)\Big] = E(y_1-y_0|z=1) = TET$$

となり，処置群での因果効果と等しくなる．

ここで，割り当てが共変量xに依存した確率で決まる場合をファジィな回帰分断デザイン（fuzzy regression discontinuity design）と呼び，上記のように

x の値によって確定的に割り当てが決まる場合(シャープな回帰分断デザイン(sharp regression discontinuity design))と区別することがあるが，結論は同じになる．

また，回帰分断デザインのうち割り当てを決める変数 x が時間であり，特に対照群を得ることができない場合を**中断時系列デザイン**(**interrupted time-series design** または **before-after design**)と呼ぶことがある．

回帰分断デザインや中断時系列デザインでは，共変量の変化があっても介入のない場合には「共変量による結果変数の回帰モデル」が変化しないということを前提にしている．このような検証不可能な仮定を置かずに推定が可能になる方法として次節の差分の差推定法がある．

3.9 差分の差(DID)推定量

経済学・政策評価などにおいては，介入の対象となるグループ(処置群)と対象とならないグループ(対照群)は質的に大きく異なることが多い．そこで，政策介入の後に得られた結果変数の差(介入後の差)を利用するだけでなく，介入前の差も測定しておき，「介入後の差 − 介入前の差」によって純粋な政策効果の推定値とする場合がある．これが**差分の差**(**difference in differences：DID**)**推定量**(Ashenfelter and Card, 1985)であり，心理学や教育学でも**不等価2群事前事後デザイン**(**nonequivalent group pretest-posttest design** または **nonequivalent comparison group design**)(Shadish et al., 2002；南風原，2001)として以前から利用されている．

"差分の差推定量"といえば通常は複数時点で同一対象を繰り返し調査する**パネル調査**(**panel survey**)において，介入後の「処置群と対照群の差」と介入前の「処置群と対照群の差」の差分を指す．当然ながらこの値は「処置群での介入後と介入前の差」と「対象群での介入後と介入前の差」に等しい．

ただし本節の後半に記述するように，パネル調査データではなく2つの(対象者の異なる)クロスセクションデータにも適用されることがある．この発想は後の第7章での疑似パネルの議論につなげることもできる．

例として，特別なニーズのある学生への教育介入プログラムの評価をしたい

とする.ここで,通常の教育に加えて介入プログラムを実施する対象である処置群と,通常の教育を行なう対照群の2群について,介入プログラムを実施する前と後の2回に渡ってテストを行なうことができるとする(図3.6).

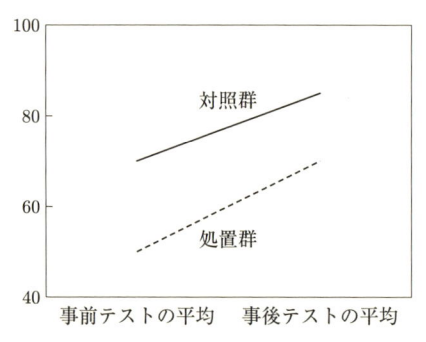

図 3.6 不等価な2群の事前事後データ

ここで単純に考えると

対照群での平均の2時点間の差 = 時間変化による効果+誤差,

処置群での平均の2時点間の差 = 時間変化による効果
+介入プログラムの効果+誤差

であり

差分の差 = "処置群での平均の2時点間の差"
− "対照群での平均の2時点間の差"
= 介入プログラムの効果+誤差

と考えることができそうである.しかし群間で"時間変化による効果"が異なる可能性はないのであろうか? 具体的には"処置群=特別なニーズのある学生"と"対照群=普通の学生"では教育プログラムを実施しなかった場合の単純な時間変化による効果や成長による効果は異なる可能性は高い.したがって事前事後の差得点の平均をたんに比較するだけではこのような「等質でない2つの群の比較」の問題への解決とはならない.

この"差分の差"推定量が何を推定しているのか,そしてその際にどのよう

3.9 差分の差(DID)推定量

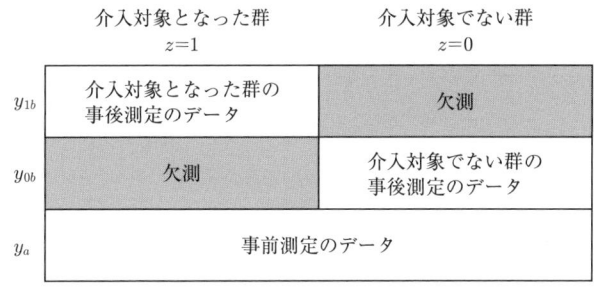

	介入対象となった群 $z=1$	介入対象でない群 $z=0$
y_{1b}	介入対象となった群の 事後測定のデータ	欠測
y_{0b}	欠測	介入対象でない群の 事後測定のデータ
y_a	事前測定のデータ	

グレーは欠測を表わす

図 **3.7** 差分の差推定のためのデータ

な仮定が置かれているのかについて本質的に理解するために，欠測のある潜在的結果変数によるモデルを利用して考えるとよい(Heckman et al., 1998)．そこで，2つのグループ(たとえば対象地域)のうち一方をある政策の対象とし，もう一方には行なわないという状況を考える．そして政策介入を実施する前後(時点 $t=a, b$，ただし $a<b$)でデータが得られるとする．このときルービンの因果モデルを拡張して，3つの潜在的結果変数 y_a, y_{1b}, y_{0b} を

y_a：政策が実施される前での結果変数の値

y_{1b}：「もし政策の対象となる集団に所属した場合における」政策実施後の結果変数の値

y_{0b}：「もし政策の対象となる集団に所属しない場合における」政策実施後の結果変数の値

とする．また t 時点でのグループへの所属のインディケータ z_t を利用するが，通常は時点間で所属が変化しない場合を考える($z_a=z_b=z$)．結果として得られるデータは図 3.7 のようになる．

第2章の式(2.9)と同様に，b 時点で実際に得られる従属変数 y_b は2つの潜在的な結果変数 y_{1b}, y_{0b} と独立変数 z を組み合わせることで

$$y_b = zy_{1b}+(1-z)y_{0b} \qquad (3.31)$$

と表現することができる．また，δ を b 時点での測定値であれば $\delta=1$，a 時点での測定値であれば $\delta=0$ とするインディケータとすると，実際に観測される

従属変数 y は

$$y = \delta y_b + (1-\delta)y_a = \delta\{zy_{1b} + (1-z)y_{0b}\} + (1-\delta)y_a \tag{3.32}$$

となる.

ここで，差分の差(DID)を以下のように定義する.

$$\begin{aligned} DID &= \{E(y|z=1,\delta=1) - E(y|z=1,\delta=0)\} \\ &\quad - \{E(y|z=0,\delta=1) - E(y|z=0,\delta=0)\} \\ &= E(y_{1b}-y_a|z=1) - E(y_{0b}-y_a|z=0) \end{aligned} \tag{3.33}$$

$E(y_{0b}-y_a|z=0)$ は結果変数の期待値の時間による影響(変化)であるのに対して，$E(y_{1b}-y_a|z=1)$ は時間と介入両方による影響を表わすため，この2つの差分を取ることで介入の効果を得ることができると期待される.

ところで，ある介入を行なった(以後，イメージをふくらませるために "政策を実行" と表現する)後の $t=b$ 時点において，政策の対象となった集団 $z=1$ における「政策の対象になった場合の結果変数とならなかった場合の結果変数の期待値の差」は経済学や政治学，心理学，教育学などの社会科学において関心のある量の一つであり，潜在的な結果変数を利用して表現すると，$t=b$ 時点での "処置群での因果効果" (TET：treatment effect on the treated)

$$TET = E(y_{1b}-y_{0b}|z=1)$$

と表現できる. ここで TET 自体は実際には観測できない $E(y_{0b}|z=1)$ の項を含むため，何らかの仮定を置かないと推定することができない. しかしある条件の下で，DID の推定量，つまり "差分の平均の差" を TET の推定量として利用できる. その必要十分条件とはもし政策の対象にならなかったときの経時変化が **2 つのグループ間で等しいという条件**

$$E(y_{0b}-y_a|z=1) = E(y_{0b}-y_a|z=0) \tag{3.34}$$

である. なぜなら DID は

$$DID = E(y_{1b}-y_a|z=1)-E(y_{0b}-y_a|z=1)$$
$$+\bigl\{E(y_{0b}-y_a|z=1)-E(y_{0b}-y_a|z=0)\bigr\}$$

と書けることから，式(3.34)が成立すれば式(3.33)より，

$$DID = E(y_{1b}-y_a|z=1)-E(y_{0b}-y_a|z=1) = E(y_{1b}-y_{0b}|z=1) = TET$$

となるからである．

この条件は因果推論の条件である「2つのグループへの割り当てが無作為」，つまり時点 a での結果変数の期待値が2つのグループで

$$E(y_a|z=1) = E(y_a|z=0) = E(y_a)$$

という条件よりは実際上緩いものとなるが，これは2つのグループで前後2回の測定を行なったという努力の正当な報酬であるといえよう．

また，何も介入しなければ結果変数が時間的な変化を起こさない場合（たとえば2時点の間が短期間である場合の所得や成人での能力など），つまり $y_{0b}=y_a$ ならばこの条件は満たされる．

同様の議論から，対照群での因果効果 TEU が DID と等しくなるためには，"もし政策を実行したときの経時変化が2つのグループ間で等しい"ことが条件になる．

さて，DID 自体は下記の単純平均の差（差分の平均の差）

$$\frac{1}{N_1}\sum_{i:z_i=1}^{N_1}(y_{bi}-y_{ai})-\frac{1}{N_2}\sum_{i:z_i=0}^{N_2}(y_{bi}-y_{ai})$$

を用いて推定することができることは明らかであり，このような簡単さのために非常によく利用されているが，その量が因果効果として利用されて解釈される背後には式(3.34)の条件が暗に仮定されていることに注意したい．

例 3.10（最低賃金を上げることは雇用を減らすか？）．

最低賃金を上げることは，一見労働者の生活を守る良い施策のように見えるが，反対する経済学者も多い．これは「最低賃金を上げれば企業が雇用を減らすため，かえって単純労働者にとってはマイナスである（そして継続して雇用される労働者にのみ有利になる）」という理論研究，および実証研究があったからである．これに対して，Card and Krueger(1994)は，差分の差推定量を用いることで，これまでの研究結果に反する結果を与えたことで有名である．彼らは1992年にニュージャージー州の最低賃金が引き上げられる前後にファーストフード店に電話調査を用いた雇用に関するデータ，および最低賃金に変化のないペンシルヴァニア州の同時期のデータを利用した．事前の2州の差を除去し，かつ時点の違いを除去する必要があることから，彼らは差分の差推定量を用いたのである．解析の結果，最低賃金を上げることでかえって雇用量は増加した(そして賃金増加は値上げによって消費者が負担した)ことが示された．

セミパラメトリックな "差分の差" 推定

上記の差分の差推定では式(3.34)の仮定を置いているが，この制約をさらに緩和するために，共変量 $\boldsymbol{x}$ の情報を用いることを考える．

$$TET = E(y_{1b}-y_{0b}|z=1) = E_{\boldsymbol{x}|z=1}\bigl(E(y_{1b}-y_{0b}|z=1,\boldsymbol{x})\bigr)$$

$$\begin{aligned}DID &= E_{\boldsymbol{x}|z=1}\bigl(E(y_{1b}-y_a|z=1,\boldsymbol{x})-E(y_{0b}-y_a|z=0,\boldsymbol{x})\bigr)\\&= E_{\boldsymbol{x}|z=1}\bigl(E(y_{1b}-y_a|z=1,\boldsymbol{x})-E(y_{0b}-y_a|z=1,\boldsymbol{x})\\&\quad +\bigl\{E(y_{0b}-y_a|z=1,\boldsymbol{x})-E(y_{0b}-y_a|z=0,\boldsymbol{x})\bigr\}\bigr)\end{aligned} \quad (3.35)$$

とすると，TET=DID である条件として

$$E(y_{0b}-y_a|z=1,\boldsymbol{x}) = E(y_{0b}-y_a|z=0,\boldsymbol{x}) \quad (3.36)$$

つまりさまざまな共変量を共通にしたときに「政策の対象にならなかったときの経時変化が2つのグループ間で等しい」という条件が成立すると仮定すればよく，式(3.34)よりはだいぶ緩やかな仮定になる(Heckman et al., 1998)．ただし，実際に「差分の差の推定量」を得るためには，式(3.35)右辺1行目に存在する期待値 $E(y_{1b}|z=1,\boldsymbol{x})$, $E(y_{0b}|z=0,\boldsymbol{x})$, $E(y_a|z=1,\boldsymbol{x})$, $E(y_a|z=0,\boldsymbol{x})$ などの $\boldsymbol{x}$ による回帰関数を正しく設定する必要がある．式(3.36)の条件が成立するためには一般的に十分な数の共変量を利用する必要があることを考えると，共変量が多い場合に回帰関数を設定する必要がない方法を開発することには意味がある．

このような目的から Abadie(2005)はセミパラメトリックな DID 推定法を

提案している[*19]．具体的には，回帰関数を設定する代わりに傾向スコア $e=E(z=1|\boldsymbol{x})$ を用いれば TET は下記のように表現できる．

$$\begin{aligned}
E(y_{1b}-y_{0b}|z=1) &= \int E(y_{1b}-y_{0b}|z=1,\boldsymbol{x})p(\boldsymbol{x}|z=1)d\boldsymbol{x} \\
&= E_{\boldsymbol{x}}\Big[E(\rho(y_b-y_a)|\boldsymbol{x})\frac{p(z=1|\boldsymbol{x})}{p(z=1)}\Big] \\
&= E\Big(\frac{y_b-y_a}{p(z=1)}\frac{z-e}{1-e}\Big) \tag{3.37}
\end{aligned}$$

ただし

$$\rho = \frac{z-e}{e(1-e)}$$

である．ここで式(3.37)の1行目から2行目への式変形は，ρ が $z=1$ のときには $1/e$ に，$z=0$ のときには $-1/(1-e)$ となることから

$$\begin{aligned}
&E(\rho(y_b-y_a)|\boldsymbol{x}) \\
&= E(\rho(y_b-y_a)|z=1,\boldsymbol{x})\times e + E(\rho(y_b-y_a)|z=0,\boldsymbol{x})\times(1-e) \\
&= E(y_b-y_a|z=1,\boldsymbol{x}) - E(y_b-y_a|z=0,\boldsymbol{x})
\end{aligned}$$

であることと式(3.36)が成立することを利用している．

このことから，パネル調査データを利用する場合には，TETを傾向スコアを用いて重み付けした下記の推定量

$$\frac{1}{N}\sum_{i=1}^{N}\frac{y_{bi}-y_{ai}}{p(z=1)}\frac{z_i-e_i}{1-e_i} \quad \text{または} \quad \frac{\sum_{i=1}^{N}(y_{bi}-y_{ai})\frac{z_i-e_i}{1-e_i}}{\sum_{i=1}^{N}e_i}$$

を用いて推定すればよいことになる．実際には傾向スコアの推定値を用いるが，推定された傾向スコアを用いて上記の推定量を計算しても，その一致性と漸近正規性は保持される(詳しくは Abadie(2005)参照)．また，この推定量は形自体は差分の差という単純な形にはなっていない．しかしパネル調査という複数時点でのデータを利用することで，"強く無視できる割り当て"条件や式

[*19] 著者のHPにMatlabのコードが公開されている(http://ksghome.harvard.edu/~aabadie/sdid.html)．

(2.19)の「平均での独立性」ではなく式(3.36)というより緩やかな条件の下で TET を推定するという考え方そのものが「差分の差」推定量である．

Abadie(2005)の方法の問題点は，$z=0$ の場合の共変量の情報を有効に活用していないことであり，これを解決するために Qin and Zhang(2008)は経験尤度法(第5章および付録 A.2 節参照)を用いた解析法を提案している．

クロスセクションデータを利用した差分の差推定量

"差分の差"推定の問題点は介入を行なう前後の2時点で同一の調査対象に対して測定するパネル調査を行なう必要があることである．一般にパネル調査では対象を追跡するのが難しく，追跡を正確に行なうためにはさまざまなコストがかかり，また2時点目で調査を受けない "脱落"(5.5 節参照)が多数起こることがある．そこで2時点で別々の調査対象に調査を行なういわゆるクロスセクションデータの繰り返しによって処置群での因果効果(TET)を推定することが望まれる場合がある．

2時点で得られたクロスセクションデータを利用する場合は，一般に「ある政策介入が特定の要件を満たす集団に限定されている」場合や「政策が変更された地域と変更されていない地域がある」場合など，介入前のデータに含まれる対象者についても「政策介入の対象となるかならないか」を知ることができる場合である．具体的に次の例を見てみよう．

例 3.11 (税金控除の拡大によるシングルマザーの就労増加と労働時間の変化(Eissa and Liebman, 1996))．

シングルマザーに対する再分配を行なう方法として，給付を行なうのではなく働くインセンティブを向上させるために税金控除額を大きくするという政策がアメリカで 1986 年に施行された．しかし「税金控除額が多くなる分，労働者は労働時間を減らす」可能性も考えることができる．そこで，差分の差推定法によって「税額控除の拡大による就労率と労働時間への効果」を調べることとした．ここでは子供のいない独身女性(対照群，$z=0$)と子供がいる独身女性(処置群，$z=1$)について税制変更前と後での2つのクロスセクションデータを利用した推計を行なっている．子供のいない独身女性と子供がいる独身女性では，後者のほうが学歴は低く，非白人の比率は高く，就労率は低く，収入も低いといった傾向があり，明らかに等質ではない．また，学歴や人種などの共変量は就労有無などに大きく関連する．そこで，2つのクロスセクションデータの間

3.9 差分の差(DID)推定量 ◆ 109

で共変量の違いを調整するために,具体的に $t=b$ なら $\delta=1$, $t=a$ なら $\delta=0$ とし,

$$y_{it} = \alpha + \beta^t \boldsymbol{x}_{it} + \gamma_0 z_i + \gamma_1 \delta + \gamma_2 z_i \delta + \epsilon_{it}$$

とモデリングして γ_2 の推定値を計算した.

結果として「税金控除額を多くする政策の,子供がいる独身女性での就労への影響」は正であり,かつ労働時間への影響はないことがわかった.

上記の例における解析は一見適切に見えるが,実際にはさまざまな前提条件を仮定しないと適切な解析とはならない.このことを理解するためには,パネル調査での差分の差推定量の場合と同じく,ここでも潜在的な結果変数を用いたモデルの記述を行なうことが便利である.

そこでまず b 時点での調査対象であれば $\delta=1$, a 時点での調査対象であれば $\delta=0$ とするインディケータ δ, さらに a 時点,および b 時点で処置群か対照群かを示すインディケータ z_a, z_b を考える(とりあえずは共変量 $\boldsymbol{x}$ は無視して議論する).式(3.31)と同様に,b 時点で実際に得られる従属変数 y_b は 2 つの潜在的な結果変数 y_{1b}, y_{0b} とインディケータ z_b を組み合わせることで

$$y_b = z_b y_{1b} + (1-z_b) y_{0b} \tag{3.38}$$

と表現できる.また,a 時点ではまだ介入の効果はないので,z_a が $0,1$ のどちらでも,y_a が得られると考える.さらに,すべての調査対象は一度しか測定されないことから,得られる従属変数 y は式(3.32)同様に

$$y = \delta \{z_b y_{1b} + (1-z_b) y_{0b}\} + (1-\delta) y_a \tag{3.39}$$

となる(図 3.8).ただし z_a が関係しないことに注意する.

ここで,単純な差分の差

$$\begin{aligned} DID &= E(y|\delta=1, z_b=1) - E(y|\delta=0, z_a=1) \\ &\quad - \{E(y|\delta=1, z_b=0) - E(y|\delta=0, z_a=0)\} \\ &= E(y_{1b}|\delta=1, z_b=1) - E(y_a|\delta=0, z_a=1) \\ &\quad - \{E(y_{0b}|\delta=1, z_b=0) - E(y_a|\delta=0, z_a=0)\} \end{aligned} \tag{3.40}$$

	b 時点での調査対象 $\delta=1$		a 時点での調査対象 $\delta=0$	
	介入対象の群 $z_b=1$	介入対象でない群 $z_b=0$	介入対象の群 $z_a=1$	介入対象でない群 $z_a=0$
y_{1b}	介入対象となった群の事後測定のデータ	欠測	欠	測
y_{0b}	欠測	介入対象でない群の事後測定のデータ		
y_a	欠測		事前測定のデータ	

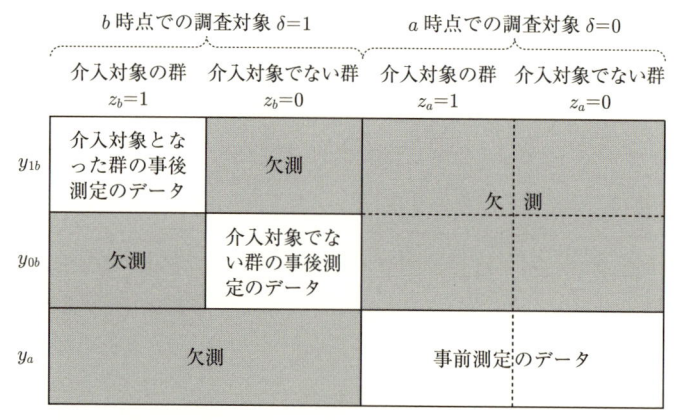

グレーは欠測を表わす

図 3.8 クロスセクションデータでの差分の差推定

の推定量

$$\frac{\sum_{i=1}^{N} \delta_i z_{bi} y_i}{\sum_{i=1}^{N} \delta_i z_{bi}} - \frac{\sum_{i=1}^{N} (1-\delta_i) z_{ai} y_i}{\sum_{i=1}^{N} (1-\delta_i) z_{ai}}$$

$$-\left\{\frac{\sum_{i=1}^{N} \delta_i (1-z_{bi}) y_i}{\sum_{i=1}^{N} \delta_i (1-z_{bi})} - \frac{\sum_{i=1}^{N} (1-\delta_i)(1-z_{ai}) y_i}{\sum_{i=1}^{N} (1-\delta_i)(1-z_{ai})}\right\}$$

は,何も仮定を置かない場合には,TETの不偏な推定量ではない.たとえば例 3.11 の解析例では,「子供のいない独身女性」および「子供のいる独身女性」が 2 つのデータ間で(調整に用いた共変量を除いて)等質であることが必要である.一方

[1] **2 時点間で調査対象者は等質である**

式で記述すると $E(y_{1b}|z_b, \delta=1)=E(y_{1b}|z_b, \delta=0)$, $E(y_{0b}|z_b, \delta=1)=E(y_{0b}|z_b, \delta=0)$ および $E(y_a|z_a, \delta=1)=E(y_a|z_a, \delta=0)$

[2] **介入しなかった場合の結果変数の変化が b 時点における処置群と対照群で等しい**

式で記述すると $E(y_{0b}-y_a|z_b=1)=E(y_{0b}-y_a|z_b=0)$

[3] a 時点での結果変数の平均は2つのデータの処置群で共通であり，対象群でも共通

式で記述すると $E(y_a|z_b)=E(y_a|z_a)$

という3つの条件が成立していれば，これを式(3.40)に代入することにより，DID=TET を示すことができる．逆にいえば，クロスセクションデータから差分の差推定量を得て，それを TET の推定量として利用している場合には，上記の3つの仮定を置いているということである(Lee and Kang, 2006)．このように2つのデータが等質であるという仮定を置いた下でクロスセクションデータを利用する場合に，これを**反復されたクロスセクションデータ(repeated cross-section data)**と呼ぶことがある．

上記の3つの条件のうち，条件[2]はパネル調査における条件である式(3.34)と基本的に同じと考えてよいが，加えてここでは「2つのデータ間での調査対象者の等質性(1番目の条件)」「a 時点での測定値についての，2つのデータの群別の等質性(3番目の条件)」を仮定しているということになる．

一方，2時点間で介入の対象となる集団に違いがない場合や集団間での移動がないことが事前に想定できる場合は $z_a=z_b$ と仮定するのは問題がない．この場合には条件[3]は常に成立することになるため，パネル調査の場合との違いは条件[1]が必要かどうかということになる．ただし，$z_a=z_b$ の仮定はパネル調査の場合と異なりデータから直接示すことはできない．

また，調査対象者についてさまざまな共変量が利用できる場合には，パネル調査での議論と同様に，上記の3つの条件で期待値をすべて「共変量 x を所与とする」場合に変更した条件の下で

$$DID = E_{x|z_b=1}\big[E(y_{1b}|\delta=1, z_b=1, x) - E(y_a|\delta=0, z_a=1, x)$$
$$-\{E(y_{0b}|\delta=1, z_b=0, x) - E(y_a|\delta=0, z_a=0, x)\}\big] \quad (3.41)$$

が $TET=E(y_{1b}-y_{0b}|z_b=1)$ と一致する．調査対象者についてのさまざまな背景情報を所与とする場合には3つの条件はより成立しやすくなるが，一方，差分の差推定量を構成する4つの項それぞれが共変量についての回帰関数を含んでいるため，ここでも回帰関数を指定しないセミパラメトリックな推定量があれば望ましい．

そこで Abadie(2005) は $z_a=z_b=z$ という条件の下で，パネル調査での推定量(式(3.37))と同様に傾向スコアを用いることで

$$E(y_{1b}-y_{0b}|z=1) = E_M\left[\frac{e}{p(z=1)}\phi \times y\right] \quad (3.42)$$

と表わせることを示した．ただし λ を b 時点の調査対象者の比率 $p(\delta=1)$ とすると E_M は $p(y,z,\delta,\boldsymbol{x})=\lambda\delta p(y_b=y,z,\boldsymbol{x})+(1-\lambda)(1-\delta)p(y_a=y,z,\boldsymbol{x})$ に関する期待値を意味し，また

$$\phi = \frac{\delta-\lambda}{\lambda(1-\lambda)}\frac{z-e}{e(1-e)}$$

である．式(3.42)から，2時点のクロスセクションデータを利用した TET の推定量は

$$\frac{1}{N}\sum_{i=1}^{N}\left[\frac{e_i}{p(z=1)}\frac{\delta_i-\lambda}{\lambda(1-\lambda)}\frac{z_i-e_i}{e_i(1-e_i)}y_i\right]$$

または

$$\frac{\sum_{i=1}^{N}\left[e_i\frac{\delta_i-\lambda}{\lambda(1-\lambda)}\frac{z_i-e_i}{e_i(1-e_i)}y_i\right]}{\sum_{i=1}^{N}e_i}$$

であり，これは漸近止規性を有する一致推定量である(Abadie, 2005)．

以上見てきたように，"差分の差" 推定の議論は，研究デザインを洗練させることやデータを二度取得するという労力をかけることで，"強く無視可能な割り当て" 条件よりも弱い仮定の下で因果効果の推論が可能であることを示しており，研究デザインと統計手法両方を洗練させた方法論のさらなる発展が今後期待される．

例 **3.12**(NSW 職業訓練プログラムの解析)．

ここではさまざまな研究で利用されている，The National Supported Work(NSW) Demonstration という職業訓練プログラムについての解析例[20]を紹介する．このデータでは，NSW プログラムによる実施後の賃金への効果を調べるために，訓練を受けるグループ(処置群)と受けないグループ(対照群)への無作為割り当てが行なわれて

---

[20] データは http://www.nber.org/%7Erdehejia/nswdata.html から入手可能である．

おり，単純平均の差によって因果効果を不偏推定することが可能である．また，プログラム実施前の 1975 年と実施後 1978 年の 2 時点で賃金を知ることができ，1978 年での 2 群の差だけではなく DID 推定量を算出することもできる．

さて，LaLonde(1986) はあえて対照群を NSW 以外のデータ，具体的には Panel Study of Income Dynamics (PSID) および Current Population Survey (CPS) から抽出したデータに置き換えた．そして，ヘックマンによる二段階推定法による因果効果の推定値(具体的には 5.2 節参照)によって推定を行なったところ，本来の(無作為割り当てをともなう実験研究で得られた)因果効果の推定値(=2 群の単純平均値差)から異なった推定値が得られたことを報告し，調査観察データにおいて共変量調整を用いた因果効果の推定がうまくいかないことがあるという注意を喚起した．

その後，ルービンの因果モデルへの理解や手法論の発展から，LaLonde の解析自体が妥当ではないという指摘がなされるようになった．LaLonde の行なった解析は，2.4 節で注意した"因果効果が処置群と対照群のそれぞれの母集団の性質に依存した量であること"を無視している．実際，対照群として「そもそも職業訓練プログラムを受けやすい人」[*21]のデータを利用した場合と，一般的な市民からの無作為抽出標本を利用した場合では因果効果の定義が異なる．したがって，ここで本来推定するべき量は"処置群での因果効果(TET)"であろう．このような議論から，近年同データについて，さまざまな研究者が再分析をしている(たとえば Dehejia and Wahba(1999)；Qin and Zhang(2008))．また，ここで共変量として取り上げられた変数は研究によって多少違うが，たとえば Dehejia and Wahba(1999)では年齢，教育年数，黒人かどうか(2 値)，ヒスパニックかどうか(2 値)，結婚しているかどうか(2 値)，大学卒業有無

表 3.2　NSW データに対するさまざまな推定結果

研　究	方　法	推定値($)
LaLonde(1986)	実験研究からの 78 年での単純平均の差*	1794
	78 年と 75 年での処置群と対照群の DID 推定量*	1750
	PSID を対照群としたときの 78 年での単純平均の差*	−15205
	PSID を対照群としたときの DID 推定量*	−582
	ヘックマンモデルを用いた 78 年での賃金への因果効果	−667
Dehejia ら(1999)	傾向スコアとマッチングを用いた 78 年での因果効果の推定値	1691
Qin ら(2008)	Abadie による傾向スコアを用いた DID 推定量	1768
	Qin による経験尤度を用いた DID 推定量	1749

*は共変量を用いた調整を行なっていない

[*21] 実際，NSW プログラムの対象者は生活保護受給者などである．

(2値),実質賃金(74・75・76年それぞれで3変数)であり,LaLonde が対照群の代わりに利用した PSID 等のデータは NSW に比べて9歳程度年上で,学歴等も高いといった特徴がある.

表 3.2 にはさまざまな研究で得られている推定値を記載した[*22]. 実験研究で得られる "78 年での単純平均の差", および実験研究で得られる DID 推定量は NSW プログラムの賃金への因果効果の不偏推定量であり,対照群を PSID データで置き換えたデータセットからこの値を推定できるかが問題となっている. 実際, LaLonde によると PSID で置き換えた場合には非常に大きいバイアスがあることがわかる. さらに, ヘックマンの選択モデルを用いた方法(第 5 章参照)によっても, バイアスは補正できないことが示されている. 一方, Dehejia and Wahba(1999) による傾向スコアを用いた因果効果の推定値や, Qin and Zhang(2008) による経験尤度法(付録 A.2 節参照)を用いた DID 推定値は実験研究で得られるものときわめて近いことがわかる.

[*22] ここでは Dehejia らの研究で利用された(部分標本の)データから得られる結果を紹介した.

4

共変量選択と
無視できない欠測

第2章および第3章では「割り当てが共変量に依存することを仮定した手法」を紹介した．応用場面では「解析に利用する共変量をどのように選択したらよいか」(= 共変量選択)についての指針が必要である．また，"強く無視できる割り当て" が成立していない場合に第2章や第3章で取り上げた方法を利用することでどのような問題が生じるのか明確にしていなかった．そこで本章ではまず，調整に利用すべき共変量を利用せずに解析を行なった場合に "隠れたバイアス" が生じることを示す．続いて共変量選択，つまりどのような変数を共変量として利用するべきかについての議論を行なう．さらに，割り当てが結果変数に依存する場合について考える．また，関連する話題として，モデルの識別性と感度分析について取り上げる．さらに，本当に調査観察研究から因果関係を推論することが可能かどうかについて議論を行なう．

4.1 顕在的なバイアスと隠れたバイアス

第 2 章や第 3 章で紹介した共変量調整法では "強く無視できる割り当て" 条件を仮定していた.一方,観測されない隠れた共変量(hidden covariate) w が存在していて,観測されている(または調整に利用されている)共変量 x だけではなく w が潜在的な結果変数 y と割り当て z に影響を与えている

$$y \perp\!\!\!\perp z | x, w, \quad \text{または} \quad p(y|z, x, w) = p(y|x, w) \tag{4.1}$$

の場合には,第 2 章や第 3 章で紹介した共変量調整を行なう際に w を利用しなければ,因果効果の推定値にはバイアスが生じる.なぜなら

$$p(y|z, x) \neq p(y|x)$$

であるため,たとえば独立変数が 2 値しかとらない場合を考えると,

$$E(y_1 - y_0) = E_x E(y_1 - y_0 | x) \neq E_x \big[E(y_1 | z=1, x) - E(y_0 | z=0, x) \big]$$

となるからである.したがって回帰モデルによる推定量(式(2.23))にはバイアスが生じることになる.第 3 章の傾向スコアを用いた解析についても

$$p(z=1|x, w) \neq p(z=1|x)$$

であるのでバイアスが生じることになる.このときに生じるバイアスは隠れたバイアス(hidden bias)と呼ばれる.

例 4.1 (線形モデルにおける隠れたバイアス).
隠れたバイアスを例示するために,2.7 節の式(2.24)で紹介した簡単な線形モデルの場合を考えよう.y_{ij} を結果変数 y_j ($j=1,0$) の第 i 調査対象者における実現値とする.またベクトル x_i を第 i 調査対象者における共変量の実現値とする.このとき結果変数の実現値は

$$y_{ij} = \alpha_j + \beta_j^t x_i + \epsilon_{ij} \quad (j=1,0)$$

で表わされると考える.ここで ϵ_{ij} は誤差変数であり,その期待値はゼロとする.さら

に，単純化のため $\boldsymbol{\beta}_1=\boldsymbol{\beta}_0$ とする．

ここで，本来の因果効果は

$$E(y_1-y_0) = \alpha_1-\alpha_0$$

であるが，単純な群間差の期待値は

$$\begin{aligned}&E(y_1|z=1)-E(y_0|z=0)\\ &= \alpha_1-\alpha_0+\boldsymbol{\beta}^t\bigl[E(\boldsymbol{x}|z=1)-E(\boldsymbol{x}|z=0)\bigr]\\ &\quad+E(\epsilon_1|z=1)-E(\epsilon_0|z=0)\end{aligned}$$

と表わされる．ここで，$\boldsymbol{\beta}^t\bigl[E(\boldsymbol{x}|z=1)-E(\boldsymbol{x}|z=0)\bigr]$ の部分，つまり共変量に起因する項を顕在的なバイアス(**overt bias**)と呼ぶ．ここでの隠れたバイアスは $E(\epsilon_1|z=1)-E(\epsilon_0|z=0)$，つまり誤差変数に起因する項である．前者は共変量の期待値が2つのグループ間で共通であればゼロ，同様に後者も誤差変数の期待値が2つのグループ間で共通であればゼロである．逆にいうと，そのような制約がなければ，単純な群間差の期待値は本来の因果効果とは等しくならない．ここで，誤差変数と想定していた部分 ϵ_{ij} は真の誤差 η_{ij} と隠れた共変量 $\boldsymbol{w}_i$ の線形結合に明示的に分解できると考えると，

$$\epsilon_{ij} = \eta_{ij}+\boldsymbol{\gamma}^t\boldsymbol{w}_i \tag{4.2}$$

となる．この場合，たとえ真の誤差 η_{ij} について $E(\eta_j|z=j)=0$ であるとしても，

$$E(\epsilon_j|z=j) = \boldsymbol{\gamma}^tE(\boldsymbol{w}|z=j) \neq 0$$

となり，隠れた共変量がない(割り当てに影響する共変量はすべて利用している)場合以外では必ず隠れたバイアスが存在することがわかる．

同様に共変量 $\boldsymbol{x}$ に関する条件付き因果効果も

$$\begin{aligned}&E(y_1|z=1,\boldsymbol{x})-E(y_0|z=0,\boldsymbol{x})\\ &= \alpha_1-\alpha_0+E(\epsilon_1|z=1,\boldsymbol{x})-E(\epsilon_0|z=0,\boldsymbol{x})\end{aligned}$$

となり，「共変量で条件付けた場合の誤差変数の期待値が2つのグループで等しい」という条件が成立しなければ，$E(\epsilon_1|z=1,\boldsymbol{x})-E(\epsilon_0|z=0,\boldsymbol{x})$ の部分が隠れたバイアスになる．さらに式(4.2)が成立する場合を考えると，条件付き因果効果は

$$\begin{aligned}&E(y_1|z=1,\boldsymbol{x})-E(y_0|z=0,\boldsymbol{x})\\ &= \alpha_1-\alpha_0+\boldsymbol{\gamma}^t\bigl[E(\boldsymbol{w}|z=1,\boldsymbol{x})-E(\boldsymbol{w}|z=0,\boldsymbol{x})\bigr]\end{aligned}$$

となり，隠れたバイアス $\boldsymbol{\gamma}^t[E(\boldsymbol{w}|z=1,\boldsymbol{x})-E(\boldsymbol{w}|z=0,\boldsymbol{x})]$ が残り続けることになる．

4.2 共変量の選択

前節で見たように,利用すべきすべての共変量 x, w を用いずに,その一部 x のみを用いて共変量調整を行なった場合には,因果効果の推定にバイアスが生じる.このことから直感的には,独立変数と従属変数に関連する変数のうち,観測されているものすべてを共変量として調整に利用すればよいように思われる.しかし,実際にはいくつかの理由から,すべての変数を共変量として利用すべきではないということが知られている.この節では,共変量の候補となる複数の変数の中から,因果効果を推定するために利用する共変量をいかに選択するべきかについて論じる.

共変量と共変量の候補となる変数の関係

共変量の定義は 1.2 節ですでに示した通りであるが,応用研究では共変量 =「従属変数と独立変数のどちらにも関連のある変数」の候補は通常,非常に多くある.ではその中のどの変数を共変量として利用したらよいだろうか?

今後の議論を明確化するために,改めて共変量を「因果効果の推定の際に調整に用いる変数」と操作的に定義する.たとえば傾向スコアを推定する際に,割り当て(独立変数)の説明変数として利用する変数が共変量である.

また,従属変数と独立変数どちらに対しても関連のある変数の内で,独立変数に時間的に先行する変数,または想定される因果関係から明らかに独立変数に影響を与えている変数を処置前変数(pre-treatment variable)と呼び,一方,独立変数に時間的に後になる,あるいは因果関係として独立変数に影響を受ける変数を処置後変数(post-treatment variable)と呼び,区別する.

ここで「処置前か処置後か」という観点と「従属変数との時間的あるいは因果的な前後関係」から変数を以下の3つに分類する(処置前変数かつ従属変数の後になる変数は理論上存在しないはずである).

処置前変数であり,かつ従属変数に先行する変数

「独立変数と従属変数どちらに対しても影響をあたえている変数」であるた

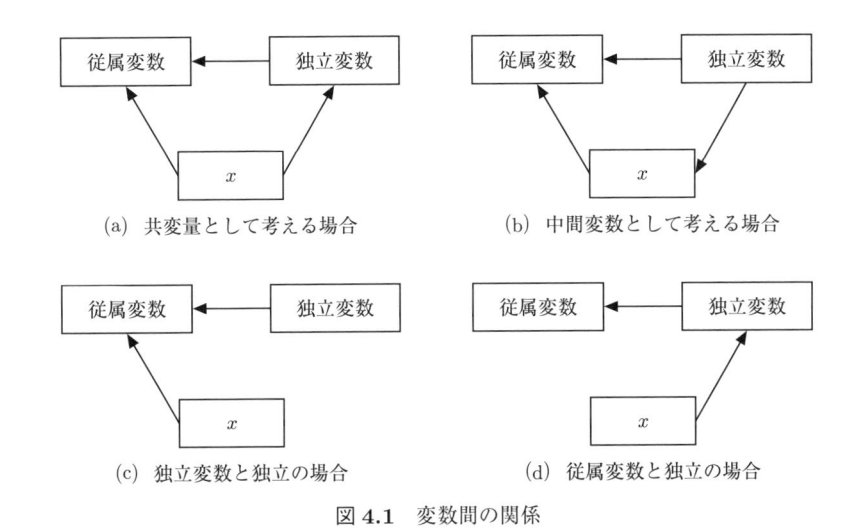

(a) 共変量として考える場合　　(b) 中間変数として考える場合

(c) 独立変数と独立の場合　　　(d) 従属変数と独立の場合

図 **4.1**　変数間の関係

め，共変量として利用してよい（図 4.1 の (a)）．

処置後変数であり，かつ従属変数に先行する変数

中間変数である（図 4.1 の (b)）．第 1 章で簡単に紹介したように，中間変数を用いて調整を行なうべきかどうかの判断は解析の目的に依存する．たとえば失業者に対するある職業訓練プログラム（= 独立変数）の再就職後の賃金（= 従属変数）への影響を考えるとする．ここで「再就職先の企業規模」は職業訓練プログラムでの群別によって影響を受けるため，明らかに処置後変数である．

「再就職先の企業規模」を調整するということは，「再就職先の企業規模」をプログラムを受けた群と受けなかった群の間で等しくした場合の結果を推定するということであり，結果として「再就職先の企業規模」を通じた間接効果を除去した場合における職業訓練プログラムの「再就職後の賃金」への直接効果の推定を行なうということになる．

しかし，すでに述べたように，従属変数への介入の効果を見たいのであれば，通常は（中間変数による間接効果を含めた）総合効果を推定するべきである．逆にいえば中間変数を共変量として調整に利用すると，因果効果が過小評価される．したがってこのような変数は共変量としない場合が多い．ただし，

すぐ後に述べる代理変数との関連にも注意する必要がある．

処置後変数であり，かつ従属変数の後になる変数
共変量として利用するべきでない．

また，これ以外にも「独立変数と独立であり，かつ従属変数に先行する変数」である場合(図4.1の(c))には，共変量として調整に利用してもしなくても因果効果の推定量の一致性等の性質は保たれる．しかし，「重回帰分析モデルにおいて不要な説明変数を加えた場合」の議論[*1]と同様に，調整に利用したことで推定値の分散が大きくなる可能性が高い．

また「独立変数を通してのみ従属変数に影響を与える変数」(図4.1の(d))は明らかに共変量として利用する意味はない．ただしこれを操作変数とみなすことで局所的平均処置効果を推定する際に利用する場合もある(3.7節)．

結論としては，共変量の候補となる変数が従属変数の時間的／因果的に前になる場合には，それが処置前変数ならば調整に用いる．一方，処置後変数ならば調整に用いるかどうかは解析の目的に依存する，といえる．

また，サンプルサイズが小さい場合には，たとえ「独立変数」や「従属変数」に影響を与えることが事前に知られている変量であっても，「独立変数」や「従属変数」との相関が低いものは共変量として利用するとかえって因果効果の推定量の分散が大きくなる可能性がある(Imbens, 2004)．

ところで，このような変数選択が必要とされる場面では工学系のデータ解析において近年理論的整備が盛んに行なわれている"グラフィカルモデリング"のさまざまな技法が利用できるのではないかと思われるかもしれない．事実，「共変量の候補となる変数間の前後関係の仮定」に加えて「条件付き独立性の仮定」が可能な工学的な状況においてグラフィカルモデリングはきわめて有用である．しかし社会科学の研究デザインやデータからはこのような関係の同定が難しく，グラフィカルモデリングをそのまま利用することは難しい．

[*1] この議論については計量経済学の教科書(たとえば，山本(1995)の第4章)を参照．

代理変数としての利用

　処置前変数であり，従属変数に先行する重要な共変量の存在が明確であり，かつその変数を研究デザイン上の理由などから直接観測できない場合には，その共変量の**代理変数**(**proxy variable**)[*2]を用いて調整を行なう場合がある．代理変数が処置前変数でありかつ従属変数に先行していれば，その代理変数を用いて調整を行なえばよい．一方，「代理変数が中間変数である」場合はどうしたらよいだろうか？

　たとえば，高校入学時の教育プログラム選択(独立変数)による3年次での成績(従属変数)への効果を考える際に，共変量として「入学前の能力」を調整したいが，実際にはこの変数が測定されておらず，代理変数として2年次での成績を利用する，というような状況がこれに当たる(Rosenbaum, 2002)．この場合，高校入学時の教育プログラム選択(独立変数)が2年次での成績に与える影響(間接効果)が存在する．

　このような「中間変数でもある代理変数」を用いた調整を行なうと，「代理変数を経由した間接効果」が除かれてしまうため，因果効果は一般に過小評価されることになる．しかし調整を行なわなければ，本来存在するはずの共変量の影響をまったく除去できないということになる．したがってやむを得ず中間変数(つまり処置後変数)である代理変数を利用した調整を行なう場合も多い(Rosenbaum, 1984a)．

探索的な共変量選択——割り当てへの関連か従属変数への関連か

　多くの応用研究においては，まず「理論上調整が必要な変数，または先行研究で関連が指摘されている変数」が調整に利用されるのが通常である．

　しかし先行研究で関連が指摘されている変数をそのまま集めて共変量にするだけでは，2.5節で説明した"強く無視できる割り当て"条件が成立しているかどうかはわからない．選択された共変量がこの条件を満たすかどうかのチェック方法については次節に述べるとして，ここでは探索的に共変量を選択

[*2] 代理変数とは直接観測できないある変数の代わりとして利用される，その変数と関連が強い別の変数のことである．

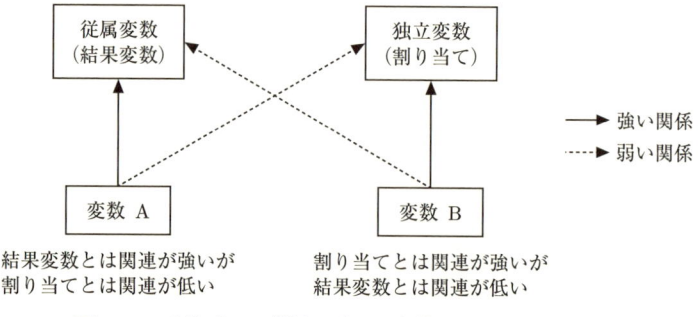

図中:
- 従属変数（結果変数）
- 独立変数（割り当て）
- 変数 A
- 変数 B
- 強い関係
- 弱い関係
- 結果変数とは関連が強いが割り当てとは関連が低い
- 割り当てとは関連が強いが結果変数とは関連が低い

図 4.2 "割り当てに関連が強い"変数と"結果変数に関連が強い"変数

する場合において重要な話題がある．それは「割り当てに関連する変数」を利用するべきか，あるいは「従属変数（結果変数）に関連する変数」を利用するべきか（図 4.2），という問題である．傾向スコアを利用した解析では，まず最初に「割り当てと共変量のモデル」から傾向スコアを算出するため，応用研究では「割り当てに関連する変数」（図 4.2 の変数 B）を共変量として利用しがちである．しかし，本質的には「従属変数に関連する共変量」（図 4.2 の変数 A）を用いた調整を行なうことこそが重要である．このことについても，第 2 章で説明した潜在的な結果変数を用いたルービンの因果モデルを考えれば明らかである．解析の目的は因果効果 $E(y_1-y_0)$ または結果的な潜在変数 y_1, y_0 の周辺分布の母数推定にあり，たとえば式 (2.21) を見ると「共変量を用いて従属変数を説明できること」が重要になることがわかる．傾向スコアを用いた解析においても基本的には同様であり（式 (3.7) を参照），「（共変量を 1 次元に縮約した）傾向スコアを用いて従属変数を説明できる」程度が高いことが重要となる．

事実，この問題について星野・前田 (2006) は「割り当て（独立変数）をうまく説明するような共変量を選択する」という方法では調整がうまく行なえない場合があることを指摘し，「従属変数（結果変数）に関連がある共変量」を積極的に選択するような共変量選択法を提案している（第 6 章参照）．

同様に Brookhart et al. (2006) はシミュレーション研究[*3]から，

[*3] 彼らが利用した解析方法は傾向スコアを説明変数とするスプライン回帰や層別解析である．

[1]「割り当てに強い関連がある変数」よりも，「従属変数に強い関連がある変数」を共変量として選ぶほうが因果効果の推定の偏りが少なく，かつ推定量の分散が小さくなる（したがって検出力が高くなる）こと

[2]「割り当てとは関連が強くても，従属変数にはあまり関連がない変数」を共変量に加えると，推定の偏りはあまり変化しない．しかし推定量の分散が大きくなってしまい，結果として平均二乗誤差（真値からのズレの指標）が大きくなってしまうこと

を示している．ここで，図4.3には「共変量調整を行なわない場合での因果効果の推定値の（真値からの）二乗誤差」で「共変量調整を行なった場合での因果効果の推定値の二乗誤差」を割った値を利用した等高線が描かれている（サンプルサイズが500の場合と2500の場合が示されている）．縦軸は利用する共変量と割り当て変数の関連の強さ，横軸は共変量と結果変数の関連の強さを相対リスクで計算したものである．

右上の部分（0.5で囲われている部分）は調整によって二乗誤差が半分以下になっている部分であり，調整がよく効いている部分である．この部分の範囲を考えると，「従属変数との関連が強い変数」を共変量として選ぶことが重要であることがわかる．一方，等高線が1.1で囲われた左上の部分の範囲を考えると，たとえ「割り当てとの関連が強い変数」を選んでも，それが従属変数と関連がない場合には推定量の分散が大きくなることがわかる．

一方，IPW推定量や二重にロバストな推定量については，「割り当てにはまったく関連がないが，結果変数には関連する」ような変数であっても，それを共変量として利用することで，因果効果の推定値の漸近分散が低下することが示されている（Lunceford and Davidian, 2004）．これは無作為割り当てが行なわれている場合での共分散分析で，検出力を高めるために共変量を用いるのと同様であると考えてよい．

上記の議論から，従属変数と関連があると思われる変数については，中間変数でないことに注意しながら，なるべく多く投入することが重要であるといえる．ただし次節で述べるように，"強く無視できる割り当て"条件が成立しているかどうかについては別途検討する必要がある．

さて，共変量選択を行なう場合にはしばしば多重共線性が議論される．共変

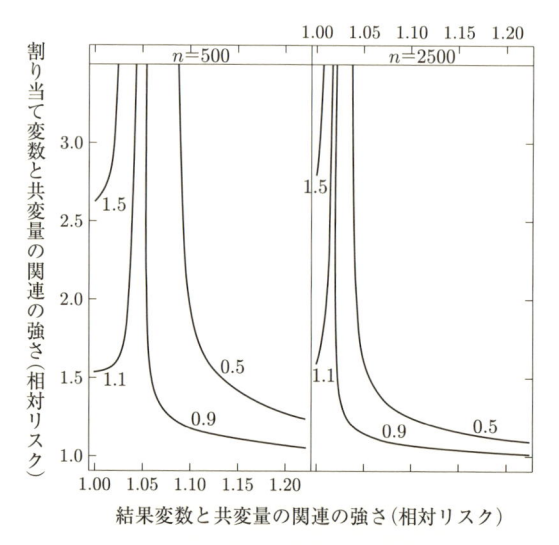

図 4.3 割り当てに関連が強い変数より結果変数に関連が強い変数が有効(Brookhart ら(2006)を転載)

量間に「多重共線性が存在する」，つまり「共変量間の相関が高い」場合には，傾向スコアを推定するための「割り当てと共変量についてのロジスティック回帰モデル」の偏回帰係数の解釈は確かに難しくなる．しかし，多重共線性がある場合でも，サンプルサイズが十分あれば偏回帰係数の推定量の分散は小さくなることから，特に問題になることはない．また，通常は因果効果の推定にこそ関心があり，ロジスティック回帰モデルの偏回帰係数の解釈には関心はないので，たとえ共変量間の相関が高くてもあまり問題はない．

4.3 "強く無視できる割り当て"条件のチェック

2.5 節で述べたように，共変量調整によって因果効果の推定が可能になるためには"強く無視できる割り当て"条件が成立している必要がある．これが成立していないということは，"隠れた共変量"が存在するということであり，本章のはじめに議論したように，共変量調整を行なっても"隠れたバイアス"が生じることになる．

しかし，この前提条件を直接確認することは難しい．たとえば式(2.18)が成立することを示すためには，潜在的な結果変数の値すべてを観測することが必要であるが，実際には同時に y_1 と y_0 を観測することは不可能である．

したがって"強く無視できる割り当て"の仮定は，直接には検証することは不可能であるといえる．

一方，前提条件が成立していることを間接的にチェックする方法はこれまでにもいくつか提案されている．よく利用されるのは下記の3つの方法である．

(1) 共変量によって割り当てが説明されていることを示す

傾向スコアを計算するときのモデル(たとえばロジスティック回帰モデルを用いて最尤法で推定する場合には式(3.5))のフィットが良いことを確かめる．具体的には疑似決定係数[*4]や c 統計量[*5]，モデルによる割り当ての正判別率が高いかどうかを確かめる．

「共変量で割り当てを説明できる度合いが高い」ならば，「潜在的な結果変数を用いなくても共変量だけで割り当てを説明できている」ということになる．したがって式(2.16)が近似的にでも成立していると考えられるため，間接的に前提条件をチェックできる，と考えるのがこの方法である．

近年の医学系の研究で傾向スコアを利用した解析をレビューすると，c 統計量が 0.8 以上であるということが一種のスタンダードになっているようである(星野・岡田, 2006).

(2) 共変量そのものを調整する

式(3.1)の条件を考えると，傾向スコアを用いた共変量調整の場合には，調整後の共変量の群間差が消失するはずである．傾向スコアを計算した際に利用した共変量の群間差を傾向スコアによって調整できることは，調整がうまく行なえることの前提条件と考えることができる．

[*4] McFadden や Cox & Snell，Cragg & Uhler などがそれぞれ提唱している．
[*5] ランダムに選んだ値の異なる(0 と 1 の)2つのペアのうち一方のカテゴリーを正しく同定できる確率のことで，t をペアの総数，n_c と n_d をそれぞれ一致したペア数と一致しないペア数とすると，c 統計量 $=(n_c+0.5(t-n_c-n_d))/t$ である．

(3)「理論を精緻化する」"Make your theories elaborate"

これは著名な統計学者コクランがフィッシャーに「観察研究から因果をいうためにはどうしたらよいか」と質問したときにフィッシャーが返したとされる言葉である．フィッシャーは現在有するさまざまな周辺知識や先行研究の知見を用いて，因果のメカニズムを明確にする必要性を主張している．この考え方を具体的に共変量調整を用いた因果推論に適用する方法として，ローゼンバウムは3つの方法を紹介している(Rosenbaum, 1984b)．

［1］特定の対象者については介入の効果がないことが理論上明確であれば，その対象者についての(共変量調整を行なって得られる)因果効果の推定値はゼロとなるはずである．

［2］独立変数の特定の2つの値の間で従属変数の回帰関数の値が同じならば，その2つの値の間での因果効果もゼロになるはずである．たとえばある閾値以上の投薬量を与えないと作用しないことが明らかな薬の場合，閾値以下の任意の2つの投薬量間での因果効果，および閾値以上の任意の2つの投薬量間での因果効果がゼロになるはずである．

［3］先行研究の知見や理論的考察から「独立変数によって影響を受けないと考えられる変数」を従属変数として共変量調整を行なった場合には，因果効果はゼロとなるはずである．"強く無視できる割り当て"条件が成立している場合は，共変量調整を行なった後では，「独立変数によって影響を受けないと考えられる変数」の周辺分布は2群間で近くなる．したがって，このような変数についての因果効果の推定値がゼロでない場合には，隠れた共変量が存在する．たとえば早期英語教育の効果を調べる研究で，(親の学歴や収入などの)共変量を調整することで得られる，「早期英語教育を受けた場合と受けない場合の理科のテスト得点での因果効果」は存在しないはずである．もし因果効果が存在するならば，何か重要な変数を共変量として投入していない可能性があるということになる．

上記の3つの「因果効果がないと予想される」解析で因果効果が存在するならば，隠れた共変量が存在するはずである．

ローゼンバウムによる上記の3つの方法は，「因果効果がないと予想される」解析をあえて行なうことで隠れた共変量が存在する可能性を調べるもの

であるが，近年では下記の3つの方法が取り上げられることが多い（たとえばLee(2005))．

多重反応(multiple response)

ローゼンバウムが紹介したもののうち[3]に対応する．

独立変数によって影響がないはずの別の変数も従属変数の一つとして測定しておき，調整をしても因果効果が無視できるものであるかどうかをチェックする．たとえば，ストレスの精神疾患への影響を考える場合は，精神疾患以外に「事故による怪我の回数」なども調査しておく．「事故による怪我の有無」は明らかにストレスによる影響はないはずであるが，それでも調整後に関連がある場合には，なんらかの"隠れた共変量"が存在していると考える（たとえば隠れた共変量として「睡眠時間」があり，ストレスがあると睡眠時間が少なく，睡眠時間が少ないと不注意による事故が増える）．

順序のある多重処置(multiple ordered treatment)

multiple dose や multiple reference group とも呼ばれる．

独立変数が2値（ゼロイチ）ではなく，順序のある変数になっている場合，たとえば小学校での英語学習を受ける時間数が週0時間（対照群），週2時間，週4時間，週6時間のようになっている場合には，結果変数である事後テストの調整後の平均も同様の順序になるはずである．順序が変わったら，何か隠れた共変量が存在すると考える．

多重対照群(multiple control group)

処置を受けなかった原因が複数ある場合に，対照群をその原因ごとに複数に分割して複数の対照群を設け，各対照群間での因果効果がゼロであることを確かめる．

たとえば喫煙の有無による肺ガン発症への効果を考えるとしたら，現時点で「喫煙しない」人たちは本当は「一度も喫煙習慣がない人」や「以前は喫煙習慣があったが，健康上の理由から止めた人」などに分けることができるはずである．失業給付についても同様に給付を受けていない群は「自分の意志で給付

に応募しなかった人」と「審査に通らなかった人」に分けることができる．共変量調整を行なった後ではこれら複数の対照群間の因果効果は存在しないはずである．逆に因果効果が存在すれば，これらの対照群の違いを生んでいる隠れた共変量が存在していることになる．

　これらのチェックから，"強く無視できる割り当て"条件が成立していないと考えられる場合，傾向スコア算出に利用していない"隠れた共変量"が割り当てに影響していると考えられるため，それを探索する努力が必要となる．このように，共変量の選択と"強く無視できる割り当て"条件のチェックは表裏一体といってもよい．

　しかし現状では，共変量調整を利用している多くの応用研究ではこれらのチェックは行なわれていない．「理論上または先行研究での知見から，調整を行なうべき変数を投入し」，「共変量によって割り当てが説明されていること」(チェック方法(1))をチェックし，「共変量そのものを調整し，処置群と対照群で差がないこと」(チェック方法(2))をチェックする程度である場合がほとんどである．実際，これまでに紹介したさまざまな解析例において，チェック方法(3)を実施しているものはほとんどない．実際，Weitzen et al.(2004)は傾向スコアを用いて解析が行なわれた47の応用研究を「共変量の選択がどのように行なわれているか」という観点からレビューしている．その結果「半数以上の研究で変数選択基準が明記されていない」こと，「大部分の研究で割り当てを説明する(ロジスティック回帰)モデルの適合度が明記されていない」(＝チェック方法(1)が実施されていない)ことがわかり，傾向スコアを使った研究の多くで"強く無視できる割り当て"条件のチェックが軽視されていることが問題であることを指摘している．

　本節では"強く無視できる割り当て"条件のチェックが難しいことや，応用研究において共変量選択が軽視される傾向があることを示した．ただしそのことをもって即「共変量調整を行なっても因果効果は推定できない」と考えるのは早計である．一般には，共変量調整を行なったほうが，単純な群間比較を行なうよりも明らかに因果効果に近い推定値を与えるからである．たとえ本来考慮するべきすべての共変量を利用できなかったとしても，現時点で利用可能で

あり，かつ理論的に考慮に値する共変量を用いて調整を行なうことで，実証可能な形で研究が進展し得る．たんに「調査観察研究での因果推論が難しい」と考えるよりも，「先行研究では…という共変量を考慮にいれて共変量調整を行なった．結果…であった．今回はさらに…を共変量として考慮して解析を実施した．」といった形で，先行研究で考慮されていなかった共変量を利用して解析を行なっていくことこそが，人文社会科学や疫学などの分野で因果関係を徐々に明確化していくことに繋がると期待される．

例 4.2 (喫煙の胎児への影響 (1.3 節の解析例))．

この研究での共変量選択と "強く無視できる割り当て" 条件のチェックは以下の手順で実施された．

1：従属変数と関連がある変数を選択する　回帰分析を用いて NLSY データセットから共変量の候補として利用できる変数 ("親の妊娠中の喫煙の有無" に先行する変数) 31 で，2002 年での子供の数学得点と読解得点を説明した．その際の重相関係数の大きさを指標として変数を 15 に絞った．

2：割り当てと関連がある変数を選択する　ロジスティック回帰分析で "親の妊娠中の喫煙の有無" を上記の 15 変数を 1 つずつ説明変数として投入した．その際の疑似決定係数の大きさを指標として変数を 10 に絞り，これを共変量とした．

3：共変量による割り当ての説明力のチェック　ロジスティック回帰分析で "親の妊娠中の喫煙の有無" を共変量 10 変数を同時に説明変数として投入し，適合度を計算した．正判別率は 73.92%，Cox & Snell の疑似決定係数は 0.415 であり，一定の適合度があることを確認した．

4：共変量そのものを調整する　共変量 10 変数を利用して算出した傾向スコアによる IPW 推定量を用いて「共変量 10 変数において処置群と対照群で差があるかどうか」の検定を行なった (付録 B に示したように R のパッケージ matching を用いて検定を行なうことができる)．結果として差がないことを確認した．

4.4　割り当てが結果変数に依存する場合

これまでは "強く無視できる割り当て" 条件が成立している場合，つまり「割り当てが共変量にのみ依存する」場合を考えてきた．しかし実際には，式 (2.16) の "強く無視できる割り当て" 条件が成立しておらず，「割り当てが潜在

的な結果変数そのものに依存する」場合もありえる．潜在的な結果変数のどちらかは欠測値になるため，割り当てが結果変数そのものに依存する場合には潜在的な結果変数は"ランダムでない欠測"になる．第2章の欠測の議論からは，このような場合には観測データの尤度だけでなく，欠測インディケータ（＝割り当て変数 z）も含めた完全尤度（式(2.2)）を考える必要がある（ただし式(2.2)での m を z とする）．そこで潜在的な結果変数 y_1, y_0 と z の同時分布を選択モデルの考え方を利用して表現すると

$$p(y_1, y_0, z|\boldsymbol{x}) = p(y_1, y_0|\boldsymbol{x}, \boldsymbol{\vartheta}, \boldsymbol{\psi})p(z|y_1, y_0, \boldsymbol{x}, \boldsymbol{\phi})$$

となる（ただし $\boldsymbol{\vartheta}, \boldsymbol{\phi}$ と $\boldsymbol{\psi}$ は母数）．この場合の完全尤度 $p(\boldsymbol{y}_{\mathrm{obs}}, z|\boldsymbol{x}, \boldsymbol{\vartheta}, \boldsymbol{\psi}, \boldsymbol{\phi})$ は

$$\prod_{i:z_i=1} p(y_{i1}|\boldsymbol{\vartheta}_1, \boldsymbol{x}_i) \int p(y_{i0}|y_{i1}, \boldsymbol{x}_i, \boldsymbol{\vartheta}_1, \boldsymbol{\vartheta}_0, \boldsymbol{\psi})p(z_i=1|y_{i1}, y_{i0}, \boldsymbol{x}_i, \boldsymbol{\phi})dy_{i0}$$
$$\times \prod_{i:z_i=0} p(y_{i0}|\boldsymbol{\vartheta}_0, \boldsymbol{x}_i) \int p(y_{i1}|y_{i0}, \boldsymbol{x}_i, \boldsymbol{\vartheta}_1, \boldsymbol{\vartheta}_0, \boldsymbol{\psi})p(z_i=0|y_{i1}, y_{i0}, \boldsymbol{x}_i, \boldsymbol{\phi})dy_{i1}$$
(4.3)

と表現することができる（ただし $\boldsymbol{\vartheta}=(\boldsymbol{\vartheta}_1^t, \boldsymbol{\vartheta}_2^t)^t$）．しかし 2.6 節で述べたように，上記のモデルは一般的に識別性がないという問題点がある．たとえば，y_1 と y_0 が同時に観測できる対象者はいないため，このモデルでは少なくとも y_1 と y_0 の相関構造に関する母数 $\boldsymbol{\psi}$ の推定はできない．上記の完全尤度を用いるのは最尤推定を行なう場合であるが，セミパラメトリックなモデリングを行なうとしても，識別性の問題は回避できない．したがって，推定を行なうためには何らかの形でモデルに制約を設けることになる．たとえばよく利用される方法として以下の3つがある．

(1) 加法的処置効果モデル（**additive treatment effect model**）を利用する（Rosenbaum, 2002）．

これは，処置群に割り当てられたときの結果 y_1 は対照群に割り当てられたときの結果 y_0 に定数を加えたもの

$$y_1 = y_0 + \tau$$

であると考えるモデルである．このモデルであればそもそも相関構造の母数は存在せず，識別性が確保される．また，

$$p(z=1|y_1, y_0, \boldsymbol{x}) = p(z=1|y_1, y_1-\tau, \boldsymbol{x})$$
$$p(z=0|y_1, y_0, \boldsymbol{x}) = p(z=0|y_0+\tau, y_0, \boldsymbol{x})$$

より，割り当てが欠測値には依存しない．結果として"強く無視できる割り当て"条件を仮定したさまざまな手法を利用することができる．

(2) 潜在因子を用いた潜在変数モデルによる構造化を行なう．

y_1, y_0, z の背後に共通因子を仮定する(Hoshino, 2005；Miyazaki et al., 2009)．具体的には，割り当て変数 z がプロビットモデルに従うと考え，$u>0$ なら $z=1$，$u \leq 0$ なら $z=0$ とする．このとき

$$y_1 = \lambda_1 f + e_1, \quad y_0 = \lambda_0 f + e_0, \quad u = \lambda_u f + e_u$$

とすると，λ_1 などの母数の推定を通常の最尤法で実行することができる(関連した話題として 7.3 節を参照)．これは 2.3 節で紹介した"共有パラメータモデル"として考えることもできる．

(3) 相関がゼロと仮定する，あるいは相関構造の推定を必要としない推定法を利用する．

第 5 章で紹介するヘックマンのプロビット選択モデルによる因果効果推定のモデルは"強く無視できる割り当て"または"ランダムな欠測"を仮定しないモデルである．

4.5 ランダムでない欠測モデルとランダムな欠測モデルの関係

ランダムでない欠測を仮定した場合のモデルを利用した場合の"観測データ

の尤度"はパターン混合モデルの式(2.5)を用いて

$$L = \prod_{i=1}^{N} \int p(\boldsymbol{y}_{\mathrm{obs}_i}|m_i)p(m_i)p(\boldsymbol{y}_{\mathrm{mis}_i}|\boldsymbol{y}_{\mathrm{obs}_i},m_i)d\boldsymbol{y}_{\mathrm{mis}_i}$$

と表現できる.ここで,右辺の式において欠測データが関係するのは $p(\boldsymbol{y}_{\mathrm{mis}_i}|\boldsymbol{y}_{\mathrm{obs}_i},m_i)$ だけであり,これは密度関数であるので積分すると1になる.したがって上記のモデルの観測データの尤度は

$$L = \prod_{i=1}^{N} \int p(\boldsymbol{y}_{\mathrm{obs}_i}|m_i)p(m_i)p(\boldsymbol{y}_{\mathrm{mis}_i}|\boldsymbol{y}_{\mathrm{obs}_i})d\boldsymbol{y}_{\mathrm{mis}_i} = \prod_{i=1}^{N} p(\boldsymbol{y}_{\mathrm{obs}_i}|m_i)p(m_i)$$

と表現してもよい.つまり「パターン混合モデルでのランダムな欠測モデルの仮定」の条件式(2.6)

$$p(\boldsymbol{y}_{\mathrm{mis}}|\boldsymbol{y}_{\mathrm{obs}},m) = p(\boldsymbol{y}_{\mathrm{mis}}|\boldsymbol{y}_{\mathrm{obs}})$$

を明示的に仮定しようがしまいが,観測データの尤度は $\prod_{i=1}^{N} p(\boldsymbol{y}_{\mathrm{obs}_i}|m_i)p(m_i)$ で表現されるため,ランダムでない欠測モデルと等しい尤度の値を持つランダムな欠測モデルが存在するということになる.

もちろん「ランダムでない欠測を仮定したモデル」と「ランダムな欠測を仮定したモデル」では欠測値の予測値は異なる.しかしデータへの適合の度合いという点に関しては「ランダムでない欠測モデル」と「ランダムな欠測モデル」の優劣を議論するということは難しいということである.

上記の欠測データ一般についての議論をルービンの因果モデルに適用すれば,「潜在的な結果変数に依存するモデル」と適合度が等しいような「強く無視できる割り当てを仮定したモデル」を構成することができ,「潜在的な結果変数に依存するモデル」を強いて利用する必要はない[*6]ということになる.

4.6 感度分析

4.1節で述べたように,"隠れた共変量"が存在する場合にそれを無視して解析を行なえば,因果効果の推定にバイアスが生じる.そこで,"隠れた共変

[*6] 厳密には"観測された結果変数"の情報を利用するなどの工夫を行なえば,それが可能になる.

量" が因果効果の推定値に与える影響を測る方法が必要となる．

ここでは，"隠れた共変量" を明示的にモデリングし，その影響力を変化させた場合に得られる因果効果の推定値がどの範囲で変動するかを調べることを**感度分析**(**sensitivity analysis**)と呼ぶ．

ローゼンバウムは，結果変数が2値の場合に利用できる簡単な方法を提案している．これは，傾向スコアを算出するロジスティック回帰モデルで

$$logit(p(z_i=1|\boldsymbol{x}_i)) = \log\Big(\frac{p(z_i=1|\boldsymbol{x}_i)}{1-p(z_i=1|\boldsymbol{x}_i)}\Big) = g(\boldsymbol{x}_i)+\gamma u_i \quad (4.4)$$

のように，処置群に割り当てられる確率のロジットが共変量の関数 $g(\boldsymbol{x})$ だけでなく，隠れた共変量 u_i ($0 \leq u_i \leq 1$) にも依存すると考え，その係数 γ を変化させることで，隠れた共変量の影響がどれくらい生じるかを調べる方法である．ここで $\Gamma=\exp\gamma$ とすると，式(4.4)から，まったく同じ共変量の値を持つ2つの対象者 i と i' についてのオッズ比が

$$\frac{1}{\Gamma} \leq \frac{p(z_i=1|\boldsymbol{x}_i)(1-p(z_{i'}=1|\boldsymbol{x}_{i'}))}{p(z_{i'}=1|\boldsymbol{x}_{i'})(1-p(z_i=1|\boldsymbol{x}_i))} \leq \Gamma$$

となる．この性質を利用して，ローゼンバウムは McNemar 検定や Wilcoxon の符号順位検定，Mantel-Haenszel 検定などのノンパラメトリックな検定に対する感度分析を提案している(Rosenbaum(2002)の第4章を参照)．

ここではその中で，傾向スコアによってマッチングしたペアに対する McNemar 検定[*7]での感度分析について紹介する．McNemar 検定ではマッチングされたペアにおいて結果変数の値が一致しない(ここでは2値なので $(1,0)$ か $(0,1)$ となる)確率が，ペアが等質であるという仮定の下では $1/2$ となると仮定する．このとき，マッチングされたペアの内，結果変数の値が一致しないペアの度数を N，$(1,0),(0,1)$ の内で多いほうの度数を a とすると，p 値は

$$\sum_{x=a}^{N} {}_N C_x (1/2)^N$$

と計算できる．一方，隠れた共変量によってペアにおいて結果変数の値が一致

[*7] ここではローゼンバウムにしたがって McNemar 検定としたが，本来は二項検定と呼ぶべきである．

しない確率の最大値は $\Gamma/(1+\Gamma)$，最小値 $1/(1+\Gamma)$ となる[*8]．ローゼンバウムの感度分析はこのことを利用して

$$\sum_{x=a}^{N} {}_N C_x (\Gamma/(1+\Gamma))^x (1/(1+\Gamma))^{N-x} \tag{4.5}$$

および

$$\sum_{x=a}^{N} {}_N C_x (1/(1+\Gamma))^x (\Gamma/(1+\Gamma))^{N-x} \tag{4.6}$$

を p 値の上限と下限として考えようというものであり，ここで Γ の値を大きくしていくことで，隠れた共変量の影響が大きい場合でも因果効果の検定結果がどれくらいロバストであるかを調べようというものである．

例 4.3(Hammond による喫煙と肺ガンの関係)．

Hammond(1964)は大規模調査において喫煙者と非喫煙者をさまざまな共変量を用いてマッチングした(36975 ペアができた)．そのうちペアの中の 1 人だけ肺ガンで死んだペアの数は $N=122$，「喫煙者のほうが肺ガンで死んだペア」の数は $a=110$，「非喫煙者のほうが肺ガンで死んだペア」の数は $N-a=12$ であった．この場合に式(4.5)を用いた p 値の上限は $\Gamma=3$ のときでやっと 0.00013，$\Gamma=5$ の場合でも 0.05327 とやっと有意でなくなることから，隠れた共変量がたとえ存在していたとしても喫煙と肺ガンには関連があることが強くいえる．

ところで，式(4.4)だけでは「隠れた共変量が結果変数に与える影響」を考慮していないため，隠れた共変量が因果効果の推定におよぼす効果を過小評価する可能性がある．そこで「割り当てを説明するモデル」と「結果変数を説明するモデル」両方において隠れた共変量を説明変数とするモデルを利用した手法も提案されている．たとえば Imbens(2003)は，隠れた共変量 $u(=1,0)$ は 2 値変数とし，式(4.4)と同様に，割り当てが観測された共変量 $\boldsymbol{x}$ と隠れた共変量 u を説明変数とするロジスティック回帰モデル

$$Pr(z_i = 1|\boldsymbol{x}_i, u_i) = \frac{1}{1+\exp\{-\{\boldsymbol{\alpha}^t \boldsymbol{x}_i + \gamma u_i\}\}} \tag{4.7}$$

に従うと考える．さらに結果変数は割り当てと観測された共変量だけでなく隠

[*8] 説明変数が隠れた共変量だけのロジスティック回帰モデルを考えるとよい．

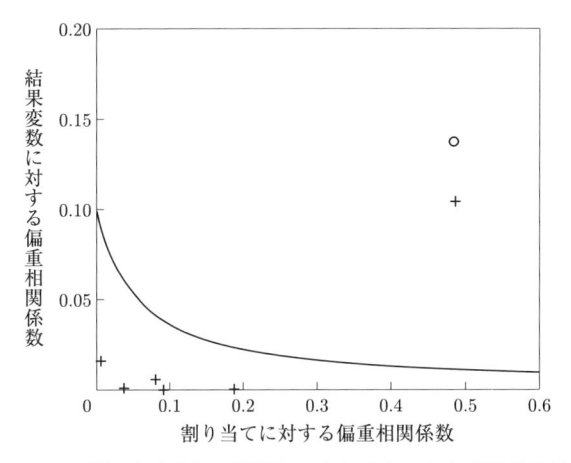

図 4.4 隠れた共変量の説明力がどれくらいならば因果効果の推定値は 1000 ドル変化するか？(Imbens(2003) の Figure 2 を転載)

れた共変量によって説明される[*9]

$$y_i = \tau_z z_i + \boldsymbol{\beta}^t \boldsymbol{x}_i + \delta u_i + \varepsilon_i$$

と考える．ただし ε は正規分布 $N(0, \sigma^2)$ に従うとする．ここで，γ と δ を固定すれば，他の母数は最尤法で推定できる[*10]．したがって，γ と δ をさまざまな値に変えながら推定を行なうことで，「隠れた共変量が割り当てや結果変数にどれくらい影響力があるか」と「因果効果の推定値がどの程度変化するか」を推論することができる．ただし γ と δ はそのままでは解釈しにくいため，Imbens(2003) では隠れた共変量の影響力の指標として隠れた共変量による偏重相関係数 (partial R^2) を利用している．

また，この方法を第 3 章の最後に紹介した LaLonde(1986) の職業訓練データに適用したのが図 4.4 である．実験研究によって得られた「収入への職業訓

[*9] 2.7 節と異なり，説明の簡約化のため $\boldsymbol{x}$ の第 1 要素を定数 1 とすることで $\boldsymbol{\beta}$ の第 1 要素が切片項 τ_0 になるようにしている．
[*10] δ など特定の母数を固定したときの尤度はプロファイル尤度 (profile likelihood) と呼ばれる．

練の因果効果の推定値」は1700ドル程度であるが，"隠れた共変量"が割り当て(横軸)と結果変数(縦軸)にどれくらいの影響力をおよぼすと「因果効果の推定値が1000ドル分変化するか」を示したのが実線で描かれた曲線である．また，図中に示された＋は利用した9つの共変量の偏重相関係数の値(一部重複して表示)であり，同様に○は直近の収入の偏重相関係数である．Imbens(2003)はこの解析結果から，隠れた共変量は直近の年収程ではないが，1000ドル程度の推定結果の変化なら十分与えうる，と結論付けている．

上に紹介した2つの手法はいずれも"隠れた共変量"をモデリングすることによる感度分析法であったが，これ以外にもう2つのアプローチがある．1つは4.4節で紹介した「割り当てが結果変数に依存する場合」のモデルを利用するものである．パラメトリックなモデルを利用する場合には，完全尤度(式(4.3))においてψなどの識別されない母数を特定の値に固定して因果効果の推定を行なう．そして識別されない母数をいろいろ変化させることで，因果効果の推定値がどの程度変動するかを調べる，という方法である．

もう1つのアプローチは，仮定したモデル(結果変数と割り当ての同時分布)が真のモデルから"ある程度"逸脱している場合にどのような結果が得られるかを調べるものである．具体的には，"強く無視できる割り当て"条件に従うパラメトリックなモデル$p(y_1, y_0, z|\boldsymbol{x}) = p(y_1, y_0)p(z|\boldsymbol{x})$が正しいのではなく，それに"ある程度近い"モデル$g(y_1, y_0, z|\boldsymbol{x})$が正しいとする．ここで"ある程度近い"ことの定義はいろいろと考えることができるが，Copas and Eguchi(2001)ではカルバックライブラー情報量(距離)が一定以下である場合を考えた．Copasらのアプローチはパラメトリックなモデルを仮定した場合の議論であり，「結果変数と共変量の回帰関数」についてなるべく仮定を設けずに解析したい，あるいは「関連する共変量の情報を積極的に入手する」といった本書で取り上げている方向性とはやや乖離しているが，今後はセミパラメトリックなモデルでも同様な研究が進展するものと期待される．

4.7 因果関係と統計的因果推論

第2章から本章まで，調査観察データから"因果効果"の推定を行なう方法

や具体例を示した．しかし，本当に調査観察データから因果推論を行なってよいのであろうか？　または，独立変数について研究者が操作を行なった実験研究を用いてしか因果推論を行なうことはできない，と考えるべきであろうか？「相関関係は必ずしも因果関係を意味しない」といった注意は統計学の基礎レベルの講義において必ずといっていいほど与えられる．では，調査観察データから因果関係を推論するためには，どのような条件が必要であろうか？

ヒュームの因果の定義と実験研究

因果関係の定義としてもっとも広く知られているのは，次のデイヴィッド・ヒュームの3つの条件

[1] 原因と結果が空間的・時間的に近接していること(spatial/temporal contingency)

[2] 原因が結果よりも時間的に先行しており，継続して結果が起こること (temporal succession)

[3] 同じ原因から必ず同じ結果が生じること(恒常的連接：constant conjunction)

である．この中には，原因と結果それぞれの生起に関わる"第三の要因"(これまでの議論で述べるところの共変量)の議論がない．しかし，条件[3]を「第三の要因が同じである場合に」という条件付きの命題として捉えることで，この"第三の要因"の議論も包摂されると考えることができるであろう．

一方，因果関係を立証する方法論として，自然科学，特に化学・工学・生物学などの実験が可能な学問分野では「独立変数の操作性」，つまり独立変数を操作することで従属変数が変化することを確認するということ(＝実験研究)，および独立変数と従属変数の「時間的順序性」の2点が因果関係を同定するための要件としてよく利用されており，これらを満たす研究によって得られた関係こそ因果関係であるという考え方が一般的である．ヒュームの条件のうちで，ややその定義が曖昧な時間的・空間的近接性は除外すると，「時間的順序性」は条件[2]に対応し，また「独立変数の操作性」によってのみ恒常的連接を理解することができる，という暗黙の了解を考えれば条件[3]に対応していると考えることができる．

しかし，このような「操作性のある研究のみが因果推論を可能にする」という素朴な考え方はさまざまな観点から批判することができる．具体的に次の3つの議論を簡単に紹介しよう．

(1) 社会科学など多くの学問分野では現実には"独立変数の操作性"という条件を満たすことは不可能である．さらに，実験研究よりも調査観察研究のほうが研究結果の（生態学的な）妥当性が高くなる可能性があることもすでに第1章で述べた通りである．

(2) "独立変数の操作性"にこだわれば，たとえば物理学で確立されている多くの関係ですら因果関係といえなくなる．たとえばBollen(1989)は「月の位置によって潮の満ち引きが起こることは実験的な操作によって立証された因果関係ではない」ことを例に挙げている[*11]．もし「独立変数の操作性」が因果関係の立証に必要ならば，物理学などですでに確立されている多くの"因果関係"が相関関係でしかないことになってしまう．日常生活レベルで起こるさまざまな現象を物理学が明らかにしたさまざまな関係から説明し予測する，さらには介入することが可能である以上，操作性にこだわるのは奇妙なことである．

(3) たとえ実験研究を実際に行なったとして，そこで得られた因果関係は厳密には実験対象にのみ限定されるべきものであり，それ以外の同様の対象にも適用ができる（いわゆる**自然の斉一性原理（principle of the uniformity of nature）**の仮定，または統計学的には**交換可能性（exchangeability）**と呼び直してもよい）として一般的な因果関係を示すのは帰納法の考え方によるものである．帰納法は科学の基礎的な方法論であるが，先ほどの因果関係の定義を行なったヒューム自身は，帰納法にもとづく"恒常的連接"は証明できないとしている．つまり，観察された関係のすべては「Aが起きたらBが起きるという関係がとりあえずは今まで反例なく成立していただけで，次は必ずそうなるとは限らない」のである．帰納法によって個別の事例で因果関係が成立したからといって，一般

[*11] Bollenはさらに，社会科学で重要な意味を持つジェンダーや人種などを独立変数とする因果関係の議論が行なえないことを問題として取り上げている．

的に因果関係が成立すると考えるのは,「同じパターンが続いたら,次も同じである」とする人間の心理的な習慣にすぎない可能性がある.

上記の議論のうち,特に批判(3)のいわゆる"ヒュームの懐疑論"に対して反論することは難しい.突き詰めて考えるならば,ヒュームの言うようにどのような研究であっても因果関係を立証することはできないということになる.

上記の議論を考えると,「因果関係と相関関係は違う」または「因果関係を立証できるのは実験研究である」といった素朴なレベルで考えるのは誤りである.因果関係を指し示す程度がやや高い研究と,やや低い研究があること,そしてその間には一定の線引きを行なうことができるのではなく,その差は程度の問題であり,さまざまな観点から得られた証拠全体から総合的に判断していくべきである,と考えるのが一番自然な態度である[*12].また,ヒュームの帰納法に対する批判を統計学の言葉で言い直せば,「得られたデータから母集団一般について議論ができるのか」という一般化可能性の議論と理解することができる.つまりヒュームの懐疑論に対して,完全な反論ではないにせよ,実証研究が提示できる対応策は「因果関係の検証を行なう際には研究対象が本来の母集団からの代表性が確保されるように十分留意する」ことであろう[*13].

ヒルのガイドライン

因果関係を完璧に(全称命題として)検証することは不可能であるため,得られた研究から変数間の関係がどれだけ因果的であるか?という問題は"程度の問題"でしかないと主張した.では,当該研究がどのような要件を持っていれば,より因果関係に近い関係を示したといえるのであろうか?

この問題を考える際には,疫学分野での因果推論の指標となっているヒルの

[*12] ヒュームの懐疑論そのものに対していかに回答するかは科学哲学全体の課題であるが,近年の発展についてはたとえば,伊勢田(2003);戸田山(2005)を参照されたい.因果関係の背後に存在する因果メカニズムをどのように仮定すべきかに関する議論も存在するが,ここでは割愛する.

[*13] 近年では恒常的連接の考え方(または全称命題:喫煙者はすべて肺ガンになる)を確率的な定義に置き換える試みなども行なわれている(たとえば Suppes(1970)).しかし,たとえ全称命題を確率的な命題(喫煙者の3割は肺ガンになる)に置き換えたところで,「次のデータがこれまでと同じ確率分布にしたがっているかどうか」という点にまで疑問を持つことが可能であることを考えれば,これもヒュームの懐疑論に対する完全な回答にはなっていないといえよう.

因果関係判定のガイドライン(Hill, 1965)を利用することが有用であると考える．ヒルは事象Aが事象Bの原因である，または変数Aの値の高低が変数Bに因果的な影響を与えていると結論付けるために，以下の9つの基準

[1] 相関関係の強さ　AとBの生起の間に強い相関関係がある．

[2] 相関関係の一致性　相関関係の大きさはさまざまな状況で，対象や実証に利用する手法が違っても一致している．

[3] 相関関係の特異性　Bと，「A以外に原因として想定される変数」の相関は高くない．またAと「B以外の結果変数」の相関も高くない．

[4] 時間的な先行性　AはBに時間的に先行する．

[5] 量・反応関係の成立　原因となる変数Aの値が大きくなると，単調に結果となる変数Bの値も大きくなる．

[6] 妥当性　AがBの原因になっているという因果関係が生物学的に(または各分野の知見にもとづいて)もっともらしい．

[7] 先行知見との整合性　これまでの先行研究や知見と首尾一貫している．

[8] 実験による知見　動物実験等での実験研究による証拠がある．

[9] 他の知見との類似性　すでに確立している別の因果関係と類似した関係・構造を有している．

について適合しているかどうかをチェックすることを推奨している．これらの基準についてなるべく多くのものが，そしてより強く満たされるほど，「得られた相関関係が因果関係である可能性が高い」と考えよう，というのである．4.3節で取り上げたチェック法は基準[3]や[5]そのものでもある．実際，疫学研究からは，調査観察研究で得られた知見であっても，ヒルのガイドラインの多くの基準を満たしており，その後動物実験での再現性の確認や化学・生物学的なメカニズムの解明にまで至った研究として，喫煙による発ガンへの因果効果や，妊娠中の麻疹と子供の出生後の視覚異常など多くの例が存在する．疫学研究の困難さ(実験が難しい，対象がヒトであり個人差が大きい，さまざまな共変量を考慮する必要がある)と社会科学研究の困難さはきわめて類似していることを考えると，ヒルのガイドラインは疫学だけではなく社会科学における因果関係を立証するための指標としても非常に有用であると考えられる．

因果推論における母集団への代表性という観点

本書では先ほどの"ヒュームの懐疑論"での議論をふまえて，母集団に対する代表性についても強調したい．

たとえ無作為割り当てをともなう実験研究が行なわれていても，検討している因果関係が適用される範囲(母集団)を考えると明らかに代表性がない対象に対して行なっている研究であれば，その結論はほとんど無意味である．

工学分野では対象はモノであり，斉一性原理の仮定を置くことは問題ないとしても，たとえば心理学や教育学，さらには行動経済学など社会科学で行なわれている実験研究において，果たして対象は均質であるという斉一性原理の仮定を置くことは可能であろうか？　このことを考えるために，ヒトを対象としている学問分野の中で，もっとも高度な測定機器と洗練された実験手法を用いている脳科学を例にとって考えよう．近年，f-MRI などの非侵襲脳機能計測機器の進歩により，脳科学研究は非常に盛んになっている．そこで取り上げられる手法は，ごく少数の被験者に対して反復してさまざまな実験条件を与え，条件ごとの反応の平均値差をもって「どの脳部位がどのような認知機能を担っているか」を調べるものである．このような研究ではこれまで紹介した「早期英語教育の有無」や「職業訓練の有無」などといった長期間影響を与える条件ではなく，視覚刺激提示などのごく短期的効果がある条件に関心がある．そこで，各条件に割り当てを行なうよりは，実験条件を与える順序を複数用意し，被験者をそのうちの1つの順序に無作為に割り当てを行なうことで提示順序の効果を消去し，さらに1人の被験者が複数の実験条件下で反応するような実験デザインが利用されることが多い．

脳科学は非常に高度な機器と洗練された実験手法を利用しているために，「得られた研究結果はロバストであり，因果関係を立証している」ような幻想を抱きがちだが，実際は再現性が得られない研究は非常に多い．たとえば非常に初歩的な運動であるフィンガータップ(finger tapping)においても複数のf-MRIによる研究で得られた結果は一貫しておらず，近年ではメタ分析による統合が試みられている(Witt et al., 2008)．脳科学において研究知見が一貫しないことがあるのは，「被験者が心理系の大学生などごく限られた対象であ

る」場合が多く，また「サンプルサイズもきわめて少ない」ことも大きな理由の一つと考えられる．それにも関わらず，斉一性原理の仮定が成立しているという思い込みのために，大部分の研究者は問題はないと考えている．

たしかに知覚レベルの脳機能は病気や障害がない限り，ほぼすべての人において同じメカニズムが成立するとしてよいが，認知などの高次の機能になると，これまでの発達において得てきた認知方略や学習，環境の影響から，人によって異なった脳内での処理メカニズムが成立している可能性が高い．このような場合，少数の被験者によって得られた結果はあくまで「その被験者集団でのみ成立する知見」であり，場合によっては母集団全体とはまったく異なった方向性の知見を導くことは十分起こり得る．

このように，脳科学研究ですら標本の代表性が研究結果に影響を与える可能性があることを考えると，それ以上に個人差の影響を受ける心理学や教育学，実験経済学では，同じ研究計画で実施された同一目的の複数の研究間で結果が一貫しない研究が混在することはまったく不思議ではない．たとえ独立変数の操作をともなった実験研究であっても，本来実証したいレベルの因果関係にふさわしい十分な代表性を備えた研究対象に対して研究を行なわなければ，斉一性原理を無批判に利用しているという点で十分ではないといえるだろう．一方，たとえ調査観察研究であっても，そこで

　［1］なるべく多くの共変量について，それらを同時に調査時に測定し，中間変数でないことを吟味したうえで調整を行なう
　［2］解析の際にはなるべく仮定の少ない方法を利用する（さらには感度分析などの方法論も積極的に利用する）
　［3］母集団に対する代表性を担保する

といった努力を行なった結果，それでも因果効果が大きいとされた場合には，十分因果関係に近い関係を導いたと考えるべきである．最近の社会科学や疫学ではこのような発想の下に，意欲的な大規模調査研究が展開されつつある．

「母集団への代表性」の議論については，「偏りのある標本で得られた結果の共変量調整」という観点とも密接に関連があるが，これについては第5章および第6章で詳しく説明したい．

5

選択バイアスとその除去

本章では因果効果推定のための欠測データの枠組みを利用することで，標本の代表性がないことによって生じる選択バイアスの問題を扱えることを示す．また，バイアスの解決方法として従来利用されてきたヘックマンのプロビット選択モデル，および二段階推定法を説明する．さらに近年議論されているこれらの方法論の問題点について指摘し，セミパラメトリックな選択バイアスの除去法，具体的には部分線形モデルと経験尤度法について紹介する．さらに，人工知能・機械学習など情報工学の分野で近年研究されている "共変量シフト (covariate shift)" の考え方について簡単に紹介し，これらの概念がこの選択バイアスの下位概念として定義することができることを示す．最後に，パネル調査における対象者の脱落によって生じる選択バイアスについて議論する．

定年延長に関する議論に供する実証データから高齢での労働と給与・生産性，その後の余命についての関係を見たいとする．しかし一般には「長く働いている人」ほど健康であり，かつ60歳以前ですでに同世代の中で比較的高い地位にいた人たちであることが多い．また定年がすでに延長されている職種とそうでない職種の比較を行なうとしても，この2群の労働者はもともと質的に異なると考えられる．したがって単純な比較からは「長く働いている人が高い給与を得ることができ，余命も長い」という結果が得られるのは当然であり，「もし定年を延長した場合にどれくらい年金支出が抑制できるか」「高齢まで働けば健康に影響があるのではないか」という，より意味のある問いに答えることは難しい．このように「本来対象とする集団」から一部の被験者が選択されている（あるいは脱落している）状況で，単純な解析を行なうことで生じる結果の歪みを選択バイアス（selection bias または selectivity bias）[*1]と呼ぶ．本章では欠測データの枠組みから選択バイアスとその解決法について解説する．

また，選択バイアスの考え方はパネル調査における脱落にも適用できることを示す．

5.1 選択バイアスとは？

選択バイアスの考え方が初めて本格的に議論されたのは労働経済学である．女性における賃金と他の変数との関係を議論する際に，「賃金は家事労働に従事する主婦ではゼロと報告される」が，「既婚女性は就業することで得られる賃金と，就業しないことによる対価（経済学でいうところの機会費用も含む）を比較して仕事をするかどうかを決定している」はずである（Gronau, 1973）．「主婦の賃金が観測されないことによって生じる解析上のバイアスが生じるので補正したい」という研究関心が選択バイアスの概念を生んだのである．

本節ではまずもっとも単純な選択バイアスについてのモデルの説明を行なう．2つの変数 y_1 と y_2 があり，それらが2変量正規分布

[*1] incidental truncation と呼ばれることもある．

$$\begin{pmatrix} y_1 \\ y_2 \end{pmatrix} \sim N\left(\begin{pmatrix} \mu_1 \\ \mu_2 \end{pmatrix}, \begin{pmatrix} \sigma_1^2 & \rho\sigma_1\sigma_2 \\ \rho\sigma_1\sigma_2 & \sigma_2^2 \end{pmatrix} \right)$$

に従うとする．ここで ρ は y_1 と y_2 の相関係数である．ここで，y_2 がある閾値 c を超えた場合にのみ y_1 が観測されるとする．たとえば y_2 がある個人の仕事における能力，y_1 を賃金とするとき，一定の能力以下であれば失業してしまう場合での，観測される賃金の分布などがこれにあたる．

このとき，観測された y_1 が従う分布は

$$p(y_1|y_2 > c) = \int_c^\infty \frac{p(y_1, y_2)}{p(y_2 > c)} dy_2 \tag{5.1}$$

であり，多変量正規分布の性質(詳しくは Johnson and Kotz (1972) 参照)を利用すると，その期待値と分散は

$$\begin{aligned} E(y_1|y_2 > c) &= \mu_1 + \rho\sigma_1 g(\alpha) \\ V(y_1|y_2 > c) &= \sigma_1^2(1 - \rho^2 h(\alpha)) \end{aligned} \tag{5.2}$$

となる．ただし $\phi(\cdot)$ と $\Phi(\cdot)$ をそれぞれ標準正規分布の確率密度関数と累積分布関数とすると，$\alpha = (c - \mu_2)/\sigma_2$, $g(\alpha) = \phi(\alpha)/(1 - \Phi(\alpha))$, $h(\alpha) = g(\alpha)(g(\alpha) - \alpha)$ である．

ここで σ_1 も $g(\alpha)$ も正であるため，y_1 と y_2 の相関が正の場合には，$E(y_1)$ より $E(y_1|y_2>c)$ のほうが大きくなる．また $h(\alpha)$ は 0 から 1 の間の値をとるため，分散については，$V(y_1)$ より $V(y_1|y_2>c)$ のほうが必ず小さくなる．

図 5.1 は，単純化のために分散を $\sigma_1^2 = \sigma_2^2 = 1$，平均を $\mu_1 = \mu_2 = 0$ として，横軸を閾値 c の大きさとしたときの観測データの期待値 $E(y_1|y_2>c)$ をプロットしたものである(相関 ρ が 0.2～1 の場合)．ここで真の期待値はゼロであるが，当然ながら閾値が高いほど，観測データの期待値は本来の期待値 $E(y_1)$ から逸脱する．また 2 つの変数の相関が高い程，逸脱の程度は大きくなることがわかる．

また相関 $\rho = 1$ の場合というのは，関心のある変数 y_1 そのものの値の高低によって観測されるかどうかが決定されている場合と考えることができる．

ここで y_1 の本来の周辺分布の平均や分散を求めたいとしても，上記の議論

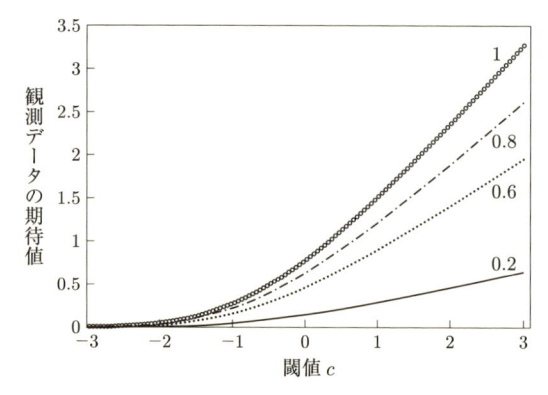

図 5.1　別の変数の値によって観測か欠測かが決まる場合の観測データの期待値

から「y_1 と関連のある変数 y_2 が特定の条件にある対象者」のデータだけ観測される場合には，得られたデータから単純に平均値や分散を計算しても，正しい値が得られないということがわかる．

上記の例のように，対象者の選択や観測されるかどうかがランダムではなく「y_1 がある閾値 c を超えた場合にのみ y_1 が観測されるとする」といった，特定の被験者の変数の値のみ観測されるメカニズムを**選択メカニズム**（selection mechanism）と呼ぶ．また，選択メカニズムを無視して単純な推定を行なうことで生じるバイアスを一般に**選択バイアス**と呼ぶ．

5.2　ヘックマンのプロビット選択モデル

選択バイアスを補正するためのプロビット選択モデル

次に，上記のモデルを拡張して，2つの変数が回帰モデルにしたがっている，というモデルを紹介する．これはヘックマンらの応用研究で有名になったモデルであり，もともとは 5.1 節のはじめに示したように「（就業していないと観測されない）賃金が何によって規定されているのかを，就業有無を説明する要因を考慮に入れて考えたい」といった労働経済学での問題関心を反映しているが，現在では経済学全般や他分野でもよく利用されるようになっている．

5.2 ヘックマンのプロビット選択モデル ◆ 147

　ヘックマンのモデルの元となった Gronau (1973) の女性の就業と賃金に関するモデルでは，前節の y_1 を女性の賃金，y_2 を「賃金と就業による機会費用の差」として，2つの回帰モデルを考えることになる．つまり

賃金の回帰モデル　賃金はその女性の学歴や卒業後の年数，職種，雇用形態などに依存する．

就業のプロビット回帰モデル　就業するかどうかは，就業することで得られる賃金が，就業することで必要となる費用（特に子供の保育費用や家事労働の依頼費用など）より大きいかどうかに依存し，その差を表わす効用値 y_2 がゼロより大きいなら就業，以下なら就業しないとする．また就業することで必要となる費用は結婚の有無，子供の数や子供の年齢，夫の就業形態などに依存する．

　具体的なモデリングは以下の通りである．y_{i1} を調査対象者 i における y_1 の値，x_1 を y_1 を説明する独立変数ベクトルの値とする．ここでの関心の対象は，独立変数と結果変数の線形回帰モデル

$$y_{i1} = \boldsymbol{x}_{i1}^t \boldsymbol{\beta}_1 + \epsilon_{i1} \tag{5.3}$$

にあるとする．特にここでは偏回帰係数ベクトル $\boldsymbol{\beta}_1$ に関心があるとする．ただし，結果変数がすべての調査対象者について観測されるわけではなく，ある特定の調査対象者でのみ観測されると考える．結果変数が観測されるかどうかは，ある共変量 x_2 の値に依存すると考える．ここで y_{i2} を調査対象者 i の潜在的な状態変数と考え，共変量の値 x_{i2} がこの潜在変数に影響を与える回帰モデルを考える．つまり，

$$y_{i2} = \boldsymbol{x}_{i2}^t \boldsymbol{\beta}_2 + \epsilon_{i2} \tag{5.4}$$

とし，$y_{i2} > 0$ なら y_{i1} が観測される，と考える．ここで，式 (5.4) は「各対象者の結果変数が得られるかどうか」=「選択されるかどうか」を決定する式であることから，**選択方程式**と呼ぶことがある．

　ここで ϵ_1 と ϵ_2 については，多変量正規分布を仮定する．ただし母数推定時の識別性の問題から，ϵ_2 の分散は 1 とする．つまり

$$\begin{pmatrix} \epsilon_1 \\ \epsilon_2 \end{pmatrix} \sim N\left(\begin{pmatrix} 0 \\ 0 \end{pmatrix}, \begin{pmatrix} \sigma_1^2 & \rho\sigma_1 \\ \rho\sigma_1 & 1 \end{pmatrix} \right) \tag{5.5}$$

と考える[*2]. このモデルは Heckit モデルや Type II Tobit モデルと呼ばれ (Amemiya, 1985)[*3], Heckman(1974, 1979)[*4]によって労働経済学データでの応用や推定手法が整備されたためヘックマンのプロビット選択モデル (**Heckman's probit selection model**) とも呼ばれる.

ここで多変量正規分布の条件付き分布の性質, つまり

$$\begin{pmatrix} \bm{a}_1 \\ \bm{a}_2 \end{pmatrix} \sim N\left(\begin{pmatrix} \bm{\mu}_1 \\ \bm{\mu}_2 \end{pmatrix}, \begin{pmatrix} \bm{\Sigma}_{11} & \bm{\Sigma}_{12} \\ \bm{\Sigma}_{12}^t & \bm{\Sigma}_{22} \end{pmatrix} \right)$$

のとき

$$\bm{a}_1|\bm{a}_2 = \bm{b} \sim N\left(\bm{\mu}_1 + \bm{\Sigma}_{12}\bm{\Sigma}_{22}^{-1}(\bm{b}-\bm{\mu}_2), \bm{\Sigma}_{11} - \bm{\Sigma}_{12}\bm{\Sigma}_{22}^{-1}\bm{\Sigma}_{12}^t \right)$$

を利用することで, 尤度関数 L は

$$\begin{aligned} L &= \prod_{i:y_{i2}\leq 0} Pr(y_{i2} \leq 0) \times \prod_{i:y_{i2}>0}\left[Pr(y_{i1}|y_{i2}>0)Pr(y_{i2}>0) \right] \\ &= \prod_{i:y_{i2}\leq 0} Pr(y_{i2} \leq 0) \times \prod_{i:y_{i2}>0}\left[Pr(y_{i2}>0|y_{i1})Pr(y_{i1}) \right] \\ &= \prod_{i:y_{i2}\leq 0}[1-\Phi(\bm{x}_{i2}^t\bm{\beta}_2)] \times \prod_{i:y_{i2}>0}\left[\Phi\left(\frac{1}{\sqrt{1-\rho^2}}\left\{ \bm{x}_{i2}^t\bm{\beta}_2 + \frac{\rho}{\sigma_1}(y_{i1}-\bm{x}_{i1}^t\bm{\beta}_1) \right\} \right) \right. \\ &\qquad\qquad \left. \times \frac{1}{\sigma_1}\phi\left(\frac{y_{i1}-\bm{x}_{i1}^t\bm{\beta}_1}{\sigma_1} \right) \right] \end{aligned} \tag{5.6}$$

となる. ただし $\phi(\cdot)$ と $\Phi(\cdot)$ をそれぞれ標準正規分布の確率密度関数と累積分布関数とする.

[*2] ϵ_1, ϵ_2 が正規分布でない一般的なモデルに対しても変換を行なえば多変量正規分布を考えることは可能である(たとえば Lee(1983)).

[*3] $y_{i2}>0$ のときに y_{i2} が観測されるモデルを Tobit モデル, あるいは Type I Tobit モデルと呼び, 打ち切りデータの解析に利用される.

[*4] 特に Heckman(1974)のモデルは Type III Tobit モデルと呼ばれる. $y_2>0$ なら y_2 自体も観測されるモデルである.

一方,「y_2 がゼロ以下なら y_1 が観測されない」という選択メカニズムを無視して行なう推定は,下記の尤度

$$L = \prod_{i:y_{i2}\leq 0}\left[1-\Phi(\boldsymbol{x}_{i2}^t\boldsymbol{\beta}_2)\right]\times \prod_{i:y_{i2}>0}\Phi[\boldsymbol{x}_{i2}^t\boldsymbol{\beta}_2]\times \frac{1}{\sigma_1}\phi\left(\frac{y_{i1}-\boldsymbol{x}_{i1}^t\boldsymbol{\beta}_1}{\sigma_1}\right) \quad (5.7)$$

を最大化するものであり,$\rho=0$ という特殊な状況を除きバイアスがある(一致性がない).

プロビット選択モデルと"ランダムな欠測"

ヘックマンのプロビット選択モデルでの y_1 の欠測は,第2章の用語を使うと"ランダムでない欠測"といえる.なぜなら,欠測インディケータ m として y_1 が観測される場合を $m=1$,観測されない場合を $m=0$ とすると,多変量正規分布の性質から

$$\begin{aligned}p(m=0|y_1,\boldsymbol{x}_1,\boldsymbol{x}_2) &= p(y_2\leq 0|y_1,\boldsymbol{x}_1,\boldsymbol{x}_2)\\ &= 1-\Phi\left(\frac{1}{\sqrt{1-\rho^2}}\left\{\boldsymbol{x}_2^t\boldsymbol{\beta}_2+\frac{\rho}{\sigma_1}(y_1-\boldsymbol{x}_1^t\boldsymbol{\beta}_1)\right\}\right)\end{aligned} \quad (5.8)$$

となる.したがって ϵ_1 と ϵ_2 に相関がある場合($\rho\neq 0$)には,「$y_2\leq 0$ となる確率」は($m=0$ において欠測している)y_1 に依存するため,y_1 の欠測は"ランダムでない欠測"になる.

また,式(5.8)を見ると誤差相関 ρ は「y_1 自身が y_1 が観測される確率に影響を与える」度合いを示す母数となっており,選択バイアスの補正にもっとも重要な項であるということができる.

ヘックマンの二段階推定量

ヘックマンは,まず式(5.4)を単純なプロビット回帰モデルと考えて $\boldsymbol{\beta}_2$ の推定値 $\tilde{\boldsymbol{\beta}}_2$ を計算し,その推定値を用いて式(5.3)を推定するヘックマンの二段階推定法(Heckman's two stage estimation method)を提案した.これは,$y_2>0$(つまり y_1 が観測されている)という条件の下での y_1 の期待値を

$$E(y_{i1}|y_{i2}>0) = E(\boldsymbol{x}_{i1}^t\boldsymbol{\beta}_1|y_{i2}>0) + E(\epsilon_{i1}|y_{i2}>0)$$
$$= \boldsymbol{x}_{i1}^t\boldsymbol{\beta}_1 + E(\epsilon_{i1}|\epsilon_{i2}>-\boldsymbol{x}_{i2}^t\boldsymbol{\beta}_2)$$
$$= \boldsymbol{x}_{i1}^t\boldsymbol{\beta}_1 + (\rho\sigma_1)\frac{\phi(\boldsymbol{x}_{i2}^t\boldsymbol{\beta}_2)}{\Phi(\boldsymbol{x}_{i2}^t\boldsymbol{\beta}_2)} \quad (5.9)$$

と表現できることを利用する[*5]．最後の行の第2項は，選択メカニズムが作用していることにともなう期待値の修正項と考えることができ，このような「選択バイアスの修正のために付加された項」をコントロール関数(control function)と呼ぶことがある．

具体的には，

第1段階(1) まず「y_1 が観測されるかされないか」をダミー変数化し，このダミー変数を $\boldsymbol{x}_2$ で説明するプロビット回帰分析モデル(式(5.4))から $\boldsymbol{\beta}_2$ の推定値 $\tilde{\boldsymbol{\beta}}_2$ を得る．

第1段階(2) 推定値 $\tilde{\boldsymbol{\beta}}_2$ を用いて疑似的な説明変数 $\tilde{\lambda}_i = \dfrac{\phi(\boldsymbol{x}_{i2}^t\tilde{\boldsymbol{\beta}}_2)}{\Phi(\boldsymbol{x}_{i2}^t\tilde{\boldsymbol{\beta}}_2)}$ [*6]を計算する．

第2段階 y_1 が観測されている対象者について，y_{i1} を $\boldsymbol{x}_{i1}$ と $\tilde{\lambda}_i$ に回帰する最小二乗推定を行なう．具体的には下記の最小二乗基準

$$\sum_{i:y_{i2}>0}^{N}\left(y_{i1}-\boldsymbol{x}_{i1}^t\boldsymbol{\beta}_1+(\rho\sigma_1)\tilde{\lambda}_i\right)^2$$

を最小化する $\boldsymbol{\beta}_1$ と $(\rho\sigma_1)$ をそれぞれの推定量とする．

のがヘックマンの二段階推定である(重み付き最小二乗推定を行なうこともある)．

この方法は簡便であり，一致性があるが，以下の欠点がある．

[1] 漸近有効性のない推定量である．

[2] 実際には(5.2)の式を考えるとわかるように，$V(\epsilon_{i1}|y_{i2}>0)$ は不均一(i によって異なる)である．したがって，最小二乗推定の前提を満たさないため，推定値の分散の式を修正する必要がある．

[*5] ただし最後の式変形は式(5.1)と同様に考え，正規分布の確率密度関数と分布関数の性質を利用する．

[*6] 逆ミルズ比(inverse Mills' ratio)と呼ばれることがある．

[3] もし $\boldsymbol{\beta}_2$ のうち定数項に対応する部分以外がゼロならば，$\hat{\lambda}$ は被験者間で共通の定数になる．このときには第2段階の推定において定数項に対応する係数が2つ($\boldsymbol{\beta}_1$ の第1要素と $(\rho\sigma_1)$)存在することになり，推定ができなくなる．このことを考えると，$\boldsymbol{\beta}_2$ のうち定数項に対応する部分以外の値がある程度大きな値になる必要がある．

[4] 共変量に関して制約がある．具体的には Little(1985) が示したように，$\boldsymbol{x}_2$ の中に y_1 と相関のない変数が存在する必要性がある．さらにシミュレーション研究の結果からは，$\boldsymbol{x}_1$ と $\boldsymbol{x}_2$ の説明変数が重複する場合には2段階目の推定で多重共線性が生じ，標準誤差が大きくなってしまうことが示されている(Nawata, 1994)．

数値計算が容易になった現在では特に二段階推定法を利用する利点はなく，式(5.6)の L を利用した最尤推定法を利用すればよい．

ただし，ヘックマンらによる一連の研究以降，経済学を中心に社会科学全体において選択バイアスの問題意識が重要視されるようになった．事実，1980年代には実証的な経済学の研究において，"選択バイアス"に対する一種の万能薬として盛んに利用されており，このことがヘックマンのノーベル経済学賞受賞につながったとされる．

例 5.1 (Mroz による女性の労働参加と賃金のデータ)．

Mroz(1987) は米国の大規模パネル調査 Panel Study of Income Dynamics (PSID) を用いて，既婚の女性の就業に関するデータを解析した(R を用いた解析例を付録 B に示す)．女性の賃金を説明する要因として仕事の経験年数や教育年数，大都市に住んでいるかどうかを考える．

$$y_1(賃金) = \beta_{10} + \beta_{11}(経験年数) + \beta_{12}(経験年数)^2 + \beta_{13}(教育年数) + \beta_{14}(大都市) + e_1$$

ただし，「女性の賃金が観測される(= 働いている)かどうか」は年齢との関係があるはずであり，さらに教育年数が高ければ一般的には働く確率が増える．また世帯収入が高いと働かない可能性が高い．さらに子どもがいると働かない可能性が高い．そこで下記の選択方程式を考える

$$y_2(働くことへの効用) = \beta_{20} + \beta_{21}(年齢) + \beta_{22}(年齢)^2 + \beta_{23}(世帯収入)$$
$$+ \beta_{24}(子どもの有無) + \beta_{25}(大都市) + e_2$$

表 5.1 Mroz の女性の賃金のデータ解析

		単純な最小二乗推定			ヘックマンの二段階推定			最尤推定		
		推定値	標準誤差	p 値	推定値	標準誤差	p 値	推定値	標準誤差	p 値
賃金の回帰式	切片	−4.183	0.614	<0.001	−0.971	2.059	0.637	−1.963	1.198	0.101
	経験年数	0.188	0.039	<0.001	0.021	0.062	0.736	0.028	0.062	0.651
	経験年数 2 乗	−0.003	0.001	0.009	0.000	0.002	0.942	0.000	0.002	0.955
	教育年数	0.415	0.049	<0.001	0.417	0.100	<0.001	0.457	0.073	<0.001
	大都市	0.073	0.229	0.751	0.444	0.316	0.160	0.447	0.316	0.158
選択方程式	切片				−4.157	1.402	0.003	−4.120	1.401	0.003
	年齢				0.185	0.066	0.005	0.184	0.066	0.005
	年齢 2 乗				−0.002	0.001	0.002	−0.002	0.001	0.002
	世帯収入				0.000	0.000	0.277	0.000	0.000	0.198
	子供				−0.449	0.131	<0.001	−0.451	0.130	<0.001
	大都市				0.098	0.023	<0.001	0.095	0.023	<0.001
	σ				3.200	−	−	3.108	0.114	<0.001
	ρ				−0.343	−	−	−0.132	0.165	0.424

そこでヘックマンのプロビット選択モデルを当てはめて，専業主婦の賃金が観測されていないという選択バイアスを除去したうえでの「賃金と教育年数の関係」などの推定を行なった．解析結果を表 5.1 に示した．単純な最小二乗推定による回帰では，経験年数と教育年数が賃金に影響を与えていることがわかるが，これらの結果が「既婚女性のうち就業している一部の女性についての結果である」ことによる選択バイアスを除去しても，教育年数の賃金への効果は大きいことがわかる．またこのデータでは，ヘックマンの最小二乗推定と最尤推定の差は (ρ を除いて) それほど大きくない．

プロビット選択モデル自体が有する問題点

式 (5.3) や式 (5.4) は「共変量と結果変数」，および「共変量と観測されやすさを示す潜在変数」の間の線形回帰モデルになっている．これらの式において非線形回帰やそれ以外のさまざまな回帰関数を仮定することは理論的には可能である．しかし

[1] 回帰関数の指定を誤ると推定値に大きなバイアスが生じ得る．

[2] 誤差の分布が 2 変量正規分布であることを仮定しているが，誤差の分布仮定への頑健性がない．分布仮定のチェックもできない．

といった問題点が数理的な研究やシミュレーション研究で指摘され，また第 3 章の最後に紹介した LaLonde(1986) の実データを用いた批判などから，次節

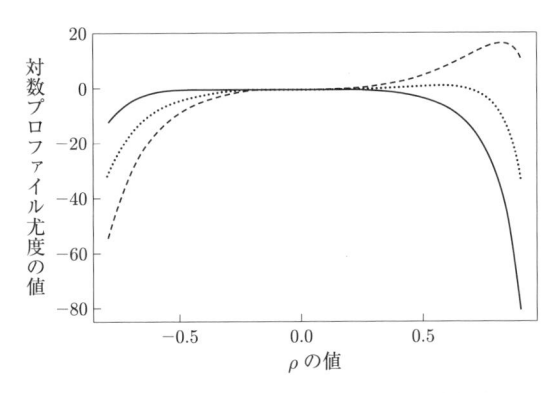

図 5.2 選択バイアスに関する母数 ρ の不安定性(Copas and Li(1997) の Figure 3 を転載)

に紹介するようなセミパラメトリックな方法が利用されるようになっている．
　さらに，プロビット選択モデルには

[3] 選択バイアスの補正においてもっとも重要な母数 ρ の推定が不安定になり得る．

という問題点がある．Copas and Li(1997) は，英国のコベントリー技能調査データ(サンプルサイズ 1323 人)を用いた解析例を使ってこのことを示している．プロビット選択モデルの尤度関数(式(5.6))から最尤推定を行なう際に，ρ を固定して他の母数を推定することで得られるプロファイル尤度の値をさまざまな ρ について計算したのが図 5.2 である．ただし，対数プロファイル尤度は $\rho=0$ のときに 0 になるようにしている．この図をみると $\rho=0$ の付近が広範囲にフラットになっており，1323 人という比較的大きなサンプルサイズでも ρ の情報がデータからほとんど得られないことを示している．また同じ図上の実線はデータを対数変換した場合，点線は Box-Cox 変換をした場合，破線は平方根をとった場合のものである．データに対する変換を施すだけで，ρ の絶対値を大きくした場合の挙動が変化するというのもプロビット選択モデルの推定の不安定性を表わしている．

プロビット選択モデルの因果効果推定への拡張

　ヘックマンのプロビット選択モデルに第 2 章の "潜在的な結果変数" の考

え方を導入して拡張すれば，因果効果の推定に利用することができる[*7]．具体的には，$y_{i2}>0$ なら「介入を与えられた場合の結果変数 y_{i1} が観測されるだけではなく，介入を与えられない場合の結果変数 y_{i0} は観測されない」．一方 $y_{i2} \leq 0$ ならば「y_{i0} は観測され，y_{i1} は観測されない」，とする．さらに結果変数 y_{i1}, y_{i0} についての回帰モデル

$$y_{i1} = \boldsymbol{x}_{i1}^t \boldsymbol{\beta}_1 + \epsilon_{i1}, \quad y_{i0} = \boldsymbol{x}_{i1}^t \boldsymbol{\beta}_0 + \epsilon_{i0} \tag{5.10}$$

を仮定し，誤差変数の同時分布は式(5.5)の代わりに

$$\begin{pmatrix} \epsilon_0 \\ \epsilon_1 \\ \epsilon_2 \end{pmatrix} \sim N\left(\begin{pmatrix} 0 \\ 0 \\ 0 \end{pmatrix}, \begin{pmatrix} \sigma_0^2 & \sigma_{01} & \rho\sigma_0 \\ \sigma_{01} & \sigma_1^2 & \rho\sigma_1 \\ \rho\sigma_0 & \rho\sigma_1 & 1 \end{pmatrix} \right) \tag{5.11}$$

とすればよい．ここでの関心は因果効果

$$E(y_1 - y_0) = \left\{ E(\boldsymbol{x}_1) \right\}^t (\boldsymbol{\beta}_1 - \boldsymbol{\beta}_0)$$

や処置群での因果効果

$$\begin{aligned} TET &= E(y_1 - y_0 | z=1) \\ &= \left\{ E(\boldsymbol{x}_1 | z=1) \right\}^t (\boldsymbol{\beta}_1 - \boldsymbol{\beta}_0) + (\rho\sigma_1 - \rho\sigma_0) E\left(\frac{\phi(\boldsymbol{x}_{i2}^t \boldsymbol{\beta}_2)}{\Phi(\boldsymbol{x}_{i2}^t \boldsymbol{\beta}_2)} \Big| z=1 \right) \end{aligned}$$

である．これらの推定値を得るためには $\boldsymbol{\beta}_1$ などの母数を推定して代入する必要がある．

ここで 4.4 節に記述したように，ϵ_1 と ϵ_0 の共分散 σ_{01} は推定できないため，σ_{01} の最尤推定を行なうことはできない．しかし上記の因果効果や処置群での因果効果には σ_{01} が入っていないことから，処置群と対照群で別々に，ヘックマンの二段階推定法によって推定して得た $\boldsymbol{\beta}_1$ などの推定値を代入すればよい．また $E(\boldsymbol{x}_1)$ には $\boldsymbol{x}_1$ の標本平均を代入すればよい．

上記に説明した「因果効果推定のためのプロビット選択モデル」(式(5.10)と

[*7] "外生的なスイッチングによるスイッチング回帰分析モデル" や，"Type V Tobit モデル" と呼ばれることがある．

式(5.11))はルービンの因果モデルをパラメトリックに表現したものであるといえる．逆にルービンの因果モデルは(セミパラメトリックな)選択バイアスのモデリングを潜在的な結果変数に対して適用したものである，と考えることもできる(ただしルービンのモデルは $\rho=0$ と仮定している)．

5.3 選択バイアスに対する解析法の展開

　計量経済の分野では選択バイアスを生じさせる「特定の対象者の選択」を

観測値による選択(selection on observables)　選択されるかどうかは共変量などの観測値に依存する
観測されないものによる選択(selection on unobservables)　選択されるかどうかは観測値以外の要因にも依存する

に分けて考えることが多い．第2章の欠測の議論からは，後者は"ランダムでない欠測"であるといえる．後者のモデルとして有名なのは，前節で取り上げたヘックマンの選択モデルである．このモデルは誤差項に多変量正規分布を仮定しており，また回帰関数を指定する必要があることから，これらが誤っている場合には推定値に大きなバイアスが生じ得る，という問題点がある．

　これ以外にも同一対象者から繰り返しデータを得る場合や結果変数が多変量の場合には変量効果モデルや因子分析モデルを利用する場合もある．これらは第2章の欠測の議論において"共有パラメータモデル"として説明されたものと同じである．

　一方，前者は"ランダムな欠測"[*8]であり，第2章と第3章で紹介した"強く無視できる割り当て"条件を利用した解析法をそのまま利用することができる．

[*8] variable probability sampling など特定の標本抽出法のように，「結果変数が観測されている対象でのみ共変量が観測されている」特殊な場合も"観測値による選択"に含まれるので，厳密には全く同一の概念ではない．

"強く無視できる割り当て" 条件の利用

そこで第2章の欠測データの枠組みを利用し，欠測インディケータを明示的にモデリングする．これにより観測値のみから母数推定を行なうことによるバイアスについてのモデルをより一般的に議論することができる．具体的には第3章で紹介したセミパラメトリックな共変量調整法を利用することになる．

例として，世論調査や市場調査での無回答のバイアスについて考えよう．本来対象とする母集団(世論調査なら20歳以上の有権者とする)から無作為に調査対象を N 人 ($i=1,\cdots,N$) 抽出する場合を考える(具体的には選挙人名簿や住民基本台帳から無作為に抽出して得られた調査対象者 N 人分のリストである)．また，調査に回答してくれた対象者なら $z=1$，拒否または不在で調査ができないなら $z=0$ となる欠測インディケータ z を導入する．ここでインディケータ z が調査の目的となる変数 y と独立な変数であれば，2.4節の無作為割り当ての議論と同じように，y の期待値は

$$E(y) = E(y|z=1) = E(y|z=0)$$

となり，「母集団全体における y の期待値」と「調査に回答してくれた場合に限定した場合での y の期待値」は等しい．また標本(得られるデータ)について考えても，全調査対象 N から回答が得られた場合の平均 $\bar{y}$ と，回答してくれた調査対象だけでの平均 $\bar{y}_1$

$$\bar{y} = \frac{1}{N}\sum_{i=1}^{N} y_i, \quad \bar{y}_1 = \frac{1}{\sum_{i=1}^{N} z_i}\sum_{i=1}^{N} z_i y_i$$

どちらも y の不偏推定量になる．しかし，もし y と z が独立でなければ，$\bar{y}_1$ は不偏推定量でも一致推定量でもなく，N をいくら多くとってもバイアスは消えない．たとえば，給与所得を調査する場合，調査の都合上昼間だけに調査を行なうならば当然多くのサラリーマンや医師等の専門職は回答せず，失業者や扶養されている人が回答することになる．したがって給与所得の平均は母集団からランダムに得られた調査対象すべてから回答が得られた場合よりはるかに低くなるのは明らかである．調査への無回答は不在によって起こる場合だけ

5.3 選択バイアスに対する解析法の展開 ◆ 157

でなく，回答拒否によって起こる場合もあるが，たとえばプライバシー意識が高い人が拒否するとして，学歴が高いとプライバシー意識が高く，学歴と収入の相関があるとすると，回答拒否による給与所得のバイアスが起こりえる（図5.3）.

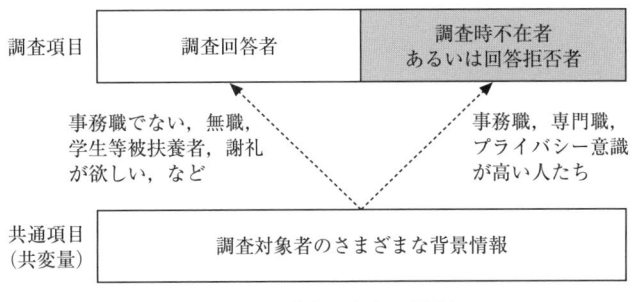

図 5.3 回答者の偏りの問題

このように，調査目的の変数と観測されるかどうかが独立ではない場合には，第 2 章以降議論してきた因果推論と同様に，「回答するかどうか」や「観測値が得られるかどうか」に関連するさまざまな共変量を利用して調整を行なう必要がある．ここで「y が観測されるかどうかは x の値に依存する（x の値があれば，y は無関係である）」という条件

$$p(z|x,y) = p(z|x)$$

が成立すると仮定する．これは第 2 章の "強く無視できる割り当て" 条件と本質的に同じものであり，期待値に関しては

$$E(y) = E_x(E(y|x)) = E_x(E(y|x, z=1))$$

と表わすことができる．

ここで y の x への回帰モデル

$$y = g(x|\boldsymbol{\theta}) + e, \quad E(e) = 0$$

（ただし $\boldsymbol{\theta}$ を回帰関数のパラメータとする）がわかっている場合には，第 2 章の式(2.23)と同様に

$$\hat{E}(y) = \frac{1}{N}\sum_{i}^{N} g(x_i|\boldsymbol{\theta}) \tag{5.12}$$

または $\sum z_i y_i = \sum z_i g(x_i|\boldsymbol{\theta})$ の関係を用いて

$$\hat{E}(y) = \frac{1}{N}\sum_{i}^{N}\{z_i y_i + (1-z_i)g(x_i|\boldsymbol{\theta})\} \tag{5.13}$$

とすればよい.

しかし一般には,補正したい y の次元が大きく,かつ調査での無回答などを考える場合には y(調査目的の変数)と z(回答か無回答か)に影響を与えるであろう共変量 x(背景要因)の次元も大きいと想定される.このような場合には回帰分析モデルを正しく想定することはほぼ無理であるため,第3章で紹介した傾向スコアや二重にロバストな推定法などを利用することとなる.IPW 推定量ならば,式(3.8)の1番目の式で周辺期待値を求めればよい.

傾向スコアを利用した解析は "強く無視できる割り当て" 条件を利用しているという点で,この条件を仮定しない "ヘックマンの選択モデル" に劣ると見られるかもしれない.しかし

［1］ヘックマンの選択モデルと異なりモデル仮定が非常に弱い.

［2］ヘックマンの選択モデルでは少数の共変量を扱う状況を考えているのに対して,傾向スコアを用いる方法では多数の共変量を利用することができる.

という利点がある.事実,第3章の LaLonde(1986) のデータに対する推定結果(表3.2)からは,ヘックマンの選択モデルよりも傾向スコアを用いた方法がより実験データでの結果に近いことが示されている.

部分線形モデルによるアプローチ

選択バイアスの除去法としては,第2章や第3章で紹介した傾向スコアや二重にロバストな推定法以外の方法として,いくつかの方法が提案されている.特に,ヘックマンのプロビット選択モデルでは誤差への多変量正規分布の仮定の是非が問題となることがある.誤差分布への仮定によって解析結果が大きく異なる可能性があることから,誤差分布への仮定を用いず,関心のある説明変数の偏回帰係数を推定するセミパラメトリックな手法を利用することが必

要とされることが多い．これまでに利用されているセミパラメトリックな手法の一つとして有名なものに部分線形モデル(partial linear model)がある．これは，誤差 ϵ が他の変数と無相関という仮定の下で，

$$y_i = E(y_i|\boldsymbol{x}_i,\boldsymbol{w}_i,y_i>0)+\epsilon_i = \boldsymbol{x}_i^t\boldsymbol{\beta}+g(\boldsymbol{w}_i)+\epsilon_i \tag{5.14}$$

のように回帰関数を「従属変数に対する本来の説明変数 $\boldsymbol{x}$ に関する線形の項」と，「選択メカニズムに関連するが，特に関心のない変数 $\boldsymbol{w}$ についてのノンパラメトリックな項」の和で表現するものである[*9]．これはヘックマンのプロビット選択モデルにおいて"誤差分布が多変量正規分布である"という仮定を用いて得られる式(5.9)の「期待値の修正項」であるコントロール関数を，未知の回帰関数 $g(\boldsymbol{w}_i)$ という形に一般化したものと考えてよい．

Robinson(1988)と Speckman(1988)では，まず式(5.14)を $\boldsymbol{w}$ で条件付けした期待値

$$E(y_i|\boldsymbol{w}_i) = E(\boldsymbol{x}_i|\boldsymbol{w}_i)^t\boldsymbol{\beta}+g(\boldsymbol{w}_i) \tag{5.15}$$

を式(5.14)から引くことによって $g(\boldsymbol{w}_i)$ の消去を行ない，

$$y_i-E(y_i|\boldsymbol{w}_i) = (\boldsymbol{x}_i-E(\boldsymbol{x}_i|\boldsymbol{w}_i))^t\boldsymbol{\beta}+\epsilon_i \tag{5.16}$$

と表現する．そして期待値 $E(y_i|\boldsymbol{w}_i)$ および $E(\boldsymbol{x}_i|\boldsymbol{w}_i)$ をカーネル回帰を用いて表現し，それぞれ y_i と $\boldsymbol{x}_i$ から引き，残差の回帰分析モデルに置き換えることで，$\boldsymbol{\beta}$ を最小二乗推定することができ，またその推定量が一致性や漸近正規性を有することを示した．ただし，結果変数 y の説明変数 $\boldsymbol{x}$ と選択メカニズムに関連する変数 $\boldsymbol{w}$ に共通する変数が存在する場合にはモデルが識別できなくなる[*10]ため，この方法は利用できない．また，カーネル回帰を用いている以上，$\boldsymbol{w}$ が多次元である場合には"次元の呪い"を受けることになる．

[*9] ただしここでは陽な形で y_2 をモデリングしないために，y_1 を y，y_2 の説明変数を $\boldsymbol{w}$ と記述する．
[*10] たとえば $g(\boldsymbol{w}_i)=\boldsymbol{x}_i^t\boldsymbol{\gamma}+h(\boldsymbol{v}_i)$ と表現できると考えると明らか．

経験尤度法

経験尤度法(empirical likelihood method)(Owen, 2001)は分布仮定を行なうことが適切ではない状況で,制約条件を満たす"セミパラメトリックな"尤度を求める方法としてさまざまな分野で利用されている.一般的な議論は付録 A.2 節を参照いただくとして,ここでは経験尤度法を用いて選択バイアスを補正するための手法を説明する.

Qin et al.(2002)では母集団からサンプルサイズ N の無作為標本が得られ,そのうちの n 対象者については $(\boldsymbol{x}, y)$ のペアが観測されるが,$N-n$ 対象者については $\boldsymbol{x}$ しか観測されないという状況において,「y が観測されるかどうか」が共変量 $\boldsymbol{x}$ だけではなく y の値そのものにも依存する,いわゆる"ランダムでない欠測"の場合でも y の期待値の一致推定量を計算できる手法を開発している.

具体的には,y が観測される確率を

$$Pr(y が観測される |y, \boldsymbol{x}) = e(y, \boldsymbol{x}, \boldsymbol{\alpha}) \tag{5.17}$$

とし,y と $\boldsymbol{x}$ を説明変数とするロジスティック回帰モデルなどを想定する.また記法を簡単にするために,ソートを行ない,最初の n 番目の対象者の y が観測されているようにする.このとき尤度は第 4 章の式(4.3)をより単純にしたものになり[*11],

$$\prod_{i=1}^{n} p(y_i, \boldsymbol{x}_i|\boldsymbol{\theta})e(y_i, \boldsymbol{x}_i, \boldsymbol{\alpha}) \times \prod_{i=1+n}^{N} \int p(y_i, \boldsymbol{x}_i|\boldsymbol{\theta})(1-e(y_i, \boldsymbol{x}_i, \boldsymbol{\alpha}))dy_i$$

と記述することができる.

上記の(パラメトリックな)尤度に対応する経験尤度を構成すると,付録 A.2 の式(A.8)ではなく,

$$\prod_{i=1}^{n} p_i e(y_i, \boldsymbol{x}_i, \boldsymbol{\alpha}) \times (1-W)^{N-n} \tag{5.18}$$

となる.ただし

[*11] ただしここでは $\boldsymbol{x}$ を条件付きとせず同時分布を考えることにする.

$$W = Pr(y \text{ が観測される}) = \iint e(y, \boldsymbol{x}, \boldsymbol{\alpha}) dF(y, \boldsymbol{x})$$

は y の周辺観測確率である.

ここで，付録の式(A.7)の制約に対応するものは

$$\sum_{i=1}^{n} p_i = 1, \quad 0 \leq p_i \leq 1 \quad (i = 1, \cdots, n) \tag{5.19}$$

であり，さらに式(A.10)の具体的な形として

$$\begin{aligned}
&\sum_{i=1}^{n} p_i(e(y_i, \boldsymbol{x}, \boldsymbol{\alpha}) - W) = 0 \quad (e(y, \boldsymbol{x}, \boldsymbol{\alpha}) \text{ の期待値は } W \text{ である}) \\
&\sum_{i=1}^{n} p_i(\boldsymbol{x}_i - \boldsymbol{\mu}_x) = 0 \qquad\qquad (\boldsymbol{x} \text{ の期待値は } \boldsymbol{\mu}_x \text{ である})
\end{aligned} \tag{5.20}$$

という制約を与えると，p_i は付録の式(A.13)から

$$p_i = \frac{1}{n} \frac{1}{1 + \lambda_1(\boldsymbol{x}_i - \boldsymbol{\mu}_x) + \lambda_2(e(y_i, \boldsymbol{x}, \boldsymbol{\alpha}) - W)} \tag{5.21}$$

と書けることになる．そこで，上記の p_i を式(5.18)に代入し，対数をとると

$$\begin{aligned}
l = &\sum_{i=1}^{n} \log e(y_i, \boldsymbol{x}_i, \boldsymbol{\alpha}) + (N-n) \log(1-W) \\
&- \sum_{i=1}^{n} \log\{1 + \lambda_1(\boldsymbol{x}_i - \boldsymbol{\mu}_x) + \lambda_2(e(y_i, \boldsymbol{x}, \boldsymbol{\alpha}) - W)\}
\end{aligned}$$

と書ける．この l を $W, \lambda_1, \lambda_2, \boldsymbol{\alpha}$ について微分して得られる解をこれらの推定量として式(5.21)に代入すれば，p_i の推定値 $\hat{p}_i$ が得られる．このとき経験尤度法による推定量

$$\hat{E}(y)^{emp} = \sum_{i=1}^{n} \hat{p}_i y_i$$

は $E(y)$ の一致推定量となる(Qin et al., 2002)．

ところで「y が観測されるかどうか」が共変量 $\boldsymbol{x}$ のみに依存する場合には，3.5節で説明した"二重にロバストな推定法"を経験尤度法の考え方から構成することができる．具体的には欠測が共変量のみに依存するので，式(5.17)の代わりに

$$Pr(y \text{ が観測される} | \boldsymbol{x}) = e(\boldsymbol{x}, \boldsymbol{\alpha}) \tag{5.22}$$

とする.また二重にロバストな推定法であるので,y の $\boldsymbol{x}$ への回帰関数 $\mu(\boldsymbol{x}, \boldsymbol{\beta})$ を指定する.先ほどの場合と異なり,制約式(5.20)のうち第1式はそのまま利用し,第2式に代えて"ランダムな欠測"を示す式として

$$\sum_{i=1}^{n} p_i(1-e(\boldsymbol{x}_i, \boldsymbol{\alpha}))\mu(\boldsymbol{x}, \boldsymbol{\beta}) = \frac{1}{N}\sum_{i=1}^{N}(1-e(\boldsymbol{x}_i, \boldsymbol{\alpha}))\mu(\boldsymbol{x}, \boldsymbol{\beta}) \tag{5.23}$$

を利用すると,これらの制約から p_i は

$$p_i = \frac{1}{n} \frac{1}{1+\lambda_1(1-e(\boldsymbol{x}, \boldsymbol{\alpha}))\mu(\boldsymbol{x}, \boldsymbol{\beta})+\lambda_2(e(\boldsymbol{x}, \boldsymbol{\alpha})-W)} \tag{5.24}$$

と書けることになる.また $\boldsymbol{\alpha}$ には割り当てに関する尤度(式(3.5))を最大化する最尤推定量,そして $\boldsymbol{\beta}$ には($y, \boldsymbol{x}$ どちらも観測されたペアから計算される)通常の回帰分析で得られる推定量を利用する.

このとき,二重にロバストな推定量として

$$\hat{E}(y) = \frac{1}{N}\sum_{i=1}^{N}[z_i y_i + (1-z_i)\mu(\boldsymbol{x}_i, \hat{\boldsymbol{\beta}})]$$
$$+ \left(1-\frac{n}{N}\right)\sum_{i=1}^{N} z_i \frac{(1-e(\boldsymbol{x}_i, \hat{\boldsymbol{\alpha}}))p_i}{1-W}[y_i - \mu(\boldsymbol{x}_i, \hat{\boldsymbol{\beta}})]$$

が一致性を持ち,さらに3.5節で紹介した二重にロバストな推定量と同じ漸近分散を有し,さらに経験尤度法自体が持つロバストさを有することが知られている(Qin et al., 2008).

5.4 共変量シフト

選択バイアスの問題は人文社会科学の研究においては決定的に重要であることをさまざまな例から理解いただけたと思うが,実はこの問題は人工知能・機械学習など情報工学の分野においても存在する.具体的には共変量シフト(**covariate shift**)(Shimodaira, 2000;Bickel et al., 2007)という名前で情報工学分野でここ数年徐々に研究が蓄積されている分野は,実はこの選択バイアスの下位概念として定義することができる.

機械学習の分野での研究関心の一つとして，入力 $\boldsymbol{w}$ から出力 y をなるべく精度よく予測することが挙げられる．予測の問題は条件付き分布 $p(y|\boldsymbol{w})$（回帰モデル）の選択と推定の問題に帰着するが，ここでデータを「条件付き分布のモデル選択，および母数推定のために利用する訓練データ A」と，「そこから得られた条件付き分布（および予測値）の性能をテストするテストデータ B」の 2 つのデータに分けて考えることが通常である．データ A を過去のデータ，データ B を現在予測したいデータと考えてもよい．また，手もとにあるデータ B はサンプルサイズが小さく，一方，類似しているがデータ B とは多少データ発生メカニズムが異なるデータ A が大量に利用可能な状況を考えてもよい．このように考えると，2 つの（データ発生メカニズムが近いが同じではない）データが存在する状況はかなり普遍的である．

"共変量シフト"では「入力を所与としたときの出力の条件付き分布 $p(y|\boldsymbol{w})$ は訓練データ A とテストデータ B 間で共通」であるが，「入力の分布は異なる」場合を考える．また，本来関心があるのはテストデータ B である．したがって統計学的にはテストデータ B が母集団の無作為抽出標本と考えればよい．この問題設定でも，外生的なサンプリングが生じていると考えることができる．すなわち，$z=1$ を訓練データへの割り当て，$z=0$ をテストデータへの割り当てと考えると，入力の分布は $p(\boldsymbol{w}|z=1) \neq p(\boldsymbol{w}|z=0)$ である．

ここで訓練データでの $(y, \boldsymbol{w})$ のペアから本来関心のあるテストデータでの $p(y|\boldsymbol{w})$ の推定を行なう場合，まず本来は $(y, \boldsymbol{w})$ は同時分布 $p(y|\boldsymbol{w})p(\boldsymbol{w}|z=0)$ からの無作為抽出標本であり，そのうち訓練データとして

$$\begin{aligned} p(z=1|\boldsymbol{w}) &= \frac{p(\boldsymbol{w}|z=1)p(z=1)}{p(\boldsymbol{w})} \\ &= \frac{p(\boldsymbol{w}|z=1)p(z=1)}{p(\boldsymbol{w}|z=0)p(z=1)+p(\boldsymbol{w}|z=0)p(z=0)} \end{aligned} \quad (5.25)$$

の確率で $(y, \boldsymbol{w})$ が観測されていると考えればよい．したがって $\boldsymbol{w}$ を条件付けて考えれば，y は"ランダムな欠測"または"観測値による選択"が行なわれていると考えることができ，条件付き分布 $p(y|\boldsymbol{w})$ の母数推定だけに関心があれば訓練データを用いて（単純に）最尤推定や最小二乗推定などを行なえばよい．

この問題設定は実は 3.6 節の「独立変数を条件付けたときの結果変数の分布

の母数推定」と同じ状況になっている．つまり，本来関心があるのは$z=0$($=$テストデータ B)での同時分布 $p(y|\boldsymbol{w})p(\boldsymbol{w}|z=0)$ とすると，ここでの傾向スコアは式(5.25)で与えられているので，重み付き M 推定の際の目的関数(3.24)での重みは

$$\frac{1-p(z=1|\boldsymbol{w})}{p(z=1|\boldsymbol{w})} = \frac{p(\boldsymbol{w}|z=0)p(z=0)}{p(\boldsymbol{w}|z=1)p(z=1)}$$

となる．さらに $\boldsymbol{w}$ の関数ではない $p(z=1)$, $p(z=0)$ を除いた $p(\boldsymbol{w}|z=1)/p(\boldsymbol{w}|z=0)$ を重みとする重み付き尤度を利用してもよい．さて，予測値 $\hat{y}$ と実データ y の損失関数を $l(\hat{y},y)$ とすると，訓練データにおける「重みを付けた期待損失」は

$$E_{p(y|\boldsymbol{w})p(\boldsymbol{w}|z=1)}\left[\frac{p(\boldsymbol{w}|z=0)}{p(\boldsymbol{w}|z=1)}l(\hat{y},y)\right]$$
$$= \int p(y|\boldsymbol{w})p(\boldsymbol{w}|z=1)\frac{p(\boldsymbol{w}|z=0)}{p(\boldsymbol{w}|z=1)}l(\hat{y},y)dyd\boldsymbol{w}$$
$$= \int p(y|\boldsymbol{w})p(\boldsymbol{w}|z=0)l(\hat{y},y)dyd\boldsymbol{w} = E_{p(y|\boldsymbol{w})p(\boldsymbol{w}|z=0)}[l(\hat{y},y)]$$

であり，テストデータの期待損失と等しいことは明らかである．このことから，条件付き分布 $p(y|\boldsymbol{w})$ を正しく指定できない場合には，重みを付けて推定したほうが予測がうまくいくことが予想される．数理的な詳細は省略するが(Shimodaira(2000)参照)，たとえば本来の y の $\boldsymbol{w}$ への回帰関数が 2 次以上の高次であり，(正しくはないが近似の)線形回帰モデルを用いて予測を行なう場合には，訓練データから単純に最小二乗法によって得られた回帰直線を用いてテストデータの y の予測をするより，$p(\boldsymbol{w}|z=0)/p(\boldsymbol{w}|z=1)$ の重み付け最小二乗法によって計算された回帰直線でテストデータを予測したほうがよい (図 5.4)．

Shimodaira(2000)では $p(\boldsymbol{w}|z=1)$, $p(\boldsymbol{w}|z=0)$ が既知の場合，または別々に推定する場合を扱っているが，Bickel et al.(2007)では $\boldsymbol{w}$ の分布をそれぞれ推定するのではなく，分布の比 $p(\boldsymbol{w}|z=0)/p(\boldsymbol{w}|z=1)$ をデータから直接推定するほうがよいことを示している[*12]．

[*12] ある問題を解くとき，途中でその問題よりも難しい問題で解いてはならない，といういわゆる Vapnik の法則を考えれば明らかである．

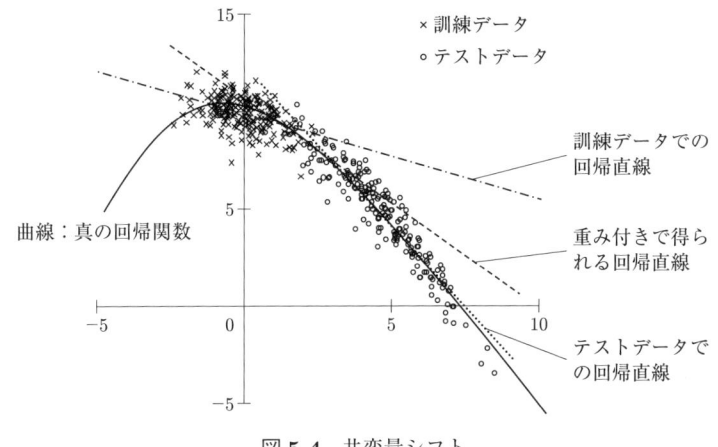

図 5.4 共変量シフト

"共変量シフト"の問題は基本的には選択バイアスの問題,より広い文脈では図 1.4 に示したような欠測データの問題として考えることができるという点で本書で扱っている問題の下位問題といえる.ただし"共変量シフト"の問題設定では,テストデータ B には正解がない,つまり出力 y が存在しない場合を考えるのが普通である.また,機械学習での関心は高次元の入力 w と出力 y の関係を明確化したうえで特定の入力値に対応する出力値を予測することであり,「w の一部を独立変数 z として y と z との関係を調べたい,z 以外の w (= 共変量 x)と y の関数関係はなるべく仮定したくない」という人文社会科学での問題関心との違いから,研究目的が異なることに注意したい[13].

5.5 パネル調査における脱落と無回答

同じ調査対象者を追跡し繰り返し調査や測定を行なうパネル調査では,途中で一部の対象者が調査に応じなくなる脱落(**dropout**)[14]が問題となる.ここでも第 2 章で説明した欠測のメカニズムと同じで,脱落のメカニズムも"完

---

[13] 共変量シフトと関連が深い領域適応(**domain adaptation**)(Daumé and Marcu, 2006)も欠測データの問題として理解できるが,ここでは詳細については触れない.
[14] パネルの摩耗(**attrition**)とも呼ぶ.

にランダムな脱落","ランダムな脱落","ランダムでない脱落"の3種類を考えることができる."完全にランダムな脱落"であれば,脱落をまったく無視して観測されているデータだけを用いた解析を行なってよい.

また"ランダムな脱落",つまり脱落するかどうかが脱落時あるいは脱落後に得られる観測値に依存しないのであれば,第2章や第3章で挙げたのと同じように,大きくは2つの対処法がある.ここで説明のため,y_t を t 時点目での従属変数の測定値,x を共変量とし,m_t を t 時点での脱落インディケータ($m_t=0$ なら脱落)とすると,

[1] 脱落する確率に影響を与える変数と従属変数との回帰関係が明確な場合 y_t を $y_1,\cdots,y_{t-1},x$ で説明する回帰分析モデルを最尤推定し,そのモデルを用いて y_t の周辺分布の母数(期待値など)を推定する.

[2] 脱落するかどうかのモデリングが明確な場合 $p(m_t=1|y_1,\cdots,y_{t-1},x)$ を傾向スコアとして利用し,IPW 推定量や二重にロバストな推定量を計算する.

のどちらかを取ればよい.

一方,ランダムではない脱落がある場合については,Diggle and Kenward (1994) のモデルが医学分野ではよく利用されている.彼らのモデルでは $y_1,\cdots,y_t$ の同時分布が多変量正規分布に従う場合を考えている.具体的には従属変数が時間の関数と多変量正規分布に従う誤差から構成されている場合などがこれに該当する.彼らのモデルのもっとも大きな特徴は,「m_t が 1 となるか 0 となるか($=t$ 時点で脱落するかどうか)」の確率が t 時点での測定値 y_t にも依存する場合,つまり"観測されないものによる選択"が起きている場合も扱うことが可能なモデルとなっているということである.

ここで,$m_t=0$ の対象者では y_t は欠測している.そこで

$$\frac{p(m_t=0|y_1,\cdots,y_t,x,m_{t-1}=1)}{1-p(m_t=0|y_1,\cdots,y_t,x,m_{t-1}=1)} = \beta_0 + \sum_{k=1}^{t}\beta_k y_k + x^t\boldsymbol{\beta}_x$$

$$p(m_t=0|y_1,\cdots,y_{t-1},x,m_{t-1}=1)$$
$$= \int p(m_t=0|y_1,\cdots,y_t,x,m_{t-1}=1)p(y_t|y_1,\cdots,y_{t-1},x)dy_t$$

のように考えると,$p(y_t|y_1,\cdots,y_{t-1},x)$ の部分は正規分布であることから,

5.5 パネル調査における脱落と無回答 ◆ 167

ロジスティック回帰モデルの説明変数に「正規分布に従う変量効果」が入っていると考えればよい．したがって数値計算も簡単になる[*15]．

また，彼らのモデルの特殊な場合である「m_t が 1 となるか 0 となるかの確率が y_t には依存しない」時には脱落は "ランダムな脱落" となる[*16]．

ただし，Diggle らの方法も，モデル仮定が強いという点で批判が多く，最近では第 4 章でも取り上げた感度分析がよく行なわれるようになっている．

例 5.2（Gray の所得維持実験での脱落の補正）．

Hausman and Wise(1979)はパネル調査における簡便な脱落のモデルを提案している．これは調査対象者が何らかの理由で途中から脱落するプロビット選択モデルである．簡便のため 2 時点のみの場合を考え，式(5.3)と同様の

$$y_{it} = \boldsymbol{x}_{it}^t \boldsymbol{\beta}_t + \epsilon_{it} \quad (t=1,2)$$

線形モデルを仮定する．そして y_2 が観測されるのは

$$a_i = \alpha y_{i2} + \boldsymbol{x}_{i2}^t \boldsymbol{\beta}_3 + \boldsymbol{w}_i^t \boldsymbol{\beta}_4 + \omega_i$$

がゼロより大きい場合であるとする（ただし $\boldsymbol{w}$ は $\boldsymbol{x}_1, \boldsymbol{x}_0$ 以外の共変量とする）．上記の式から「y_{i2} が観測される確率が，欠測する可能性のある y_{i2} に依存する」"ランダムでない欠測" である．

このとき

$$\begin{aligned}a_i &= \alpha(\boldsymbol{x}_{i2}^t \boldsymbol{\beta}_2 + \epsilon_{i2}) + \boldsymbol{x}_{i2}^t \boldsymbol{\beta}_3 + \boldsymbol{w}_i^t \boldsymbol{\beta}_4 + \omega_i \\ &= \boldsymbol{x}_{i2}^t (\alpha \boldsymbol{\beta}_2 + \boldsymbol{\beta}_3) + \boldsymbol{w}_i^t \boldsymbol{\beta}_4 + \alpha \epsilon_{i2} + \omega_i \\ &= \boldsymbol{r}_i^t \boldsymbol{\delta} + e_i\end{aligned}$$

（ただし $\boldsymbol{r}_i = (\boldsymbol{x}_{i2}^t, \boldsymbol{w}_i^t)^t, e_i = \alpha \epsilon_{i2} + \omega_i$）のように書き換えることができる．したがって y_2 が観測される場合の期待値は "ヘックマンのプロビット選択モデル" において y_1 を y_2 に，y_2 を a に読み替えるだけでよく，結果として式(5.9)と同様に

$$E(y_{i2}|a_i > 0) = \boldsymbol{x}_{i2}^t \boldsymbol{\beta}_2 + (\rho^* \sigma^*) \frac{\phi(\boldsymbol{r}_i^t \boldsymbol{\delta})}{\Phi(\boldsymbol{r}_i^t \boldsymbol{\delta})}$$

[*15] 特に従属変数が成長曲線モデルに従う場合については，SAS のマクロがいくつか提供されている．たとえば http://www.censtat.uhasselt.be/software/ を参照．

[*16] この場合には M-plus や Amos，SAS の proc MIXED などさまざまなソフトで解析が可能である．

と表現できる(ただし $\rho^*=Cov(\epsilon_2,e)$, $\sigma^*=V(e)=\alpha^2 V(\epsilon_2)+V(\omega)$ である[*17]). したがってヘックマンの二段階推定法によって母数の推定が可能である.

Hausman and Wise(1979)は上記のモデルを用いて Gary 所得維持実験での解析を行なった. この実験では無作為割り当てで実験群と対照群に割り当てられ, さらに実験群は2つのレベルの所得保障か, 2つのレベルの減税のどれかに割り当てられた. ここで実験群 334 世帯では脱落は 31.1%, 対照群 251 世帯では脱落は 40.6% であった. この実験では所得が一定水準を超えると実験に参加するインセンティブが無くなることから, y_t を2時点での所得と考えると, 所得によって2時点目での脱落が規定されると考えられるため, 上記のモデルを利用する意義がある.

解析結果を表 5.2 に示した. 教育年数や初職からの在職年数などについては, 補正した結果としない結果では非常に大きな差が出ていることから, 解析結果はパネル調査において脱落の影響が重要である場合があることを示している.

表 5.2 Gray の所得維持実験での脱落の補正

	脱落を補正した結果				脱落を補正しない結果		推定値の比
	所得への係数	標準誤差	脱落への係数	標準誤差	所得への係数	標準誤差	
定 数	5.8539	0.0090	−0.6347	0.3351	5.8911	0.0083	0.9937
実験の効果	−0.0822	0.0402	0.2414	0.1211	−0.0793	0.0390	1.0366
時間効果	0.0940	0.0520	推定せず	推定せず	0.0841	0.0358	1.1177
教育年数	0.0209	0.0052	−0.0204	0.0244	0.0136	0.0050	1.5368
初職からの在職年数	0.0037	0.0013	−0.0038	0.0061	0.0020	0.0013	1.8500
非労働所得の対数	−0.0131	0.0050	0.1752	0.0470	−0.0115	0.0044	1.1391
組合参加有無	0.2159	0.0362	1.4290	0.1252	0.2853	0.0330	0.7567
健康状態が悪い	−0.0601	0.0330	0.2480	0.1237	−0.0578	0.0326	1.0398

Hausman and Wise(1979)の表 4 を一部改変

[*17] 原論文ではさらに反復測定であることを考慮し $\epsilon_{it}=\mu_i+\eta_{it}$ として $V(\epsilon_t)=\sigma_u^2+\sigma_\eta^2$.

6

有意抽出による
調査データの補正
— インターネット調査の補正を例として —

　母集団からの標本抽出が無作為あるいは確率的に行なわれていない場合には，得られたデータから通常の「母集団についての推測」を行なうとバイアスが生じる．このような「偏った抽出が行なわれた調査から得られる解析結果のバイアス」は第5章で説明した"選択バイアス"の考え方を拡張することで統一的に扱うことができる．本章では市場調査や社会調査において近年ポピュラーとなってきたインターネット調査を具体例として，偏った抽出による調査データから母集団についての推測をより良く行なう方法について紹介する．

インターネット調査のほとんどは調査会社が事前に募集した調査協力者の集団（調査協力パネルと呼ばれる）の一部に依頼を行ない，さらにその一部が実際に回答する．そもそも調査協力パネルに参加している人は年齢や職業・収入，生活スタイル，インターネットの使用頻度，価値観に到るまでさまざまな点で消費者全体や有権者全体など本来関心のある母集団においては特殊な集団（偏りのある標本）であるため，インターネット調査の結果は住民基本台帳等から無作為に抽出された人々に調査を行なった結果とは大きく異なる可能性が高い．本章ではこのような調査データの偏りをセミパラメトリックな共変量調整を用いて補正する方法を紹介する．また調査データの偏りの補正においては，調整に用いる共変量をどのように選択するかが重要である．そこで，具体的な共変量選択法を示す．

6.1 インターネット調査について

インターネット調査の普及

この10年間で，インターネット調査は市場調査において最も重要な調査手法の一つになった．日本マーケティングリサーチ協会が行なった第33回経営業務統計実態調査（日本マーケティングリサーチ協会，2008）によると，調査手法別の売上高構成比で2002年に7.9%であったのに対して2007年では20.5%，主に受注ごとに企画・実施されるアドホック調査では2002年の13.0%が2007年で32.1%と，近年その比率を大きく上げてきている．

インターネット調査がこのように急激に普及した原因はいろいろあるが，訪問調査などの従来型調査と比較したときのインターネット調査の利点として以下の点が挙げられる．

[1] 訪問調査など従来型の調査に比べて費用が安くなる傾向がある．一般に訪問調査などでは費用は回答者数に比例するが，インターネット調査のコストは回答者数に依存しない固定的費用（調査1件ごとに必要な調査会社の固定費用，人件費等）が中心であるため，回答者数が多いほど従来型調査にくらべて1回答者当たりの費用は安く済む．

[2] 訪問調査や郵送調査と異なり回答が電子情報化されているため，回収や

集計結果が得られるまでのスピードが非常に速い．

［3］動画などのさまざまな素材を画面上で提示できたり，複雑な回答分岐などに対応が可能など，回答に応じたインタラクティブな調査ができる．従来の調査では得られない形の情報を引き出せることから，特に商品開発を目的とするマーケティングリサーチでは，モニター調査や会場テストの有力な代替案となる．

このような利点から，これまで市場調査を行なっていなかった中小企業が実施を検討したり，大手企業でも定例的な調査だけではなく市場の変化に応じて頻繁に市場調査を行なうようになったという点で，その意義はきわめて大きい．

また，社会状況やニーズの動向，流行が非常に短期間に変化していく中において，（従来型の）大規模かつ代表性のある調査を1回行なうよりは，各調査ごとでは多少精度は落ちても，低コストなために定期的に頻繁に行なえるインターネット調査を実施したほうが，市場の変化を素早く理解し行動に移すことができると考える企業も多くなってきた．

さらに，従来型調査の実施環境も大きな変化を迎えている．日本の社会調査，世論調査や市場調査では，これまでは住民基本台帳や選挙人名簿から無作為[*1]に抽出された対象者に対する訪問面接調査や，質問票の受け渡しを調査員が訪問によって行ない，後で回収する訪問留置調査が中心だった．しかし住民基本台帳の閲覧条件が厳しくなり，実質上閲覧を許可しない地方自治体が増えてきており，従来型の全国レベルでの調査は非常に難しくなってきている．また生活スタイルや就業スタイルの変化により昼間に不在の世帯が増えたことや，一連の顧客情報漏洩事件などにより，国民の間で一層プライバシー意識が高まり，訪問調査への拒否率が非常に高まっている．

このような社会環境の変化から，訪問調査を中心とする従来型調査からインターネット調査に調査方法を移行する調査主体が増えてきている．最近では市場調査だけではなく政府関係の調査（たとえば内閣府経済諮問委員会「日本21世紀ビジョン調査」「公共料金分野における情報公開の推進調査」など）におい

[*1] 後に述べるように層別抽出などの確率抽出を含む．

てもインターネット調査が利用されるようになっている．

クローズ型パネル調査について

インターネット調査はその実施形態から大きく2つに分類することができる．1つ目はホームページで調査を行なっていることを広告し，たまたまそのホームページを閲覧した回答者が自主的に回答する形式であり，これを"オープン型"のインターネット調査と呼ぶ．2つ目は"クローズ型"であり

段階1 調査会社が事前に「さまざまな調査に協力する可能性があるモニター」をリクルートする．応募してきたモニターのリストを調査協力者のパネル (以後，調査協力パネルと呼ぶ) として整備する．

段階2 調査案件ごとに，調査の目的に応じて調査パネルから調査回答者の候補を抽出する．

段階3 調査回答者の候補に対してメール等で調査依頼をする．

段階4 依頼に応じた調査回答者は指定された調査ページにおいて回答する．

という4つの段階を経て行なうものである ("リソースタイプ"の調査 (大隅，2002a) とも呼ばれる)．"オープン型"調査では特定の期間中に目標とするサンプルサイズを得ることが保証されず，またどのような人から回答が得られるか事前に予想することができないため，市場調査ではほとんど利用されていない．そこで，本章では"クローズ型"のインターネット調査に限定した議論を行なう．

6.2 選択バイアスとしての理解

クローズ型インターネット調査での3つのバイアス

このようにインターネット調査は近年急速に普及してきたが，標本抽出の代表性という観点では非常に大きな問題がある．実際，従来型の確率的標本抽出にもとづく従来型調査 (訪問調査や郵送調査法) とインターネット調査の結果の比較研究からは，後者は標本の代表性に欠け，バイアスを持つことが示されている (Couper, 2000)．またインターネット調査の結果は従来型調査と比べて「業界統計で得られている特定の製品の普及率」や「国勢調査などの政府調査

の結果」などの母数から大きく乖離することが知られている．

なぜインターネット調査はバイアスを有するのであろうか？

従来型の調査では**確率抽出**(**probability sampling**)（または無作為抽出と呼ぶことも多い），つまり各調査回答者ごとに抽出される確率(**包含確率**(**inclusion probability**)と呼ばれる)を事前に設定し，その確率で抽出するという方法を用いている．確率抽出によって得られる標本からの回答に対して，包含確率を利用した重み付け集計を行なうことで母平均等のバイアスのない(不偏な)推定量が得られる．

一方，確率抽出を行なわない抽出方法は非確率抽出(non-probability sampling)または**有意抽出**(**purposive sampling**)と呼ばれる．有意抽出は，大きくは，(1)調査協力の広告に応募した人を標本とする**募集法**，(2)知人や友人など縁者を標本とし，紹介を頼って回答者を増やす**縁故法**や**スノーボール法**，(3)標本として選ぶべき調査対象の性や年齢などの属性およびサンプルサイズを事前に指定し，その条件が満たされるまで調査対象を選び出す**割当法**，の3つに分類できる．

このように考えると，インターネット調査は典型的な有意抽出法，特に募集法を用いた標本抽出を行なっているということがわかる．

ここで，"クローズ型"のインターネット調査[*2]には3つの選択バイアスが生じる[*3]と考えることができる(図 6.1)．

バイアス1 調査協力パネルに参加する協力者の候補をサンプリングする際の選択バイアス

従来型調査も行なっている調査会社が実施する場合には，調査協力パネルへの参加を依頼する際に従来型調査に近い形で候補の抽出を行なうことが多い．具体的には住民基本台帳からの無作為抽出やエリアサンプリング[*4]を行ない，抽出された対象者に郵送などで依頼を行なう．一方，インターネット専業の調査会社では，他のサイトに張ったバナー広告などで調査協力パネルを募集す

[*2] オープン型の場合も同様なバイアスを考えることができる．
[*3] ホームページのバナー等から調査協力パネルを集める場合には，後述のバイアス1と2を分けることができないが，有意抽出であることに変わりはない．
[*4] 抽出された地域の台帳ではなく，住宅地図を用いてなるべくランダムに対象者を抽出する多段抽出法のこと．

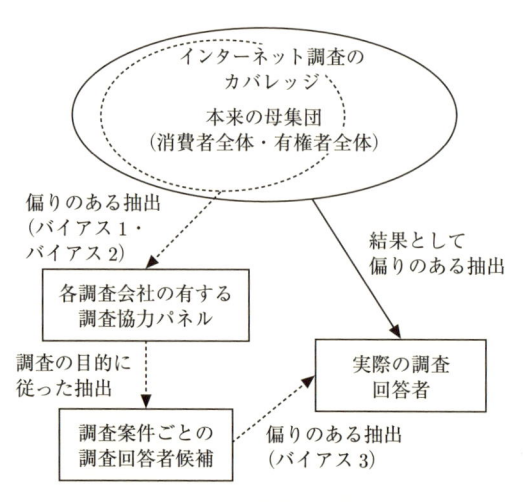

図 6.1 インターネット調査での段階的な抽出と3つのバイアス

る．後者の方法ではこの時点で募集法による有意抽出であり，選択バイアスが生じることになる．

　また，インターネット調査においては，調査協力パネルへの参加時点で調査協力者の年齢層・男女構成・生活様式などが本来の母集団から偏っていることが知られている[*5]．一般的には30代の主婦層が多いことや，いわゆる「懸賞マニア」のように複数のインターネット調査のモニターとして参加し謝礼を稼ぐことを日課のようにしている集団(professional respondents)の比率が多いこと，などがよく知られている(大隅，2002b)．実際には調査会社がどのような方法で調査協力パネルを構築したかに依存するため，調査会社間でパネルの構成は大きく異なる．

バイアス2　協力者の候補が調査協力パネルに参加する時点での選択バイアス

　抽出された協力者の候補が実際に調査協力パネルに参加するかどうかは，その協力者候補が仕事や家事で忙しいかどうかや，協力謝礼額を十分と思うかど

[*5] パソコンを所有していない，あるいはインターネットをしない人に対して調査はできない．これをインターネット調査のカバレッジ(**coverage**)(母集団のどの程度の割合をその調査方法によって調査・到達できるか)の問題と呼ぶことがある．

うかなどに依存するため，この時点ですでにバイアスが生じる．

バイアス3 調査協力パネルへの登録者が各調査への回答に応諾するかどうかによって生じる選択バイアス

調査協力パネルに登録された回答者候補をたとえランダムに選んだとしても，各回答者候補が実際に回答してくれるかどうかは当該調査実施期間における対象者の忙しさや調査への関心などに依存するため，選択バイアスがここでも生じる*6．

上記の3つのバイアスの内，"バイアス1"だけは調査会社の努力によって低減することは可能である．たとえば住民基本台帳からの無作為抽出や，それが難しい地域ではエリアサンプリングを行ない，抽出された候補に対してパネル登録の依頼を訪問や郵送などで行なう方法ならば，単純にホームページ上で応募するよりも代表性のある対象者集団が得られる．

ところで，しばしば「インターネットの普及率が向上すれば，インターネット調査のバイアスの問題は無くなるはずである」という主張が行なわれることがある．確かに上記のバイアスのうち1は減少する可能性があるが，2と3は個人の回答への協力という自由意志の問題であるため，この主張は明らかに誤りである．実際このような主張は2000年ごろから行なわれているが，以降のインターネットの急激な普及率向上によっても一向に実現していない．

欠測データの枠組みによるバイアスの理解

第2章の因果効果推定や第5章の選択バイアスの問題と同じく，インターネット調査を含めた「有意抽出による調査」のバイアスを欠測データの枠組みを用いて明確化することができる．

まず「インターネット調査に回答した集団」を"ネット調査の標本"，そして「母集団から無作為抽出された対象者集団」を"無作為抽出の標本"と便宜的に名付ける(図6.2参照)．また第2章で説明した"ルービンの因果モデル"と同様に，2つの潜在的な結果変数を想定する．つまり「インターネット調査で得られる回答」をy_{web}，「(訪問調査などの)従来型調査で得られる回

---

*6 この"バイアス3"は訪問調査などの従来型の調査においても生じうる．

6 有意抽出による調査データの補正

	群別	
	ネット調査の標本 $z=1$	無作為抽出の標本 $z=0$
ネット調査での回答 y_{web}	ネット調査標本での ネット調査の結果 (1)	無作為抽出標本での ネット調査の結果 (2)
従来型調査での回答 y_{real}	ネット調査標本での 従来型調査の結果 (3)	無作為抽出標本での 従来型調査の結果 (4)
共変量項目	どちらの調査でも共通した項目	

グレーの部分はインターネット調査だけ実施された場合には欠測となる．

図 6.2 ネット調査と従来型調査

答」を y_{real} とし，本来同一対象者について 2 つの値が得られると考える．ただし，「インターネット調査に回答した集団」(図 6.2 の $z=1$ となる集団)では y_{web} が，そして「無作為抽出の標本」(図 6.2 の $z=0$ となる集団)では y_{real} が観測され，他方は観測されない．

つまり「インターネット調査で得られる回答」は図 6.2 の (1) の部分であり，また「無作為抽出された対象者に実施する(訪問調査などの)従来型調査」は図 6.2 の (4) の部分である．

このように考えれば，インターネット調査の結果と従来型調査の違いは以下の 2 つに分解できることがわかる．

［1］標本の違い(両者の抽出方法の違い)

　インターネット調査の標本から得られたデータは先ほど述べた 3 つの段階からなる選択バイアスを有する．

［2］回答方法の違い(一般には $y_{\mathrm{web}} \neq y_{\mathrm{real}}$)

　調査モードの違いと呼ばれるものである．具体的にはインターネット調査でのラジオボタンのクリックによる回答と，訪問調査での他記式の回答では異なる可能性がある．

所有や経験など事実にもとづく項目であれば，あまりこの調査モードの効果は存在しないと考えてよい．そこでとりあえず調査モードの効果は存在しない

(y_web=y_real)とすれば,図 6.2 の(4)は(2)と等しいと考えることができる[*7].

インターネット調査での結果(図の(1),$E(y_\text{web}|z=1)$)から従来型調査の結果(図の(4),$E(y_\text{real}|z=0)$)をなるべくよく予測するという問題は,「インターネット調査での回答」(図の(1))から「もし無作為抽出標本がインターネット調査に回答した場合の回答」(図の(2),$E(y_\text{web}|z=0)$)をなるべく精度よく予測するという問題に置き換えればよい.

ここで,図 6.2 を見ると 3.6 節の図 3.5 と基本的には同じ問題構造を有していることがわかる.つまり,どちらの問題でも「欠測している(2)の部分の母数」を推定したいが,「観測されているのは(1)のデータ」である.

したがって,3.6 節で紹介した"処置群における因果効果"の考え方を素直に利用すればよいことがわかる.推定したい量が $E(y_\text{web}|z=0)$ であることから,y_web を 3.6 節での y_1,同じく y_real を y_0 とすると,$E(y_\text{web}|z=0)$ の推定量は式(3.25)と同様に

$$\hat{E}(y_\text{web}|z=0) = \frac{\sum_{i=1}^{N} \frac{z_i(1-e_i)}{e_i} y_{\text{web}_i}}{\sum_{i=1}^{N} \frac{z_i(1-e_i)}{e_i}}$$

となる(ただし e は傾向スコアの推定値であり,添え字 i は回答者 i の値であることを示す).二重にロバストな推定量(式 3.26)を利用してもよい.

このような傾向スコアを用いたインターネット調査の補正はすでに欧米において広く利用されており(Berrens et al., 2003;Taylor et al., 2001),たとえば世界最大の市場調査会社であるニールセン社でもインターネット調査のオプションとして利用されている.日本においては星野(2003)が初めてインターネット調査と訪問留置調査データを用いた調整を行なっており,ビデオリサーチ社が一部実務に応用している.

[*7] 同様に(1)と(3)も等しいと考えることができる.

6.3 古典的な対処方法

実は傾向スコアを用いる方法以外にも,「有意抽出による調査」のバイアスを補正するための方法はこれまでいろいろと提案されてきた.大きく分類すると
 [1] レイキング法(raking method)
 [2] 回帰モデルを利用する方法
 [3] 母集団比率に従う割当法
に分けることができる.具体的にそれぞれの方法について紹介する.

レイキング法

調査実施後に行なう事後的な調整法の代表的な方法であるレイキング法(Ireland and Kullback, 1968)または反復比例フィッティング(iterative proportional fitting)とは,分割表において周辺分布(周辺比率)の真値がわかっているが,その同時分布(分割表データ)は標本からしか得られていない場合に「周辺分布をその真値に合わせるように分割表の各セルの重みを計算する」方法である.実際には「特定の変数に注目してまずその周辺分布が真値に合うように各セルの重みを計算し,次に別の変数の周辺分布が真値に合うように各セルの重みを計算し…」という形で反復計算を実施する.事後的な調整の方法として,以前からこのレイキング法によって属性変数の分布を国勢調査の結果に合わせるように被験者の重み(または属性変数の分割表の各セル)を計算し,重み付け集計を行なう方法が利用されてきた.しかしこの方法は計算方法の制約から,連続変数を利用できないことや,共変量としてせいぜい5~6変数しか調整に利用できないという欠点がある.6.6節の解析例で示すようにインターネット調査の調査協力者の偏りを補正するためには,たかだか数変数程度の情報を利用するだけでは不十分であることがわかっており,インターネット調査の補正にはあまり有効ではない.

回帰モデルを利用する方法

「y_{web} の共変量 x への回帰関数」が $z=1$(ネット調査の標本)と $z=0$(無作為

抽出標本)で同じ，すなわち

$$E(y_{\text{web}}|z=1,\boldsymbol{x}) = E(y_{\text{web}}|z=0,\boldsymbol{x})$$

と仮定する[*8]．このとき，インターネット調査標本から回帰関数の推定

$$\hat{E}(y_{\text{web}}|z=1,\boldsymbol{x})$$

を行ない，得られた回帰関数と「無作為抽出標本での共変量のデータ」を用いて計算した以下の量

$$\hat{E}(y_{\text{web}}|z=0) = \frac{1}{\sum_{i=1}^{N}(1-z_i)} \sum_{i=1}^{N}(1-z_i)\hat{E}(y_{\text{web}}|z=1,\boldsymbol{x}_i)$$

が $E(y_{\text{web}}|z=0)$ の回帰モデルを用いた推定量である．

ここで回帰関数が線形($E(y_{\text{web}}|z=1,\boldsymbol{x})=\boldsymbol{x}^t\boldsymbol{\beta}$)などの単純な関数であれば，「無作為抽出標本での共変量の値」そのものを利用しなくても，平均などの要約統計量を用いれば上記の推定が行なえるという利点がある．ただし第2章や第3章で繰り返し述べているように，回帰関数を誤って設定した場合にはこの方法ではうまく行かない．特にインターネット調査では共変量の候補が多数存在する可能性が高いため，回帰関数を事前に指定する方法，あるいはカーネル回帰などのノンパラメトリックな方法ではうまく補正できないことが多い．

インターネット調査での割当法

インターネット調査では性別や年代層について調査対象者の割付を行なうのが一般的である．具体的には性別と年代でクロスさせた層に分け，国勢調査での構成比と同じになるように抽出する．「各層が目標の比率になるまで回答者に督促をする」，または「目標比率になった時点でその層の回答の受付を終了する」，といった実施方法もよく見られる．

マーケティングでは市場を基礎的な属性で分け，分けた集団ごとに異なった

[*8] この仮定は第2章の"強く無視できる割り当て"条件そのものである．

市場対応を行なう"セグメンテーション"の基礎的な分析としてまず性別と年代で層別して集計を行なうことが通常である．したがって市場調査では割当法を行なうというのはサンプルサイズを確保するためのごく自然な対応である．加えて，国勢調査での構成比に合うように割当を行なえば「インターネット調査の偏りも多少は補正されるのではないか」という期待もあるといわれる．

そこで筆者は同じ調査項目について「割付を行なった場合」と「割付を行なわなかった場合」の2つの実験調査を2008年3月に実施した．具体的にはインターネット調査を性別と年代による割付を行なった場合と行なわない場合の2通り実施し，その調査データと「大手調査会社が実施した訪問留置法によるより代表性が高い標本への調査データ」を比較した．詳細な結果は省略するが，代表性が高い調査データとの単純平均の二乗誤差和は「割付を行なった場合」を100％とすると「割付を行なわなかった場合」は78.3％となり，割付を行なったほうがかえってバイアスが大きいことがわかった．

割付を行なうことで，たとえば「インターネット調査に協力する比率が非常に少ない高齢者や壮年の男性」を国勢調査での構成比と同様になるまで回答者を増やすことになり，結果として「インターネット調査に協力する特殊な高齢者や(収入が低くインターネット調査の謝礼をインセンティブと感じる)壮年男性」の回答が増えることになるといった現象が生じる．加えて近年では割当法が行なわれていることを利用して，高齢者になりすまし，抽出される回数を増やそうとする協力者もいるようである．したがって，割付がインターネット調査の偏りがさらに増大するという上記の結果は十分理解できるものである．

6.4 インターネット調査の補正の手順

本節では傾向スコアを用いたインターネット調査の偏りの共変量調整法を実務で利用する際の具体的な手順について説明する．6.2節で説明した方法を検証する実験調査のステップを加えることで，よりロバストな補正が可能になる．

図6.3はその際に実施する実験調査と主調査のデータ構造を示している．

[1] **実験調査の実施** 補正の目的となる調査項目，さらにその調査項目と関

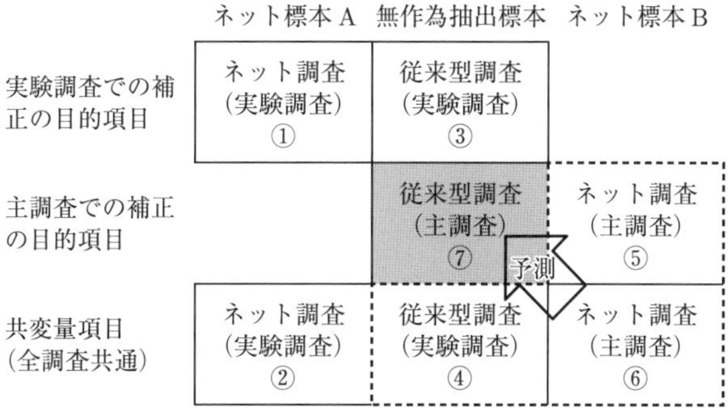

6.4 インターネット調査の補正の手順 ◆ 181

	ネット標本A	無作為抽出標本	ネット標本B
実験調査での補正の目的項目	ネット調査（実験調査）①	従来型調査（実験調査）③	
主調査での補正の目的項目		従来型調査（主調査）⑦	ネット調査（主調査）⑤
共変量項目（全調査共通）	ネット調査（実験調査）②	従来型調査（実験調査）④	ネット調査（主調査）⑥

グレーの部分は主調査では得られないので欠測となる．また図6.2との違いは調査モードの効果がないことを仮定していることである．

図 **6.3** インターネット調査の補正の実施

連があると考えられる項目（＝共変量候補）についてインターネット調査を行なう（図6.3の①と②の部分）．これと同じ調査項目の従来型の調査を無作為抽出標本（または少なくともインターネット調査の調査協力パネルよりは代表性のある標本）に対して実施する（図6.3の③と④の部分）．

［2］**共変量の選択** 共変量候補である調査項目の中から，実際に共変量調整に利用する共変量のセットを選択する（詳細は次節参照）．

［3］**共変量調整の検証** インターネット調査データに対して共変量調整を行なうことで，従来型調査の結果を十分な精度で予測できることを検証する．共変量調整の方法は次に説明する第5・6段階と共通である．

［4］**インターネットでの主調査の実施** 第1段階で実施した従来型調査を毎回実施することができればインターネット調査は不要である．したがって実務では以後インターネット調査だけを実施することになる（図6.3の⑤と⑥の部分）．ただし従来型調査で得られた共変量のデータ（図6.3の④の部分）は「インターネット調査の標本」を「無作為抽出標本」とつなげるためのいわば"糊しろ"として複数回の調査で利用できる．

上記の1から4段階までが実験調査の内容である．実務で補正の対象とする調査（主調査）では図6.3の④，⑤と⑥の部分のデータ（図の破線で囲われている部分）を利用した共変量調整を行なう．これが次の5・6段階である．

[5] **傾向スコアの推定** 主調査の「インターネット調査の標本」と第1段階で得られた「(従来型調査での)無作為抽出標本」の共変量部分のデータ(図6.3の⑥と④の部分)を合併する.「インターネット調査での回答者」なら $z=1$,「従来型調査での回答者」なら $z=0$ となるインディケータ変数 z を設定し, z を共変量で説明する2値データの回帰分析(たとえばロジスティック回帰)を実施する. 結果として得られる各調査回答者が「インターネット調査での回答者である」予測確率を傾向スコアの推定値とする. ただし, そのままで利用すると傾向スコアの推定値が小さい調査回答者の重みを非常に大きくするため, 通常は特定の閾値(たとえば0.1)以下は閾値と同じにするように変換を行なうほうが安定した結果が得られることが多い.

[6] **共変量調整の実施** 上記で推定された傾向スコアを用いて共変量調整を行なう. ここで関心のある母数は図6.3の⑦の部分の期待値(=「無作為抽出標本でのインターネット主調査項目の期待値」, 図6.2における $E(y_{\text{web}}|z=0)$)である. そこで6.2節の後半で紹介したように傾向スコアを用いたIPW推定または二重にロバストな推定を行なう.

実際の運用では上記以外の方法も考えることが可能であるが, 筆者らは少なくとも上記の方法ならば共変量調整によって安定した調整が可能となることをいくつかの実験調査を用いて示している(星野, 2003;星野・森本, 2007;星野, 2007).

6.5 共変量の選択問題

6.2節の前半で説明したように, クローズ型のインターネット調査では調査会社ごとに調査協力パネルのリクルート方法が異なるため, 結果として対象者の職種や学歴, 収入などの構成も異なっている. したがってインターネット調査への協力者が母集団である消費者や有権者全体とどのように異なるか, あるいはどのような点で特徴があるかを一般論として議論することにはあまり意味はない. したがって, 一般的に利用するべき共変量が何であるかという議論よりは,「各調査協力パネルごとに」さらには「補正の目的変数ごとに」どの

6.5 共変量の選択問題

ような共変量を利用することで有効な補正が行なえるかを検討する必要がある[*9]．このような観点からの共変量選択を6.4節の3段階目として行なう必要がある．本節では共変量選択の方法について議論する．

まず，6.2節で議論したように，有意抽出によるバイアスは欠測データの枠組みで考えることができる．したがって共変量選択は第4章の考え方を適用すればよい．ただし第4章では「間接効果を除去せずに因果効果を推定するために，中間変数を共変量として利用してはいけない」と注意したが，インターネット調査の補正で関心があるのは「周辺期待値のより精度の高い推定」である．したがって「本来の共変量の代理変数となるであろう変数」はたとえ中間変数でも積極的に利用してよい．調査協力パネルへの登録後に得られる主調査での情報は本来ならすべて「(第4章での)処置後変数」であるが，代理変数として共変量の候補に加えても構わない．

共変量選択においては"強く無視できる割り当て"条件を満たす共変量のセットを発見することを目指すことになる．ここで"強く無視できる割り当て"条件のチェックは第4章で述べたように因果推論では直接的に実行するのは難しいが，実験調査データが存在する場合には実行可能である．なぜなら，図6.3の①も③も得られているため，「①と共変量情報(②と④)を用いて行なった共変量調整による推定値」が「無作為抽出標本での回答」③の平均に近いかどうかを直接チェックできるからである．

また，ここで"強く無視できる割り当て"条件を満たす共変量のセットの発見は，補正したい項目すべてに対する「無作為抽出標本での従来型調査回答の平均」と共変量調整による推定値との誤差の和(たとえば二乗誤差和)を計算し，これが最小になるような共変量のセットを見つけることと本質的に同じである．なぜなら，"強く無視できる割り当て"条件(第2章での式(2.16))

$$p(z|y_{\mathrm{web}}, y_{\mathrm{real}}, \boldsymbol{x}) = p(z|\boldsymbol{x})$$

が成立すれば，調査モードの違いを無視すれば($y_{\mathrm{web}} = y_{\mathrm{real}}$)

[*9] ただし実際には具体例で見るように，汎用的な共変量が存在するようである．

$$p(y_{\text{web}}|z, \boldsymbol{x}) = p(y_{\text{web}}|\boldsymbol{x}) = p(y_{\text{real}}|\boldsymbol{x}) \qquad (z = 1, 0) \tag{6.1}$$

(第 2 章での式(2.18))が成立するということであり，共変量を用いて「無作為抽出標本での従来型調査回答の平均」つまり $z=1$ での $\bar{y}_{\text{real}}$ と共変量調整による推定値が等しくなるはずだからである．したがって，より正確に補正ができるような共変量を選べばよいだけである．

しかし大量の共変量の候補項目から，一度に共変量をすべて選択しようとすると組み合わせが非常に多くなり，現実的ではない．そこで星野・前田 (2006) は簡便法として以下の 4 つの基準を満たす変数を共変量として選択することを提案している．

[1] 個人内変動が少なく(つまり各個人内で安定した)，かつインターネット調査と訪問調査で継続的に質問できる可能性が大きい項目を選ぶ．

[2] 訪問調査とインターネット調査間で差のある項目を選ぶ．(具体的には t 検定やロジスティック回帰分析を行ない，標準偏回帰係数が大きくなる項目や差の検定の p 値が小さくなる項目を共変量候補として選ぶ．)

[3] 補正の目的項目を共変量に回帰させたときの偏回帰係数が，2 群とも同じ方向に(正なら正，負なら負に)なるものを選ぶ．特に目的項目全体で回帰係数の向きが同じになることが多い変数，標準偏回帰係数の絶対値が大きいものを共変量として選ぶ．

[4] 上記の基準で選択された共変量のセットから，さらに二乗誤差の和を減少させる(またはもっとも増加分が小さくなる)ように共変量を減らす．

上記の 4 つの基準すべてを満たす共変量を候補項目から選び出すという方法であり，これにクロスバリデーションやリサンプリングを組み合わせることで，より汎化誤差を大きく減少させる共変量を選択させることが可能である．

上記の基準は一種のアドホックな基準であるが，たとえば 1 段階目は個人内での時間経過にともなう変動が大きい項目を共変量として利用してしまうとすぐに利用できなくなってしまうため，実施上の要請として合理的である．また 2 段階目は傾向スコア算出のための「インターネット調査に回答したかどうかを説明するロジスティック回帰」において有効な説明変数を選択するための基準である．

さらに3段階目は，共変量による目的項目への説明力が高いほど補正に有効であることから(4.2節参照)必要であり，「回帰係数が2群で同じ方向になる共変量を利用する」というのは，$p(y_{\text{web}}|z=0,\boldsymbol{x})=p(y_{\text{web}}|z=1,\boldsymbol{x})$，つまり式(6.1)を単項目でなるべく満たすことができるようにすることが目的である．

これらの基準をどのように組み合わせるべきかは，各調査のサンプルサイズや利用可能な共変量の候補の数，目的などに応じて異なる．

上記の方法で選び出した共変量項目の数は，実際の調査に継続的に利用するという実用性の観点と補正の精度のトレードオフを考えて決定されるが，筆者らのこれまでの研究では20から30程度が目安である．

また，ここで選択された共変量は6.4節での「実験調査での目的項目」の補正(図6.3の③の予測)には有効であるが，「本調査での目的項目」の補正(図6.3⑦の予測)に有効であるという確証はない．しかし先行研究の結果からは，学歴や居住形態などの汎用的な共変量が存在することが示唆されている(星野・前田，2006)．ただし汎用的な共変量を利用するだけでは補正の精度は高くないことから，特定の目的項目をより精度よく補正するための共変量は別途探索し，**精度と汎用性のトレードオフを考慮しながら共変量調整に利用する共変量を選択するのが望ましい**．

6.6 インターネット調査の補正の具体例

この節では社会調査と市場調査での解析例を紹介する．

例6.1(日本版総合的社会調査のインターネット版調査の補正(星野・前田，2006))．
日本の代表的な社会調査の一つに日本版総合的社会調査[*10](以下JGSSと表記する)がある．これは選挙人名簿から層別抽出法で無作為に抽出された対象者に対して実施したサンプルサイズの大きい訪問面接留置調査である．星野・前田(2006)はJGSSの質問項目の一部をインターネット調査で実施し，そのデータとJGSSの共変量情報を用

[*10] 日本版General Social Surveys(JGSS)は，大阪商業大学比較地域研究所が，文部科学省から学術フロンティア推進拠点としての指定を受けて(1999-2003年度)，東京大学社会科学研究所と共同で実施している研究プロジェクトである(研究代表：谷岡一郎・仁田道夫，代表幹事：佐藤博樹・岩井紀子，事務局長：大澤美苗)．東京大学社会科学研究所附属日本社会研究情報センターSSJデータアーカイブがデータの作成と配布を行なっている．

いた共変量調整によって，JGSS の結果をどの程度予測できるかを調べた．

具体的には JGSS 調査の留置票にある，(1)人は信用できると思いますか(一般的対人的信頼感の項目)，(2)「夫に十分な収入がある場合には，妻は仕事をもたないほうがよい」という意見に，あなたは賛成ですか，反対ですか，(3)「妻にとっては，自分の仕事をもつよりも，夫の仕事の手助けをするほうが大切である」という意見に，あなたは賛成ですか，反対ですか，(4)「政府は，裕福な家庭と貧しい家庭の収入の差を縮めるために，対策をとるべきだ」という意見に，あなたは賛成ですか，反対ですか，(5)あなたの町に外国人が増えることに賛成ですか，反対ですか，(6)不治の病におかされた患者が，痛みをともなわない安楽死を望んでいるとします．その家族も同意している場合に，医者が安楽死を行なえる法律をつくるべきだと思いますか，の6つの意見項目，そして共変量の候補として 32 項目についてインターネット調査が実施された．

そして，2001, 2002, 2003 年の 3 回の JGSS 調査データ(それぞれサンプルサイズは 4500 人，5000 人，3500 人)と，インターネット調査データ(サンプルサイズ 4199 人)を用いて，下記の 6 つの解析が行なわれた．

解析(1)　各 JGSS 調査の訪問留置調査での回答分布

解析(2)　インターネット調査での回答分布

解析(3)　傾向スコアを用いた IPW 推定による補正値 1

ただし共変量の選択方法は 2001 年の訪問留置調査の 6 つの意見項目を目的項目として，6.5 節の方法を利用し，18 項目[*11]を最終的な共変量として取り上げた．

解析(4)　傾向スコアを用いた IPW 推定による補正値 2

ただし共変量の選択方法として 6.5 節の共変量選択の第 2 段階のみ実施し，解析(3)と同じ数である 18 項目[*12]になるようにした．

解析(5)　傾向スコアを用いた IPW 推定による補正値 3

基本属性(性・年齢・地域ブロック・学歴・職業分類・収入)を共変量とした．

解析(6)　上記(5)の共変量である「性・年齢・地域ブロック・学歴・職業分類・収入」に関してレイキング法を行なった補正値

上記の(2)から(6)の推定値が 2001, 2002, 2003 年の訪問留置調査での回答分布(上記の(1))をどれだけ予測しているかを示すために，各項目ごとでの二乗誤差を計算し，

[*11] 性・年齢・地域ブロック(北海道・東北/関東など 6 地域)・都市規模・学歴・父学歴・母学歴・職業分類・世帯収入・住居形態・新聞を読む頻度・喫煙・飲酒・先週の状況・先週仕事をしていたかどうか・所属階層の自己評定・同居人数・仕事でメールをするか？

[*12] 性・地域ブロック・都市規模・学歴・母学歴・配偶者学歴・職業分類・世帯収入・住居形態・本を読む頻度・先週仕事をしていたかどうか・15 歳のころの居住地域・15 歳のころの父親の職業・15 歳のころの母親の職業・15 歳のころの世帯収入・仕事でメールをするか？・私用でメールするか？・インターネットで株取引をするか？

表 6.1 項目ごとのさまざまな調整法の二乗誤差

		解析(2) 単純ネット	解析(3) IPW1	解析(4) IPW2	解析(5) IPW3	解析(6) レイキング
2001年	一般的信頼	0.0051	0.0009	0.0023	0.0011	0.0019
	妻の仕事	0.0248	0.0132	0.0236	0.0145	0.0159
	妻は夫の	0.0112	0.0051	0.0198	0.0048	0.0050
	貧富解消	0.0124	0.0079	0.0226	0.0067	0.0082
	外国人増加	0.0188	0.0062	0.0080	0.0101	0.0162
	安楽死是非	0.0017	0.0009	0.0032	0.0009	0.0011
	対ネット比		45.97%	105.66%	51.53%	65.39%
2002年	一般的信頼	0.0230	0.0124	0.0102	0.0119	0.0130
	妻の仕事	0.0204	0.0110	0.0168	0.0115	0.0121
	妻は夫の	0.0126	0.0072	0.0260	0.0072	0.0090
	貧富解消	0.0039	0.0031	0.0026	0.0039	0.0071
	外国人増加	0.0113	0.0023	0.0031	0.0050	0.0069
	安楽死是非	0.0284	0.0161	0.0041	0.0247	0.0277
	対ネット比		53.14%	69.60%	61.70%	73.74%
2003年	一般的信頼	0.0155	0.0035	0.0023	0.0058	0.0057
	妻の仕事	0.0297	0.0156	0.0245	0.0189	0.0216
	妻は夫の	0.0165	0.0091	0.0312	0.0116	0.0124
	貧富解消	0.0068	0.0010	0.0127	0.0005	0.0006
	外国人増加	0.0075	0.0004	0.0030	0.0026	0.0039
	安楽死是非	0.0169	0.0069	0.0020	0.0147	0.0210
	対ネット比		40.21%	86.19%	56.49%	66.30%

星野・前田(2006)の表6を一部改変

表 6.1 に示した[*13].また,インターネット調査での二乗誤差和を100%としたときの,各方法の二乗誤差和も記載した(表 6.1 の"対ネット比").

6.5 節で紹介された共変量選択にしたがって選ばれた共変量を用いて計算された IPW 推定値(解析(3))はすべての年,およびすべての項目で,インターネット調査での値に比べて訪問留置調査の結果に近づいていることがわかる.また基本属性のみを利用して傾向スコアを算出し,これを用いて補正を行なった場合(解析(5))も訪問留置調査に近づくが,提案された共変量選択法を用いてさまざまな共変量を加えたほうがより訪問留置調査に近づくことがわかる(Schonlau ら(2009)も同様の結果を公表している).これに対して,解析(4)はかえって補正前のインターネット調査の結果よりも二乗誤差が大きくなっている場合がある.6.5 節での共変量選択の第 3 段目による共変量を選択することが重要であることがわかる.またレイキング(解析(6))は同じ共変量を利用している解析(5)よりも調整がうまくいっていない.

このように,インターネット調査を用いて 2001 年の JGSS データの結果をよりよく

[*13] 無回答を除去している.

予測するように共変量を選択し，2002 年と 2003 年のデータに対しては選択された共変量をそのまま利用して傾向スコアを算出し，補正を行なったが，その結果はおおむね良好であった．

またインターネット調査は 2004 年に実施されており，2001 年〜2003 年の JGSS 調査とはそれぞれ 3 年から 1 年の時期的なズレがあるが，そのような時期的なズレに対しても解析(3)による方法は頑健であることを示している．

さらに確認のため，「各年度の調査ごとに 2 つの調査からそれぞれ 500 人ずつを無作為抽出し，得られたサンプルサイズ 1000 の標本から各質問でのネット平均および解析(5)を行なう」というリサンプリングを 1000 回行なった．また，6 つの質問項目の回答分布を多項分布とみなして，訪問平均と有意な差があるかどうかを最尤法による尤度比検定および第 3 章の PME での検定を用いて，有意水準 5% で棄却されるかどうかを調べた．これを 2001 年から 2003 年度の 3 年度分行なうことで，3×6=18 の質問のうち，訪問調査での回答と有意に差があるとされた質問数の平均は，ネット平均では 8.21，方法 1 では 4.34 であった．このことからも，この解析例では 6.5 節で紹介した共変量選択を用いる IPW 推定(解析(5))はネット平均をそのまま利用するよりも十分訪問調査の結果に近い結果を与えることがわかった．

例 6.2 (大規模市場調査での再現性(星野・森本，2007；星野，2007))．

筆者らは日本を代表する大規模な継続的市場調査である，(株)ビデオリサーチの ACR (Audience and Consumer Report) 調査を利用してインターネット調査の補正を 2004 年度から毎年継続的に実施している．この調査自体は訪問留置調査だが，実験調査として同一の時期に一部の調査項目についてインターネット調査を行なった[*14]．

まず共変量選択は候補となる 57 項目から，2004 年の訪問留置調査における「金融商品の保有に関する 12 項目」を目的変数として，6.5 節の方法により 2004 年のインターネット調査データの共変量調整がうまく機能するように 20 変数を選択した[*15]．そして上記の 20 変数を用いて計算された傾向スコアによる IPW 推定によって，2004 年から 2007 年までの 4 年間の各訪問留置調査での金融商品の保有率(12 項目)と「よく読む新聞の記事の種類(欄)」34 項目の合計 46 項目の比率の推定を行なった．図 6.4 は 2004 年の調査データについて，各項目の訪問留置調査での比率の推定値を横軸，イ

[*14] ACR 調査の回答者のうち，三大都市圏に在住している者に限定して利用している．サンプルサイズは訪問留置調査とインターネット調査それぞれ 2004 年が 5371 人と 2139 人，2005 年が 5375 人と 2267 人，2006 年が 5330 人と 2173 人，2007 年が 5377 人と 2203 人であった．

[*15] 性別・年齢・職業区分・最終学歴・結婚年数(結婚歴含む)・世帯収入・家の部屋数・運転免許の有無・家族構成(4 項目)・自動車保有台数・ネット利用時間・旅行頻度(3 項目)・読書頻度・飛行機利用・居住する都道府県名．

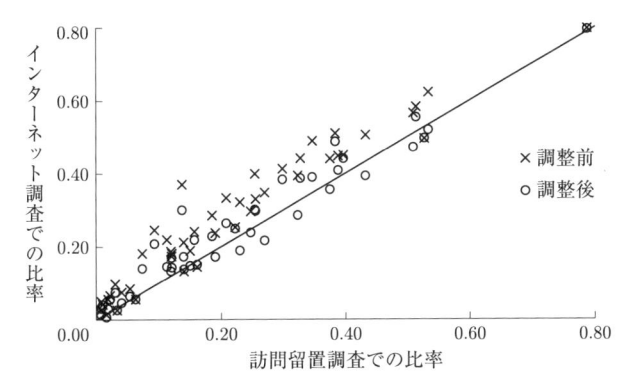

6.6 インターネット調査の補正の具体例 ◆ 189

直線上なら訪問留置調査とインターネット調査の結果が等しい．

図 **6.4** 訪問留置調査とインターネット調査の比較（星野 (2007) の図 5 を改変）

表 **6.2** 二乗誤差和の観点からの IPW 推定の再現性

	ネット調査での単純比率	IPW 推定	二乗誤差減少率
2004年	0.3127	0.1064	65.97%
2005年	0.3090	0.1175	61.96%
2006年	0.3312	0.1201	63.73%
2007年	0.3777	0.1542	59.18%

ンターネット調査での推定値を縦軸として 46 項目分プロットしたものである．ここで "調整前" は「訪問留置調査とインターネット調査での単純な集計比率」，"調整後" は「訪問留置調査と IPW 推定量」をプロットしたものになっている．

図 6.4 から，インターネット調査の単純な集計値は訪問留置調査と大きな乖離があること，そして 6.5 節での共変量選択を用いた IPW 推定が訪問留置調査の結果に近づいていることがわかる．

また同様の解析を 4 年分行ない，46 項目についての「訪問留置調査とインターネット調査」，および「訪問留置調査と IPW 推定量」の二乗誤差和を計算したのが表 6.2 である．IPW 推定によるインターネット調査の補正が 4 年間という長期間にわたって有効であり，補正性能の再現性を有することがわかった．

3.4 節の PME 推定を利用して潜在クラス分析によるセグメンテーションの補正を行なうこともできる．AV 機器や情報機器 12 品目の所有の有無を用いて潜在クラス分析を実施した結果が図 6.5 である．

190 ◆ 6　有意抽出による調査データの補正

訪問留置調査でのセグメンテーション

インターネット調査でのセグメンテーション

PME推定によるセグメンテーションの補正結果

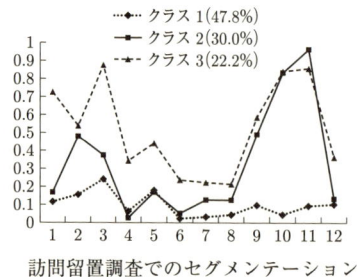

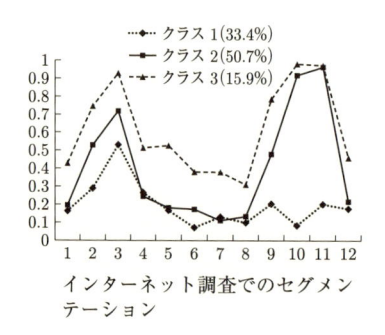

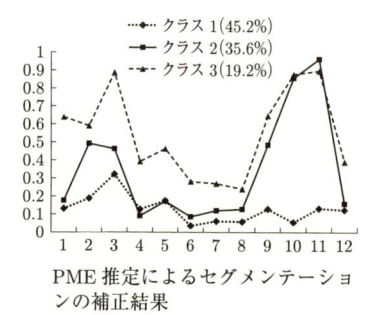

図 **6.5**　セグメンテーションの補正(星野(2007)の図6・7・8を改変)

　セグメンテーションの結果からは訪問留置調査データでもインターネット調査でも得られる3つの潜在クラス自体は同様のものであるが，構成比が大きく異なる．たとえばAV機器や情報機器の保有がある程度多いクラス2の比率は訪問留置調査では30%であるが，インターネット調査では50.7%を占めている．PME推定による調整後はクラス2は35.6%と訪問留置調査に近い結果になっている．

7

データ融合
—複数データの融合と情報活用—

メーカーHPや広告サイトの閲覧が購買行動にどのような影響を与えるかを調べたいとする．このときインターネットのHP閲覧行動に加えて，購買行動など関心のある情報すべてを同一の調査対象者から得ているシングルソースデータが必要であるが，通常得られるのは別々の対象者についての広告接触データと購買履歴データなど，いわゆるマルチソースデータである．マルチソースデータからは「どんな広告に接触したらどんな購買行動を行なうか」などの予測はできないため，実務場面ではマルチソースデータをシングルソースデータに変換する"データ融合"が求められることが多い．

本章ではデータ融合の考え方を，第6章までの「欠測モデル」「共変量情報の効果的活用」という観点から説明する．データ融合の考え方は経済学の研究でしばしば行なわれる"疑似パネルデータ"作成の議論を考える際にも有用である．

7.1 データ融合とは？

データ融合(data fusion)[*1]とは，複数の(かつ別々の)サンプルから得られたデータ(これをマルチソースデータと呼ぶ)を単一のサンプルから得られたデータ(これをシングルソースデータと呼ぶ)に統合するための方法論である．

データ融合が対象とする問題は，経済学や政治学などの社会科学分野(特にこれまで疑似パネルデータ解析と呼ばれていたもの)や産業界の実務でも幅広く存在するが，まずはイメージを摑んでいただくためにマーケティング分野に限定して説明する．

製品開発やマーケティング戦略のために得られるさまざまなデータは複数の情報源から得られるマルチソースデータであることが多い．たとえば，「どの広告をどのメディアで見たか」については市場調査からデータ(広告接触データ)を得ているとする．他方，「どのような商品を購入したか」についての実績データ[*2](購買データ)は別のサンプルに対して得ることが多い．たとえば，小売業では顧客に発行したIDカードを用いて購買履歴を捕捉し，セールスに生かすフリークエント・ショッパーズ・プログラムが行なわれるが，そのような場において生成される実績データから広告接触や他社からの購買有無を知ることはできない．単純にどの広告が認知されているかといったことであればマルチソースデータを利用しても問題はない．しかし「ある特定の性質を有する製品を，ある特定のターゲットがどれくらい購入するか」「どのような広告媒体にどのような情報を載せれば，ターゲット層がより購入するか」といったよ

[*1] データフュージョンとも呼ばれるが，この言葉は工学系での「複数センサーからの同一対象の高次理解」"センサーフュージョン"を示すこともあるため，本書ではデータ融合という呼び方で統一する．また，統計的照合と呼ばれる場合もあるが，この場合は実行方法としてマッチングを指すことが一般的であるため，ここではこの用語は利用しない．

[*2] POSデータなど，企業活動の成果として産出されるデータを実績データと呼ぶことが多い．

り実際的な関心に応える解析を行なうためには「広告接触の変数」と「購買の変数」が同一対象者から得られているシングルソースデータが必要である．

したがって，関心のある変数すべてを全対象者について測定するシングルソースデータを得ればよいのであるが，下記に示すようなさまざまな問題があるため，実際に得ることは非常に困難である．

(1) 測定上の問題

たとえば広告接触だけ考えたとしても，現在ではテレビや新聞だけではなく，さまざまな雑誌やインターネットで広告が行なわれており，そのすべてを1人の人から同時に調査することは不可能である(Adigüzel and Wedel, 2008)．また購買変数についても，多様な製品カテゴリーすべてについて調査することはできない．

(2) 必然的に情報源が複数であることによる問題

消費者の行動や態度を調べるためのさまざまな情報源が存在するため，そもそもシングルソースデータで情報が得られることは少ない．広告接触データと購買履歴データはそれぞれ市場調査とPOS[*3]システムなどから得られるが，それぞれの対象者は別である．たとえば，POSなどから得られる時系列的な購買履歴データがあっても，なぜ購買が起こったかの原因を広告やプロモーションに求める場合には，広告接触の有無を購買履歴データを得た対象者から入手する必要があるが，実際にはそれは不可能である．

さらに，製品開発を目的として消費者に対する試用テストや感性工学実験が行なわれることが多いが，このような実験データでの対象者はごく一部のコアユーザーや開発している企業の社員であることが多く，代表性に問題がある．また，実験データで得られた製品属性に関する知見について，市場セグメントなどを考えるためには実験データと市場調査データを組み合わせて考える必要があるが，実際はシングルソースデータではないので解析することができない．

[*3] point of sales のこと．購入時点でバーコード読み取りにより販売履歴が蓄積される．

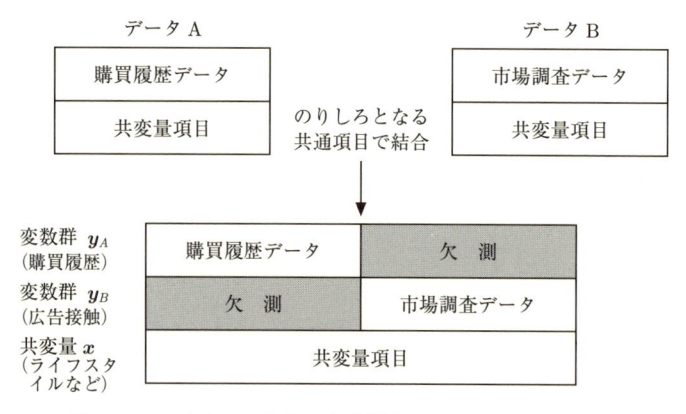

図 7.1 "のりしろ"として共変量を用いてデータを結合する

(3) 測定のタイムスケールの問題

購買履歴などの実績データの代わりに市場調査で「購買有無」「広告接触」を調査すればシングルソースデータを得ることは可能である．しかし市場調査で得られる情報はせいぜい月単位のものであり，実績データにおいて得られる日時単位の測定とは大きく乖離する．

そこで，このような問題を回避するために複数のデータを結合することでよりよい予測と意思決定を支援するための手法がデータ融合である．

1.5 節にも示した通り（図 1.4 の (c)），データ融合で扱う問題設定も，第 6 章まで見てきたさまざまな問題と同じく"欠測データ"の枠組みで議論することができる．再度，「マルチソースデータの融合」という観点を強調して表現すると，購買履歴データと市場調査データのようなマルチソースデータセットは，統計学的には図 7.1 のように欠測の存在するシングルソースデータと考えることができる．具体的には図 7.1 のように，データ A（購買履歴）での調査対象者では変数群 y_A（購買履歴関連の変数）は観測されているが，変数群 y_B（広告接触など市場調査での変数）は欠測しており，一方，データ B（市場調査）での調査対象では購買履歴関連の変数が欠測している，という状態である．変数群 y_A と変数群 y_B のどちらについても測定されている調査対象はいないため，当然相関や回帰係数等を推定することはできない．そこで，欠測部分であ

る「データBの調査対象での変数群A」や「データAの調査対象での変数群B」を予測・補完するニーズはきわめて高い.

これまでは購買データや調査データなどといった異なるデータ収集法によって得られたマルチソースデータ間のデータ融合を例に挙げたが,特定の目的を持った小規模データを大規模データと融合させて予測を行なう場合などもデータ融合として考えることができる.

また,図7.1の状況以外にもさまざまな変種を考えることができる.たとえばすべての変数に対して値が得られている対象者がいる(一部シングルソースになっている)場合にはこれをデータCとして図7.1の下の図に結合させて表現すればよい.この場合については7.5節で説明する.

第6章までの「統計的因果推論」「選択バイアス」「偏りのある抽出による調査の補正」と「データ融合」が異なる点は,後者では欠測部分に関連する母数の推定だけではなく,欠測データの予測にも関心があるということである.

7.2 データ融合を行なうための前提条件

第6章までの関心は欠測が存在する場合の周辺分布の母数推定にあった.具体的には処置群($z=1$)での潜在的な結果変数 y_1 が観測されるのは $z=1$ のときの y_1 だけであり,$E(y_1|z=1)$ は推定できるが最も関心があるのは周辺期待値 $E(y_1)$ であり,この量が推定可能になる条件が"強く無視できる割り当て"(式2.18)や"平均での独立性"(式2.19)であった.

一方,データ融合の目的は周辺分布の母数推定ではなく,

[1] 欠測データの予測そのものに関心がある.データAでの調査対象の $\boldsymbol{y}_B$,データBでの調査対象の $\boldsymbol{y}_A$ を予測する.

[2] $\boldsymbol{y}_A$ と $\boldsymbol{y}_B$ の相関(連関)を求める.相関といっても離散変数間の連関も含めると,特定の広告に接触した人が購買する割合など実務で要求される未知量の多くは相関である.

のどちらかである.ここで(1)の予測を行ないたいのであれば,予測分布を導出することになる.予測分布について考えるために,(第6章までと同様に)z を,$z=1$ ならばデータAで調査対象となっている,$z=0$ ならばデータBで調

査対象となっている，とするインディケータ変数とする．

このとき，データBで調査対象となっている($z=0$)個人の$\boldsymbol{y}_A$の値の予測分布は

$$p(\boldsymbol{y}_A|\boldsymbol{y}_B, z=0, \boldsymbol{x}) = \frac{p(z=0|\boldsymbol{y}_A, \boldsymbol{y}_B, \boldsymbol{x})p(\boldsymbol{y}_A|\boldsymbol{y}_B, \boldsymbol{x})}{p(z=0|\boldsymbol{y}_B, \boldsymbol{x})}$$

と表現できる．ここで「zの分布が欠測値に依存しない」とする2.2節の "ランダムな欠測" 条件が成立すれば，上の式の右辺で$p(z=0|\boldsymbol{y}_A,\boldsymbol{y}_B,\boldsymbol{x})=p(z=0|\boldsymbol{y}_B,\boldsymbol{x})$となるため，

$$p(\boldsymbol{y}_A|\boldsymbol{y}_B, z=0, \boldsymbol{x}) = p(\boldsymbol{y}_A|\boldsymbol{y}_B, \boldsymbol{x})$$

となる．したがって共変量$\boldsymbol{x}$を条件付けた場合の$\boldsymbol{y}_A$と$\boldsymbol{y}_B$の同時分布の母数がわかれば，予測ができる．しかし実際は$\boldsymbol{y}_A$と$\boldsymbol{y}_B$をペアで観測できないため，潜在変数モデルなどの特殊な仮定 (7.3節を参照) を置かなければこの同時分布の母数推定はできない．

そこで，**条件付き独立性 (conditional independence)** の仮定，つまり

$$p(\boldsymbol{y}_A, \boldsymbol{y}_B|\boldsymbol{x}) = p(\boldsymbol{y}_A|\boldsymbol{x})p(\boldsymbol{y}_B|\boldsymbol{x}) \tag{7.1}$$

を導入する．つまり共変量を条件付けた場合には$\boldsymbol{y}_A$と$\boldsymbol{y}_B$は独立になるということであり，購買と広告のデータの例で考えれば「共変量の値が同じ対象者では広告に触れたからといって購買が増加するわけではない」ということになる．この仮定は強いものであるが，共変量$\boldsymbol{x}$として十分な情報があれば近似的に満たされると考えることができる．

"条件付き独立性" の仮定が成立し，かつ "ランダムな欠測" 条件が成立すれば，データBでの$\boldsymbol{y}_A$の予測分布$p(\boldsymbol{y}_A|\boldsymbol{y}_B, z=0, \boldsymbol{x})$およびデータAでの$\boldsymbol{y}_B$の予測分布$p(\boldsymbol{y}_B|\boldsymbol{y}_A, z=1, \boldsymbol{x})$は

$$p(\boldsymbol{y}_A|\boldsymbol{y}_B, z=0, \boldsymbol{x}) = p(\boldsymbol{y}_A|\boldsymbol{x}), \quad p(\boldsymbol{y}_B|\boldsymbol{y}_A, z=1, \boldsymbol{x}) = p(\boldsymbol{y}_B|\boldsymbol{x})$$

となり，また "ランダムな欠測" であるので2.6節と同様に$p(\boldsymbol{y}_A|\boldsymbol{x})$の母数はデータAから，$p(\boldsymbol{y}_B|\boldsymbol{x})$の母数はデータBから推定することができる．また

$$p(\boldsymbol{y}_A, \boldsymbol{y}_B) = \int p(\boldsymbol{y}_A, \boldsymbol{y}_B|\boldsymbol{x}) p(\boldsymbol{x}) d\boldsymbol{x} = \int p(\boldsymbol{y}_A|\boldsymbol{x}) p(\boldsymbol{y}_B|\boldsymbol{x}) p(\boldsymbol{x}) d\boldsymbol{x}$$

より $\boldsymbol{y}_A$ と $\boldsymbol{y}_B$ の同時分布を推定することができ，[1]の予測だけではなく[2]の相関情報も得ることができる．

7.3 さまざまなデータ融合手法

これまでに利用されてきたデータ融合手法は以下の3つに分けることができる．
[1] マッチング
[2] 潜在変数モデリング
[3] 回帰モデルの利用
これらの方法にはそれぞれ利点と欠点がある．

マッチング法

欠測部分の補完方法として，これまで一般的に利用されてきたのはマッチングである．これは，2つのデータセットAとBどちらでも測定されている共変量[*4]に関してもっとも近くなるような，データAとデータBの対象者をペアにするマッチングを実施する．そのペアを同一調査対象とみなせば，データAの対象者からは変数 $\boldsymbol{y}_A$，データBの対象者からは変数 $\boldsymbol{y}_B$ の値が得られているので，どちらの変数も測定されているような個人が存在することになる．このように「欠測がないシングルソースデータ」を作成して解析する方法である．マッチングは汎用の統計解析ソフトで簡単に実行できるため，これまで実務レベルではよく利用されてきた（たとえば Rässler(2002)；大西・中井(2006)や博報堂の CrossMedia HAAP システムなど）．具体的なマッチング法としては2.6節に説明したさまざまな手法[*5]がある．

[*4] 本書では第6章までの議論にもとづいて紹介しているので以後も"共変量"と呼ぶが，マッチングではキー変数と呼ぶことが多い．
[*5] 実務では属性変数を用いてクラスター分析を行ない，2つのデータセットで同じクラスになるようにマッチングを行なうことが多い．

また，単純に「データ A と共変量の値が最も近いデータ B の対象者を利用する」マッチング[*6]を利用するとデータ B のマッチング後の共変量の分布（具体的には平均や比率など）が元々の値と異なってしまう．そこでマッチング前後で共変量の分布が等しくなるように重みを付けるのが制約付きマッチング（**constrained matching**）である．この場合データ A，データ B どちらでもマッチング前後で分布を等しくするために，多対多のマッチングを行なうことになる．

ところで，マッチングには以下の問題点が存在する．

(1) 推定精度があまり高くない可能性がある．

マッチングをはじめとして，欠測値に何らかの予測値を当てはめて相関などを推定する方法では推定にバイアスが生じる．その原因については後述する．

(2) マッチングに利用しない対象者データが無駄になる．

1 対 1 マッチングでは調査データと実験データのようにデータ間でサンプルサイズが大きく異なる場合には非常に非効率である．

(3) 確率的な変動を考慮できず，また統計的な性質が明確ではない．

マッチングを用いた場合の相関係数などの推定量の統計的な性質はマッチングの方法（2.6 節に記述したようにさまざまな方法が存在する）によって大きく変化する．また統計的な性質を明確にすることができない．

(4) ある調査対象の個人情報を直接そのまま利用するため，個人情報保護法などの観点から問題が生じる可能性がある．

たとえばデータ A での変数 y_B の値として，マッチングによってペアとされたデータ B の対象者の y_B の値を代入するということは，データ B の対象者の部分的な個人情報がそのまま利用されているということになる．データ A とデータ B のどちらも同一の調査主体が実施しているのなら問題はないが，

[*6] 無制約マッチング（unconstrained matching）と呼ばれることがある．

データ融合を利用する実務場面ではしばしばデータ A は調査会社，データ B はクライアントなどといった形で調査主体が同一でない場合がある．マッチングを行なうための共変量の値と y_B の値があればデータ A の調査主体がデータ B を復元できるマッチングは，個人情報保護の観点から望ましくない．

　上記のうち，(3)についてはリサンプリングや多重代入法を利用することで解決することができる．データ融合でのマッチングは単一代入法(single inputation)（付録 A.4 節参照）の一種，特に「Cold Deck による単一代入法」として考えることが可能である．単一代入法にはさまざまな問題点が存在することが指摘されていることから，代入値を変えながら単一代入法を複数回行ない，その結果を統合する**多重代入法**(multiple inputation)を実施するほうがより良い推測が行なえることが知られている．詳しくは付録 A.4 節を参照いただきたい．
　ただし，それ以外の問題については解決することが難しい．特に問題点(1)について次に詳しく説明する．

マッチングによって生じるバイアスの理解

　マッチングによってデータ融合を行ない，得られたシングルソースデータにおいて y_A と y_B の相関を推定すると，得られた相関係数の推定値の絶対値の大きさは本来の y_A と y_B の相関係数よりも必ず低くなる．また，相関係数以外の母数に対する推定にもバイアスが生じる．
　これは，測定誤差(measurement error)または変数誤差(errors in variables)が存在する場合の相関係数や回帰係数の希薄化(attenuation)の問題として理解することができる．
　データ A において調査されている対象者については変数 y_A は得られているが，変数 y_B については得られていない．そこでデータ B の中でもっとも近いとされる対象者のデータ y_B^* を利用するマッチングを行なうと，

$$y_B^* = y_B + \epsilon_B$$

と本来の y_B に誤差 ϵ_B が加わったものが y_B^* である．仮に誤差が y_A や y_B と

無相関だとすると，y_A と y_B^* の相関は

$$Cov(y_A, y_B^*) = \frac{Cov(y_A, y_B+\epsilon_B)}{\sqrt{Var(y_A) \times (Var(y_B)+Var(\epsilon_B))}}$$

$$= \frac{Cov(y_A, y_B)}{\sqrt{Var(y_A) \times (Var(y_B)+Var(\epsilon_B))}}$$

となり，その絶対値は y_A と y_B の相関 $Cov(y_A, y_B)/\sqrt{Var(y_A) \times Var(y_B)}$ の絶対値より小さくなる．したがって，マッチングを行なって得られる y_A と y_B の関連の強さは過小評価されることがわかる．

マッチング以外の方法でも真の y_B の代わりに「予測値」y_B^* を利用する以上，この現象は起こりえる．しかしマッチングにおいては，少数の共変量を用いたほうが正確にマッチングすることができるため，どのような共変量を用いるべきかという重要な論点があまり考慮せずに適用されることが問題である．

ただし，誤差 ϵ_B を減少させることができれば，相関係数などの推定におけるバイアスは小さくなる．誤差を減少させるためにはなるべく多くの共変量を用いる，さらには多重代入法により複数の代入値を利用することで誤差の評価を行なうことが望ましい(Rässler, 2003)．共変量を多数利用して効率的なマッチングを行なうための方法として，3.2節で紹介した"傾向スコアを用いたマッチング法"を利用することができる．

潜在変数モデリング

すでに触れたように，マッチングを用いた方法が持つ問題点から，ここ数年ではマッチング以外の統計的なデータ融合の方向性として，特定のパラメトリックモデルを仮定するモデルベースのデータ融合法も提案されている．通常の多変量解析において，一部の変数が欠測しているデータに対して潜在変数モデルを利用することで欠測の問題を回避する方法がこれまでに提案されているが，これを"データ融合"として考えることもできる．たとえば Cudeck (2000)；Kamakura and Wedel(2000)は3つの変数群 $\boldsymbol{x}, \boldsymbol{y}_A, \boldsymbol{y}_B$ について，特定のペア(たとえば $\boldsymbol{x}$ と $\boldsymbol{y}_A$)だけは同時に観測されるが，3変数すべてを同時に測定できない場合に，変数の背後に因子分析モデルを仮定することで共分散を推定する方法を提案している．具体的には3つの変数群 $\boldsymbol{x}, \boldsymbol{y}_A, \boldsymbol{y}_B$ の背

7.3 さまざまなデータ融合手法 ◆ 201

後に共通因子 f が存在すると仮定し，

$$x = \Lambda_x f + \epsilon_x, \quad y_A = \Lambda_A f + \epsilon_A, \quad y_B = \Lambda_B f + \epsilon_B$$

とし，共通因子 $f \sim N(0, \Phi)$，誤差 $\epsilon_x \sim N(0, \Psi_x)$，$\epsilon_A \sim N(0, \Psi_A)$，$\epsilon_B \sim N(0, \Psi_B)$ が独立だとすると，3つの変数群の共分散行列は

$$Var \begin{pmatrix} x \\ y_A \\ y_B \end{pmatrix} = \begin{pmatrix} \Lambda_x \Phi \Lambda_x^t + \Psi_x & \Lambda_x \Phi \Lambda_A^t & \Lambda_x \Phi \Lambda_B^t \\ \Lambda_A \Phi \Lambda_x^t & \Lambda_A \Phi \Lambda_A^t + \Psi_A & \Lambda_A \Phi \Lambda_B^t \\ \Lambda_B \Phi \Lambda_x^t & \Lambda_B \Phi \Lambda_A^t & \Lambda_B \Phi \Lambda_B^t + \Psi_B \end{pmatrix} \tag{7.2}$$

と表現できる．図7.1で示したように，y_A と y_B は同時に観測されていないのでその標本共分散の情報は利用できないが，Λ_A や Λ_B, Φ などは観測データの尤度[*7]

$$\prod_{i:z_i=1}^{N} p(y_{Ai}, x_i) \times \prod_{i:z_i=0}^{N} p(y_{Bi}, x_i)$$

から推定できる．ただし i は対象者 i の値であることを表わし，$z=1$ なら (y_A, x)，$z=0$ なら (y_B, x) が観測されるとする．

Λ_A などの推定値を利用すれば，因子分析モデルを仮定した場合の y_A と y_B の共分散行列 $\Lambda_A \Phi \Lambda_B^t$ も推定できるので，y_A と y_B の相関を推定できる．

一方，Kamakura and Wedel (1997) では潜在クラスモデル (渡辺，2001) を用いたデータ融合を提案している．これは先ほどの因子分析モデルにおいて潜在変数が連続であったものを離散変数 (潜在クラス変数) としたものに対応する．

また，共変量と y_A, y_B の同時分布を考えるのではなく，図7.2のように「共変量が潜在クラスへの群別を説明する」モデルを考えることもできる．ここで潜在クラスのインディケータ変数を c とし，クラス l に所属することを $c=l$ と表現すると，x を条件付けたときの y_A と y_B の同時分布は「潜在クラ

[*7] 式(7.2)の部分行列を共分散行列とする多変量正規分布の積で表わすことができる．また"ランダムな欠測"を仮定していることに注意する．

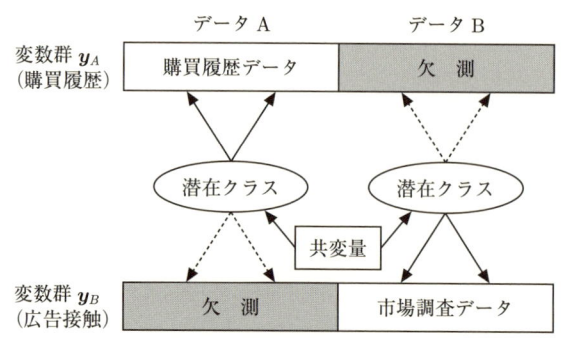

図 7.2 潜在クラスモデルによるデータ融合

スを条件付けたときに y_A と y_B が条件付き独立である」という仮定の下で，

$$p(y_A, y_B | x) = \sum_{l=1}^{L} p(y_A | c = l) p(y_B | c = l) p(c = l | x)$$

というように表現することができる．また，欠測している y_A や y_B はマルコフ連鎖モンテカルロ法や多重代入法によって値を生成し代入すればよい．

「対象者は直接は観測されない区分によって複数の潜在クラスに分かれており，各潜在クラス内では対象者は等質である」という潜在クラスモデルの仮定は，マーケティングにおける重要な概念である「消費者市場のセグメンテーション」そのものであり，実務に役立つ自然なモデリングである．

パラメトリックな回帰モデルの利用

Gilula et al.(2006) は図 7.1 での欠測部分をベイズモデルで補完する方法を提案している．すでに得られているデータを D，そしてモデルの母数を θ と表記すると，y_A, y_B のベイズ事後予測分布[*8]は

[*8] 本章ではベイズ統計学の枠組み(松原，2008)について紹介するスペースはないが，整合性のある統計的予測を行なうためにはベイズ事後予測分布を利用するべきである．非ベイズでの予測分布の代表的なものは最尤法などで得られた推定値を母数に代入する"プラグイン予測分布"である．プラグイン予測分布では母数推定時の標本変動を無視しているので，ベイズ事後予測分布よりも予測性能が劣ることが知られている．ベイズ統計学における予測方法の理論的な根拠については Bernardo and Smith(2000) の第 5 章や付録 B を参照されたい．

$$p(\boldsymbol{y}_A, \boldsymbol{y}_B | D) = \iint p(\boldsymbol{y}_A | \boldsymbol{x}, \boldsymbol{\theta}) p(\boldsymbol{y}_B | \boldsymbol{x}, \boldsymbol{\theta}) p(\boldsymbol{x}) p(\boldsymbol{\theta} | D) d\boldsymbol{x} d\boldsymbol{\theta} \qquad (7.3)$$

と表現できることから，この事後予測分布から発生した乱数で欠測値を補完してシングルソースデータにするという方法である．ただし上記の式に積分があることから，実際にはマルコフ連鎖モンテカルロ法を利用する．また，Gilula et al.(2006)では $p(\boldsymbol{y}_A | \boldsymbol{x})$ や $p(\boldsymbol{y}_B | \boldsymbol{x})$ にパラメトリックな回帰モデルを仮定して解析を行なっている．たとえば $\boldsymbol{y}_A$ も $\boldsymbol{y}_B$ も 2 値変数である場合，式(7.1)での $p(\boldsymbol{y}_A | \boldsymbol{x})$ と $p(\boldsymbol{y}_B | \boldsymbol{x})$ をロジスティック回帰モデル(実際にはその変数分の積)とすればよい．

例 **7.1**(Gilula らによる英国市場調査データへの適用)．

Gilula et al.(2006)は彼らが提案したベイズ事後予測分布を用いた補完法を，英国の市場調査会社 British Market Research Bureau が実施したテレビ視聴と購買に関する市場調査データに適用した．このデータはさまざまなデモグラフィック変数に加えて，特定期間におけるコーラやビタミン剤など 15 の消費財の購買有無($\boldsymbol{y}_A$)と 64 のテレビ番組への視聴有無($\boldsymbol{y}_B$)について同一の対象者に調査が行なわれているシングルソースデータである．

彼らの応用例では「ある番組を見た人がある消費財を購入する比率」15×64=960 個分をシングルソースデータから推定した値を "真値" として，マルチソースデータから得られる推定値がどれくらい真値に近いかを調べている．ここで共変量として利用したのは性別・年齢・教育年数・家族構成・収入などの 19 変数である．

データセットをマルチソースデータ(購買データと視聴データ)になるように 2 分割し，そこから計算した「ベイズ事後予測分布による方法」とマッチング法を比較した結果が図 7.3 である．図 7.3 の横軸は真値，縦軸は推定値であり，事後予測分布による推定値(三角)，マッチングによる推定値(十字)それぞれ 960 個がプロットされている．また直線は「真値＝推定値」を示す．

図から明らかなように，マッチングではテレビ視聴と購買の相関の指標である「ある番組を見た人がある消費財を購入する比率」について希薄化が起きている．一方 Gilula らによる方法(点線は回帰直線)では希薄化の程度は小さいことがわかる．

彼らの方法論はマッチングの問題点を解決しているという点で有用である．しかし，条件付き独立性の仮定が近似的にせよ成立するためには，共通項目による変数 A(または変数 B)の予測力が十分高い必要がある．しかし彼らが利

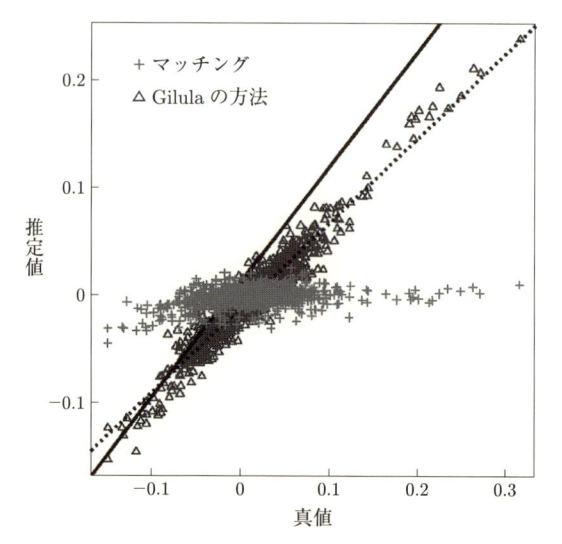

図 7.3 ベイズ事後予測分布による方法とマッチング法の比較(Gilula ら(2006)の Figure 1 を転載)

用しているロジスティック回帰モデルのような単純なモデルでは予測力が不十分である．そこで，セミパラメトリックな回帰モデルを利用することで予測力を高めることを考える．

7.4 セミパラメトリックモデルの利用
——カーネルマッチングとディリクレ過程混合モデル

第6章までに繰り返し「パラメトリックなモデルの問題点」を指摘してきたが，データ融合でもセミパラメトリックな方法が有用であると考えられる．

本節ではセミパラメトリックな回帰手法のうち，"カーネルマッチング"と"ディリクレ過程混合モデル"について紹介する．

カーネルマッチングによるデータ融合

パラメトリックな回帰モデルを利用しない方法としてもっとも簡単なのは，3.2節で紹介したカーネルマッチングである．カーネルマッチングをデー

タ融合に応用する際には，3.2節の表記を少し変えればよい．具体的には y_1 を $\boldsymbol{y}_A$, y_0 を $\boldsymbol{y}_B$ と置き換えて考える．また3.2節では「$z=1$(処置群)において観測されない y_0」を予測する式として式(3.11)を利用していたが，同様に「$z=1$ において観測されない $\boldsymbol{y}_B$」を予測する式として

$$\hat{y}_{Bi} = \frac{\sum_{j=1}^{N}(1-z_j)K_{ij}y_{Bj}}{\sum_{j=1}^{N}(1-z_j)K_{ij}}$$

を利用すればよい．また「$z=0$ における $\boldsymbol{y}_A$ の予測」のためには $1-z_j$ を z_j に，y_{Bj} を y_{Aj} にすればよい．

通常の"マッチング"ではデータ A の対象者の $\boldsymbol{y}_B$ の値を予測し代入する際にデータ B の対象者の $\boldsymbol{y}_B$ を「1つまたは数個だけ」利用しているのに対して，"カーネルマッチング"ではデータ B の対象者の $\boldsymbol{y}_B$ の値をカーネルによる重みですべて利用する，という点が大きく異なる．また，カーネルマッチングにおいて特定の対象者の重み以外は 0 となる場合が通常のマッチングであることから，カーネルマッチングのほうが明らかに優れた代入法である[*9]ことがわかる．

ディリクレ過程混合モデル

セミパラメトリックなモデリングとして近年研究が盛んに行なわれているのがディリクレ過程混合モデル(Dirichlet process mixture model)，またはディリクレ過程事前分布を用いたセミパラメトリックベイズモデル(semi-parametric Bayes model with Dirichlet process priors)である[*10]．

ディリクレ過程混合モデルの考え方は古く，Ferguson(1973)にさかのぼる

[*9] データ A とデータ B は実際は同一の対象者からのデータであるが，個人を同定する変数が失われてしまった，というごく特殊な場合を除く．

[*10] ディリクレ過程混合モデルは利用の方法によってノンパラメトリックなモデルにも，セミパラメトリックなモデルにもなるという利点を有する．たとえば回帰関数はパラメトリックに指定し，誤差分布にディリクレ過程混合モデルを適用すれば「研究者にとって関心のない誤差分布の分布仮定はせず，関心のある回帰関係のみパラメトリックモデルである」セミパラメトリックモデルとなる．

が，基本的なアイディアは「すべての分布はある特定の分布(たとえば正規分布)の混合分布によって表現できる」(Sethuraman, 1994)ことを利用して，混合分布によって分布表現を行なうモデル表現である．

通常の混合分布モデルでは事前に混合要素数[*11]を決定したり，モデル選択によって事後的に要素数を決定する必要があるが，その際のモデル選択は難しい[*12]という問題がある．これに対して，ディリクレ過程混合モデルでは未知の混合要素数の混合分布によるモデル表現を行なうため，事前にモデルを選ぶ必要がないという点でノンパラメトリックなモデルである．また，誤差分布はディリクレ過程混合モデルで，また回帰関数は事前にパラメトリックな仮定を置けば，セミパラメトリックモデルも構成できる．

ここでは，ディリクレ過程混合モデル(付録A.5節を参照)を利用したセミパラメトリックな離散変数の回帰分析モデルを紹介する．

従属変数 y が2値変数である場合，通常はロジスティック回帰モデル

$$p(y=1|\boldsymbol{x}) = \frac{1}{1+\exp-(\boldsymbol{a}^t\boldsymbol{x}+b)}$$

やプロビット回帰モデルによって共変量との回帰モデルを表現するが，実際のデータに対する説明力は低いのが通常である．説明力を高めるためには

$$p(y=1|\boldsymbol{x}) = \sum_{k=1}^{K} \pi_k \frac{1}{1+\exp-(\boldsymbol{a}_k^t\boldsymbol{x}+b_k)}$$

のようなロジスティック回帰モデルの混合モデルを利用すればよい．ただし，要素数 K を事前に決定するのではなく，その上限だけを決定しておき，要素数はデータによって決定されるとするのが有限ディリクレ過程混合モデル(Ishwaran and Zarepour, 2000)である．図7.4は要素数が2で説明変数が2次元の場合のロジスティック回帰モデルについて，$y=1$ となる確率を縦軸としてプロットしたものである．左右の図の違いは母数 $\boldsymbol{a}_k, b_k$ と所属比率 π_k の値が異なってることによるが，たった2要素の混合でもこのように多様な回帰関数を表現できていることがわかる．実際には要素数は事前に指定せず，

[*11] 潜在クラス数といってもよい．
[*12] たとえば尤度比検定などでは通常の漸近論の仮定を満たさない特異的な状況になることが知られている．

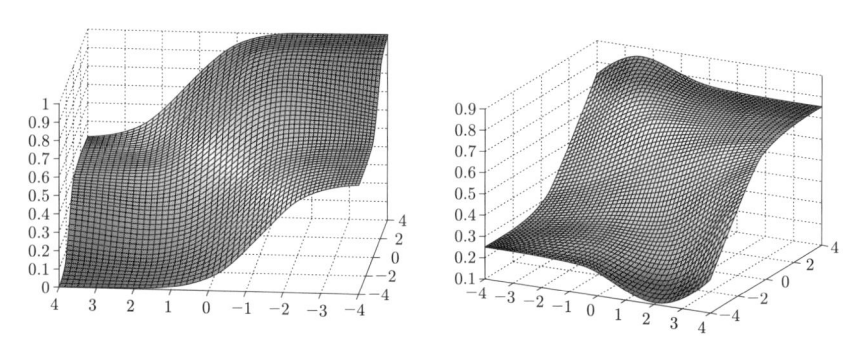

図 7.4 ロジスティック回帰モデルの混合モデル

データによって決定されるため，さらに複雑な回帰関数を表現することができる．

データ融合において，有限ディリクレ過程混合モデルによって $p(\boldsymbol{y}_A|\boldsymbol{x})$ と $p(\boldsymbol{y}_B|\boldsymbol{x})$ を表現し，ベイズ事後予測分布として式(7.3)を利用すれば，通常のロジスティック回帰分布モデルを利用するよりも予測力が高く，かつベイズ推定の枠組みで一貫した推論が行なえることになる．

データ融合では 7.2 節で説明したように "条件付き独立性" および "ランダムな欠測" 条件の 2 つの仮定を満たすことが要求されるため，「共変量の情報を最大限生かして予測を行なう」ためにはセミパラメトリックな回帰手法が望ましい．さらに「予測分布を構成する」という観点からはベイズ統計学の枠組みを適用する必要がある．この 2 つの観点から，データ融合にはディリクレ過程混合モデルのようなセミパラメトリックベイズのモデルを用いるのが最も適切であると考えられる．

7.5 シングルソースデータの一部利用と疑似パネル

関連する話題を 2 つ取り上げる．

シングルソースデータが一部利用できる場合

これまで想定してきたのは「$\boldsymbol{y}_A$ と $\boldsymbol{y}_B$ が同時には観測されていない」状況

であったが,両者が同時に測定されているデータ(これをデータCとする)があれば,対応方法は大きく異なる.

つまりデータ融合で仮定されていた2つの条件のうち,"条件付き独立性"は仮定しなくてもよい.この場合は第5章で考えた「選択バイアス」の特殊な状況と考えればよい.

x によってどのデータにおいて対象者が観測されるかが決定される "ランダムな欠測" 条件を仮定する場合,分布 $p(\boldsymbol{y}_A, \boldsymbol{y}_B|\boldsymbol{x})$ を正しくモデリングできれば,データCだけを用いてその分布の母数を推定すればよいことは2.2節ですでに示した通りである.ただし前章までと同様に x が高次元であるので,$p(\boldsymbol{y}_A, \boldsymbol{y}_B|\boldsymbol{x})$ よりも小さいモデルである $p(\boldsymbol{y}_A, \boldsymbol{y}_B)$ の同時分布のモデリングだけに関心がある,という場合には,$\boldsymbol{y}_A$ と x,および $\boldsymbol{y}_B$ と x の回帰関係を想定せずに推定できれば便利である.このようなニーズに対しては,第3章の重み付きM推定や二重にロバストな推定を行なえばよい.具体的には,データCで観測されるならば $z=1$,データAかBで観測されるならば $z=0$ となるインディケータ z に対して傾向スコアを算出し,$\boldsymbol{y}_A, \boldsymbol{y}_B$ の同時分布の母数に対する "傾向スコアによる重み付けM推定量" を算出すればよい.

疑似パネルとその問題点

経済学では近年パネル調査データを利用したミクロ計量経済モデルによる議論が盛んであるが,これは個人レベルでの経済行動について同一対象を追跡調査することで,より精度の高い政策意思決定に生かそうとするものである.たとえば消費行動や労働,生活時間,家族構成などを継続的に測定することで,より実効性のある少子化対策や消費政策を考えることが可能となる.しかし実際にはパネル調査はコストや脱落(5.5節)の問題から取得が難しい.そこで,時点ごとに別の対象について行なわれた複数時点の調査データを合併して,シングルソースデータ化することがしばしば行なわれる.これを経済学では**疑似パネルデータ(pseudo panel data)**(松田他,2000;Hsiao,2003)と呼ぶ.

具体的な方法としてこれまで利用されてきたのは

[1] 年齢や性別,居住地域などの属性で集計し,"コーホート(共通の属性をもつ個人のグループ)" に分ける.同一のコーホートに所属する個人は

等質とみなし，各コーホートの標本平均を観測値と考えて推定を行なう (Browning et al., 1985).

[2] 各時点の調査対象者をマッチングによって「同一対象」とみなす.

[3] 個人ごとの効果を表わすパラメータに特定のモデルを仮定する．たとえば個人ごとの固定効果が性別や生年などの(時間に依存しない)属性や固定効果と相関がない変数によって説明されるとするモデルを考える(Moffitt, 1993).

の3つである.

[1]については，「コーホート内で個人が等質である」という仮定が強いこと，「コーホート数が統計解析でのサンプルサイズになる」ことから情報の損失が生じることが問題である．[2]についてはすでにマッチングの問題点として述べた問題点がそのまま当てはまる.

また[3]では実際には疑似パネルデータそのものを作成するのではないが，その目的とするところは疑似パネルデータ作成と同じである．ただし「個人ごとの固定効果を説明する変数」が十分にないと，固定効果に関連する母数の推定にはバイアスが生じることになる．経済学的な変数は年齢や性別，居住地域だけではなく，従属変数に関連するさまざまな共変量を考慮する必要がある場合がほとんどであり，共変量が多い場合にはこれまでに示したようなセミパラメトリックな手法を利用することが望ましいと考えられる.

例 7.2 (岩本による年金と定年後の就業行動).

年金制度が高齢者の就業行動に与える影響を考えることは，今後の高齢化社会を考えるうえで重要である．現状のような「60歳以上での就業継続をすると受け取れる年金が減少する」制度(在職老齢年金)のもとでは，定年後の就業行動が抑制されてしまう可能性が強いからである.

このような関心から，岩本(2000)は7年間分の横断データである「国民生活基礎調査」データを利用して「ある時点での就業・非就業」を「賃金税率や賃金率，属性など」で説明するプロビットモデルを用いて解析を行なっている．ただしこのモデルで説明変数として考慮する必要がある「生涯所得の限界効用」は個人ごとの固定効果であり，「国民生活基礎調査」はパネル調査データではないことから，推定ができない.

そこで，上記の[3]の方法，つまり「個人ごとの固定効果を属性変数(具体的にはここでは生年)で説明するモデル」を仮定して解析が行なわれた．結果として個人ごとの

固定効果「生涯所得の限界効用」が識別され，在職老齢年金制度によって 60 歳から 64 歳の男性の就業率が約 5% 程度低下していることがわかった．

7.6 実データによる性能比較

本章で紹介したさまざまなデータ融合手法を実データに適用し，各手法の性能比較を行なった結果を紹介する．具体的には Web サイトの閲覧行動データを利用して，さまざまなジャンルの「ブランドへの購入意向」と「発売元のホームページへの閲覧」の関連を推定する．利用するデータでは Web サイトの閲覧行動は Web ログデータとして，また購入意向のデータは郵送調査によって同一対象者に対して得られており，シングルソースデータである．ただしここでは「ホームページ閲覧」（変数 y_A とする）と「購入意向」（変数 y_B とする）が同時に得られないような形にデータを分割し，さまざまなデータ融合手法を適用することで，シングルソースデータでの両者の相関をどれだけ良く推定するかを調べる．

ここで利用する Web サイトの閲覧行動調査は，日本全国を対象とした RDD 方式[*13]による依頼で応諾した約 13,000 人の調査パネルから定期的にアクセスデータを収集する[*14]ものであり（月 1600 万程度の閲覧レコードが得られる），対象者集団の性別や年代，職業などの構成は明確となっている．また，調査パネルの一部に対しては年に 1 回郵送調査を行なっており，ここで利用した 2006 年 11 月の調査でのサンプルサイズは 6518 であった．郵送調査の内容は多岐に渡るが，ここでは雑誌・清涼飲料・ビールなど合計 60 ブランドについての「最近 3 カ月以内での利用・購入経験」を利用する．また，ホームページ閲覧については上記のブランドの発売元のホームページへの 2006 年 10 月中のアクセスの有無を Web ログデータからコーディングした．

ここでは共変量として「性別・年齢・居住地域・職業区分・学歴・結婚年数・家族構成 (6 項目)・住居形態・収入・1 カ月の Web 閲覧時間・自宅での普段の Web 閲覧サイトのジャンル (5 項目)」の計 20 変数を利用し，これらの

[*13] random digit dialing. ランダムに選び出した番号に電話調査をすること．
[*14] （株）ビデオリサーチインタラクティブが実施している．

変数の値を説明変数としたロジスティック回帰分析モデルから「ホームページ閲覧」データと「購入意向」データのどちらに所属するかが決定されるように設定した．

ここで比較対象とするデータ融合手法としては
[1] 通常のマハラノビスマッチング（1対1のマッチング）
[2] 制約付きマッチング（マハラノビス距離を使った多対多のマッチング）
[3] パラメトリックな回帰手法（具体的にはロジスティック回帰）
[4] ディリクレ過程混合モデル[*15]

の4つである．

また，ここでは60ブランドでの「ホームページ閲覧の有無」と「利用・購入の有無」の関連の強さをオッズ比で表わす．具体的には p_1 を「そのブランドの発売元のホームページを閲覧したグループで利用・購入した人の割合」とし，p_0 を「そのブランドの発売元のホームページを閲覧していないグループで利用・購入した人の割合」とすると，そのオッズ比は

$$\frac{p_1/(1-p_1)}{p_0/(1-p_0)}$$

で表わされる．ここでオッズ比が1ならば「ホームページ閲覧の有無」と「利用・購入の有無」には関連がないことになる．

図7.5の横軸にはシングルソースデータを利用して計算された各ブランドでのオッズ比を，縦軸にはマルチソースデータから各手法によって推定されたオッズ比をプロットした．図から明らかなように，上記では順を追って真のオッズ比に近づくことがわかる．実際，「シングルソースデータから計算されたオッズ比と各手法で推定されたオッズ比の二乗誤差和」は[1]の通常のマハラノビスマッチングを100％とすると，[2]では51.9％，[3]では37.3％，[4]では19.9％となった．[1]ではオッズ比が大きくなるにつれて「希薄化」が生じ，推定されたオッズ比は過小評価されていることがわかる．また，[2][3][4]の順に希薄化が修正されていることがわかる．ただし，[4]のディリクレ過程混合モデルを用いたとしても，多少の「希薄化」はやはり生じている．

[*15] 実際には平滑化を表現する母数（付録A.5節参照）をリサンプリングを用いて決定するというステップが存在するが，ここでは説明しない．

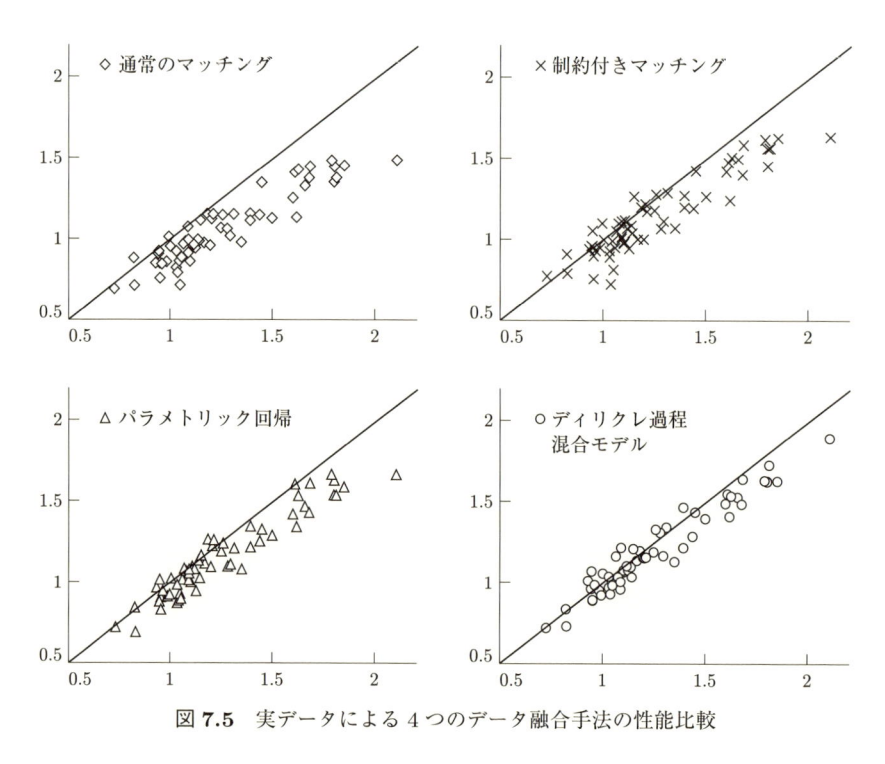

図 7.5 実データによる 4 つのデータ融合手法の性能比較

これは 7.2 節で説明した前提条件である「条件付き独立性」は実データでは成立しないことによる．ただし，そもそもマルチソースデータからはこのオッズ比は計算できない（または関連がないとして 1 と考える）ので，多少の希薄化が生じたとしても，データから最善の予測を行なうためにはデータ融合の諸手法を利用するほうがよいと考えることができる．

付録A 統計理論に関する付録

A.1 M推定法と推定方程式について

$y_1, \cdots, y_N$ が独立かつ同一に分布 F に従うとする.また $\boldsymbol{\theta}$ を F に関する母数ベクトルとし,その真値を $\boldsymbol{\theta}_0$ とする.このとき関数 m を,母数をその真値で置き換えた場合に期待値がゼロ

$$E_F\big[m(\boldsymbol{y}, \boldsymbol{\theta}_0)\big] = \int m(\boldsymbol{y}, \boldsymbol{\theta}_0) F(dy) = \boldsymbol{0} \tag{A.1}$$

となる関数とする.もしここで $\boldsymbol{\theta}_0$ が式 (A.1) の唯一の解ならば,式 (A.1) での期待値を観測平均に置き換えたもの,すなわち

$$\frac{1}{N} \sum_{i=1}^{N} m(\boldsymbol{y}_i, \boldsymbol{\theta}) = \boldsymbol{0} \tag{A.2}$$

の解 $\hat{\boldsymbol{\theta}}$ を M 推定量(M estimator)と呼ぶ.ここで式 (A.2) の左辺(またはそれを N 倍したもの)を目的関数と呼ぶことがある.また m を推定関数(estimating function)と呼ぶことがある.

M 推定量には一致性があり,漸近正規性を有することが知られている (Huber, 1986).つまり

$$\sqrt{N}(\hat{\boldsymbol{\theta}} - \boldsymbol{\theta}_0) \sim N(0, \boldsymbol{V}(\boldsymbol{\theta}_0)) \tag{A.3}$$

ただし

$$\boldsymbol{V}(\boldsymbol{\theta}_0) = \boldsymbol{A}(\boldsymbol{\theta}_0)^{-1} \boldsymbol{B}(\boldsymbol{\theta}_0) \{\boldsymbol{A}(\boldsymbol{\theta}_0)^{-1}\}^t$$

$$\boldsymbol{A}(\boldsymbol{\theta}_0) = E_F\Big[-\frac{\partial}{\partial \boldsymbol{\theta}^t} m(\boldsymbol{y}, \boldsymbol{\theta}_0)\Big], \quad \boldsymbol{B}(\boldsymbol{\theta}_0) = E_F\big[m(\boldsymbol{y}, \boldsymbol{\theta}_0) m(\boldsymbol{y}, \boldsymbol{\theta}_0)^t\big] \tag{A.4}$$

である.実際の推定の際には期待値を取るのが難しい場合が多いため,$\boldsymbol{A}(\boldsymbol{\theta}_0)$ や $\boldsymbol{B}(\boldsymbol{\theta}_0)$ を

$$\hat{\boldsymbol{A}}(\hat{\boldsymbol{\theta}}) = \frac{1}{N} \sum_{i=1}^{N} -\frac{\partial}{\partial \boldsymbol{\theta}^t} m(\boldsymbol{y}, \hat{\boldsymbol{\theta}}), \quad \hat{\boldsymbol{B}}(\hat{\boldsymbol{\theta}}) = \frac{1}{N} \sum_{i=1}^{N} m(\boldsymbol{y}, \hat{\boldsymbol{\theta}}) m(\boldsymbol{y}, \hat{\boldsymbol{\theta}})^t \tag{A.5}$$

で代入すればよい.

M 推定量は最尤推定量や最小二乗推定量などさまざまな推定量を含む概念である.たとえば最尤推定量ならば,スコア関数を m に設定すればよい.つまり分布 F の密

度関数を $p(\boldsymbol{y}|\boldsymbol{\theta})$ とし

$$\boldsymbol{m}(\boldsymbol{y}, \boldsymbol{\theta}) = \frac{\partial}{\partial \boldsymbol{\theta}} \log p(\boldsymbol{y}|\boldsymbol{\theta}) \tag{A.6}$$

とすれば，$\boldsymbol{A}(\boldsymbol{\theta}_0) = \boldsymbol{B}(\boldsymbol{\theta}_0)$ となり，$\boldsymbol{V}(\boldsymbol{\theta}_0)$ はフィッシャー情報行列の逆数になる．

M推定量は不偏な(式(A.1)を満たす)推定方程式(estimating equation)の解と考えることもできる．

A.2 経験尤度法について

経験尤度法(Owen，1988)は研究者の関心のある部分だけパラメトリックなモデルを仮定する"セミパラメトリックなモデル"であり，後に述べるようにM推定の一般化と考えることができる．

まず分布関数を経験分布として表現することから出発する．N個の観測値ベクトル $\boldsymbol{y} = (y_1, y_2, \cdots, y_N)$ に対して $\boldsymbol{p} = (p_1, p_2, \cdots, p_N)$ を

$$\sum_{i=1}^{N} p_i = 1, \quad 0 \leq p_i \leq 1 \quad (i = 1, \cdots, N) \tag{A.7}$$

を満たす $\boldsymbol{y}$ の生起確率ベクトルとする．このとき，何も制約条件がなければ尤度関数

$$\prod_{i=1}^{N} p_i \quad \text{ただし} \quad \sum_{i=1}^{N} p_i = 1 \quad (0 \leq p_i \leq 1) \tag{A.8}$$

を最大化する p_i の最尤推定量は $\hat{p}_i = 1/N$ である．

一方，不偏な推定方程式をモデルから利用することができるとする．具体的には，y と未知なパラメータベクトル $\boldsymbol{\theta}$ で表現されるベクトル $\boldsymbol{\phi}(y, \boldsymbol{\theta})$ が不偏である，つまり $\boldsymbol{\theta}$ の真値を $\boldsymbol{\theta}_0$ とすると

$$E[\boldsymbol{\phi}(y, \boldsymbol{\theta}_0)] = 0 \tag{A.9}$$

という条件をモデルから仮定できるならば，当然ながら

$$\sum_{i=1}^{N} p_i \boldsymbol{\phi}(y_i, \boldsymbol{\theta}) = 0 \tag{A.10}$$

は不偏な推定方程式となる．

式(A.10)の下での $\boldsymbol{p}$ の制約付き最尤推定はラグランジュ未定乗数法を用いることで

$$H = \sum_{i=1}^{N} \log p_i - N\boldsymbol{\lambda}^t \sum_{i=1}^{N} p_i \boldsymbol{\phi}(y_i, \boldsymbol{\theta}) - \gamma \left(\sum_{i=1}^{N} p_i - 1 \right) \tag{A.11}$$

の $\boldsymbol{p}$ と $\boldsymbol{\lambda}, \gamma$ に関する最小化問題に置き換えることができる(Qin and Lawless, 1994)．つまり

$$\frac{\partial H}{\partial p_i} = \frac{1}{p_i} - N\boldsymbol{\lambda}^t \boldsymbol{\phi}(y_i, \boldsymbol{\theta}) - \gamma = 0$$
$$\sum_{i=1}^{N} p_i \frac{\partial H}{\partial p_i} = N - \gamma = 0 \quad (A.12)$$

よって $\gamma = N$ となり，結果として，$\boldsymbol{p}$ は

$$p_i = \frac{1}{N} \frac{1}{1 + \boldsymbol{\lambda}^t \boldsymbol{\phi}(y_i, \boldsymbol{\theta})} \quad (A.13)$$

となり，これを式(A.10)に代入することで，$\boldsymbol{\lambda}$ は

$$\sum_{i=1}^{N} \frac{\boldsymbol{\phi}(y_i, \boldsymbol{\theta})}{1 + \boldsymbol{\lambda}^t \boldsymbol{\phi}(y_i, \boldsymbol{\theta})} = 0 \quad (A.14)$$

の解となることがわかる．

式(A.13)を用いると尤度は

$$L = \prod_{i=1}^{N} p_i = \prod_{i=1}^{N} \frac{1}{N} \frac{1}{1 + \boldsymbol{\lambda}^t \boldsymbol{\phi}(y_i, \boldsymbol{\theta})} \quad (A.15)$$

であるが，$1/N$ の部分が邪魔なので，制約がない場合の p_i の最尤推定量 $1/N$ を用いた尤度との比の対数をとることで計算される**経験対数尤度比(empirical log-likelihood)**を

$$l_E(\boldsymbol{\theta}) = \sum_{i=1}^{N} \log\{1 + \boldsymbol{\lambda}^t \boldsymbol{\phi}(y_i, \boldsymbol{\theta})\} \quad (A.16)$$

とする．当然ながら制約がない場合の尤度との差 $l_E(\boldsymbol{\theta})$ を最小にするような $\boldsymbol{\theta}$ がデータをもっともよく説明するため，L の最大化と $l_E(\boldsymbol{\theta})$ の最小化は同じことである．ここで $l_E(\boldsymbol{\theta})$ を最小にする $\tilde{\boldsymbol{\theta}}$ を最大経験尤度推定量(maximum empirical likelihood estimator)と呼ぶ．また，$\boldsymbol{\lambda}$ についても，式(A.14)は $l_E(\boldsymbol{\theta})$ の極値条件であることを考えると，$\boldsymbol{\theta}, \boldsymbol{\lambda}$ ともに $l_E(\boldsymbol{\theta})$ を最小化する値とすればよい．

ここで，最大経験尤度推定量は一致推定量であり，漸近正規性を有することがわかっている(Qin and Lawless, 1994)．つまりパラメータの真値を $\boldsymbol{\theta}_0$ とすると

$$\sqrt{N}(\tilde{\boldsymbol{\theta}} - \boldsymbol{\theta}_0) \sim N(0, \boldsymbol{V}) \quad (A.17)$$

ただし

$$\boldsymbol{V} = \left[E\left(\frac{\partial \boldsymbol{\phi}}{\partial \boldsymbol{\theta}^t}\right)^t E(\boldsymbol{\phi}\boldsymbol{\phi}^t)^{-1} \left(\frac{\partial \boldsymbol{\phi}}{\partial \boldsymbol{\theta}^t}\right) \right]^{-1} \quad (A.18)$$

となる．また，実際に $\boldsymbol{V}$ を推定するためには，

$$\left[\left(\sum_{i=1}^{N}\tilde{p}_i\frac{\partial\phi(y_i,\tilde{\boldsymbol{\theta}})}{\partial\boldsymbol{\theta}^t}\right)^t\left(\sum_{i=1}^{N}\tilde{p}_i\phi(y_1,\tilde{\boldsymbol{\theta}})\phi(y_1,\tilde{\boldsymbol{\theta}})^t\right)^{-1}\left(\sum_{i=1}^{N}\tilde{p}_i\frac{\partial\phi(y_i,\tilde{\boldsymbol{\theta}})}{\partial\boldsymbol{\theta}^t}\right)\right]^{-1} \quad (A.19)$$

とすればよい．

また，$\tilde{\boldsymbol{\theta}}$ と式(A.13)から計算される p_i の推定量を $\tilde{p}_i$ とすると，y の分布関数 F_y の推定量は

$$\tilde{F}_y = \sum^{N} \tilde{p}_i I \quad (y_i < y) \quad (A.20)$$

と表現され，これについても一致性と漸近正規性が成立する．

経験尤度法では検定も容易に実行することができる．具体的には

$$H_0 : \boldsymbol{\theta} = \boldsymbol{\theta}^0 \quad (A.21)$$

という帰無仮説 H_0 に対する経験尤度比検定量 W_E

$$W_E = 2l_E(\boldsymbol{\theta}^0) - l_E(\tilde{\boldsymbol{\theta}}) \quad (A.22)$$

の漸近分布は自由度 r の χ^2 分布であることを利用すればよい（ただし r はパラメータの次元）．

ここで制約条件の数(つまり ϕ の次元)が q であるとすると，パラメータの数と制約条件が等しい場合，つまり $r=q$ の場合には未定乗数 $\boldsymbol{\lambda}$ はゼロとなり，単純に不偏な推定方程式を解いていることになる．逆に，制約条件がパラメータの数よりも多い場合に，制約条件を満たしながら経験尤度を最大化する推定量を得る方法が経験尤度法であることから，**経験尤度法は推定方程式や M 推定量の一般化として考えることができる**．

経験尤度法と類似した手法として一般化モーメント法(**generalized method of moments：GMM**)がある．これは字義通り，まず母集団のモーメントをパラメータを利用して表現し，これと標本モーメントが一致するように推定を行なうモーメント法(**method of moments**)の一般化である．モーメント法自体，「母集団モーメントが標本モーメントに一致する」という制約条件を利用した推定法とみなすことができるため，経験尤度法に類似している．ただしモーメント法ではパラメータの数と条件の数が等しい必要があり，計量経済学では推定したパラメータの数よりも制約条件が多い場合に一般化モーメント法が利用されることが多い．

一般化モーメント法と経験尤度法は漸近分布が等しいことが知られているが，サンプルサイズが小さい場合には経験尤度法のほうがバイアスが小さく，性質が良い推定量で

あることがわかっている(Newey and Smith, 2004).

A.3 局所多項式回帰と局所尤度について

局所多項式回帰とカーネル回帰

局所多項式回帰(Stone, 1977)はカーネルを重みとした一般化最小二乗推定による偏回帰係数の推定値を利用して回帰関数を表現する方法である.従属変数 y の期待値を独立変数 x の多項式で表現する多項式回帰分析モデル

$$E(\boldsymbol{y}) = \boldsymbol{X}\boldsymbol{\beta} \tag{A.23}$$

を考えるとする.ただし

$$\boldsymbol{y} = \begin{pmatrix} y_1 \\ \vdots \\ y_N \end{pmatrix}, \quad \boldsymbol{X} = \begin{pmatrix} 1 & x_1-x & (x_1-x)^2 & \cdots & (x_1-x)^p \\ 1 & x_2-x & (x_2-x)^2 & \cdots & (x_2-x)^p \\ \vdots & \vdots & \vdots & \ddots & \vdots \\ 1 & x_N-x & (x_N-x)^2 & \cdots & (x_N-x)^p \end{pmatrix} \tag{A.24}$$

とし, $\boldsymbol{\beta}=(\beta_0,\beta_1,\cdots,\beta_p)^t$ を偏回帰係数ベクトルとする.ここで通常の最小二乗推定ではなく,

$$\sum_{i=1}^{N} K_h(x,x_i)\{y_i - \beta_0 - \beta_1(x_i-x) - \cdots - \beta_p(x_i-x)^p\}^2 \tag{A.25}$$

を最小にする偏回帰係数 $\boldsymbol{\beta}$ を求める一般化最小二乗推定を行なうことを考える.第 k 対角要素がカーネル $K((x-x_k)/h)$ であるような対角の重み行列を $\boldsymbol{W}$ とすると,式(A.25)は

$$(\boldsymbol{y}-\boldsymbol{X}\boldsymbol{\beta})^t \boldsymbol{W}(\boldsymbol{y}-\boldsymbol{X}\boldsymbol{\beta}) \tag{A.26}$$

と同じであり,結果として $\boldsymbol{\beta}$ の推定量は

$$\hat{\boldsymbol{\beta}} = (\boldsymbol{X}^t\boldsymbol{W}\boldsymbol{X})^{-1}\boldsymbol{X}^t\boldsymbol{W}\boldsymbol{y} \tag{A.27}$$

となる.ただし通常の多項式回帰モデルと異なり,偏回帰係数自体が x の関数となっている.また, $\hat{E}(\boldsymbol{y})=\boldsymbol{X}\hat{\boldsymbol{\beta}}$ は x だけではなく x_i にも依存するため,回帰関数 $E(y|x)=m(x)$ を $x=x_0$ の周りで Taylor 展開して

$$m(x) = m(x_0) + \sum_{j=1}^{p} \frac{m^{(j)}}{j!}(x-x_0)^j \tag{A.28}$$

と表現したときの $m(x_0)$ と β_0 が同一になることを利用して,

$$\hat{E}(y|x) = \hat{m}(x) = \hat{\beta}_0 \tag{A.29}$$

とすればよい.したがって $p=0$ としたときの回帰関数の推定値は

$$\hat{E}(y|x) = \hat{\beta}_0 = \frac{\sum\limits_{i=1}^{N} K_h(x, x_i) y_i}{K_h(x, x_i)} \tag{A.30}$$

となりカーネル回帰関数(Nadaraya-Watson 推定量)になる.一方,$p=1$ のときは

$$S_j = \sum_{i=1}^{N} K_h(x, x_i)(x_i - x)^j, \quad T_j = \sum_{i=1}^{N} K_h(x, x_i)(x_i - x)^j y_i \tag{A.31}$$

とすると

$$\hat{\boldsymbol{\beta}} = \begin{pmatrix} S_0 & S_1 \\ S_1 & S_2 \end{pmatrix}^{-1} \begin{pmatrix} T_0 \\ T_1 \end{pmatrix} \tag{A.32}$$

と表わすことができる.したがって

$$\hat{E}(y|x) = \hat{\beta}_0 = \frac{T_0 S_2 - T_1 S_1}{S_0 S_2 - S_1^2} \tag{A.33}$$

と表現できる.

局所尤度法

一方,カーネルを対数尤度を計算する際の個々のオブザベーションに対する重みとして利用する方法が Staniswalis(1989) によって提案されている.これは,Tibshirani and Hastie(1987) の局所尤度法の拡張であり,彼らの方法では各オブザベーションの近傍に存在するオブザベーション数を対数尤度に対して掛ける,いわばゼロイチの重みを用いた重み付き尤度であったものをカーネルに変えたものである.具体的には,$y_i \sim p(y_i|\lambda_i)$,$\lambda_i = g(x_i)$ として,x のある値 x_0 に対して $\lambda_0 = g(x_0)$ を推定することに関心があるとするとき[*1],以下の重み付き尤度

$$W(\lambda_0) = \sum_{i=1}^{N} K_h(x_0, x_i) \log p(y_i|\lambda) \tag{A.34}$$

を最大化する推定量 $\hat{\lambda}_0 = \hat{g}(x_0)$ は一致性と漸近正規性を有する(詳細は Staniswalis (1989) 参照).

このようなカーネルを用いた重み付き対数尤度最小化によって得られるモデルの当て

[*1] たとえば回帰関数の推定などが挙げられる.

はめは，モデルが誤っている状況の一部で最尤推定よりもよい結果を与えることが示されている(Eguchi and Copas, 1998)．

A.4 単一代入法と多重代入法

データに欠測が存在する場合，欠測値にある値を代入することで補完し，疑似的な完全データを作成し，その完全データから解析を行なう方法を単一代入法(single imputation)と呼ぶ．単一代入法としては(Little and Rubin, 2002)，以下のものがある．

平均値代入(mean imputation) 観測されている個体での値から計算した平均値を代入する．

回帰代入(regression imputation) 「欠測が起こっている変数を観測されている変数で予測する回帰分析モデル」を利用して計算した予測値(観測値を所与とする欠測値の条件付き期待値)を代入する．

確率的回帰代入(stochastic regression imputation) 回帰代入では条件付き期待値の代入なので，観測値の値が決まれば確定的に計算ができるが，さらに誤差項を乱数で発生させて加える．

Hot Deck 観測されている変数について，もっとも類似した他の個体を探し，その個体での値を欠測値に代入する．類似した個体を探す際にはマッチングを利用するが，どのようなマッチング手法を利用するかによって結果が大きく異なる．

代替個体の利用(substitution) 標本調査において回答が得られなかった調査対象の代わりに，抽出されなかった別の調査対象で代替する．

Cold Deck Hot Deck を別のデータセット内の個体について行なう．つまり類似した個体を，値の欠測が生じている個体が所属するデータセットではなく，別のデータセットから探す．

「回帰代入」や「確率的回帰代入」はモデルを仮定しており，特にパラメトリックな代入(parametric imputation)と呼ばれることがある．

ここで，欠測が"ランダムな欠測"である，つまり観測値によって欠測するかどうかが決まる場合には，「回帰代入」「確率的回帰代入」「Hot Deck」「Cold Deck」による代入の結果から得られた完全データの平均値には一致性がある．しかし，単一代入の問題点は推定値の分散が一般に過小評価されるということである．また，「回帰代入」「確率的回帰代入」によって得られる推定量が一致性を持つためには，回帰モデルが正しいという条件が必要である．一方，「Hot Deck」「Cold Deck」ではモデルの仮定がない代わりに，「類似した個体を探す」際の方法の恣意性がある．また，類似の程度が悪け

れば推定値に大きなバイアスが生じる可能性があり，そのバイアスの可能性を明確に定量化できないという点が問題となる．

単一代入法では推定値の分散の過小評価が起こりえることから，単一代入法を複数回実施し，得られた複数の推定値の統合を行なうのが**多重代入法**（**multiple imputation**）（Rubin, 1987）である．多重代入法は一般的に下記の3段階からなる．

代入ステージ 単一代入法で利用されている欠測値の代入法のいずれかを利用して $D(>2)$ 個の完全データを作成する．

解析ステージ 作成された D 個の完全データから D 個の推定値を得る．

統合ステージ 得られた D 個の推定値を統合する．

多重代入法は単一代入法よりもより多くのデータを利用していることから，単一代入法に比べて推定値の分散が小さくなること，さらに作成する完全データセット数が多いほど推定値の分散が小さくなることが知られている（Rubin, 1987）．

以後，代入ステージと統合ステージについて具体的に説明する．

代入ステージ

代入ステージでは単一代入法で利用された代入法を利用することになるが，どの代入法でもよいわけではない．多重代入法はもともとベイズ統計学の枠組みで定式化されており，ベイズ的にもっとも自然な代入方法は「観測値を条件付きとしたときの欠測値の予測分布」$p(\boldsymbol{Y}_{\mathrm{mis}}|\boldsymbol{Y}_{\mathrm{obs}})$ から発生させた乱数を代入するというものである．ただし，この予測分布は

$$p(\boldsymbol{Y}_{\mathrm{mis}}|\boldsymbol{Y}_{\mathrm{obs}}) = \int p(\boldsymbol{Y}_{\mathrm{mis}}|\boldsymbol{Y}_{\mathrm{obs}}, \boldsymbol{\theta}) p(\boldsymbol{\theta}|\boldsymbol{Y}_{\mathrm{obs}}) d\boldsymbol{\theta} \qquad (\mathrm{A.35})$$

つまりモデルから計算することができる（$\boldsymbol{\theta}$ を所与とした）予測分布 $p(\boldsymbol{Y}_{\mathrm{mis}}|\boldsymbol{Y}_{\mathrm{obs}}, \boldsymbol{\theta})$ を観測値のみを所与とする事後分布 $p(\boldsymbol{\theta}|\boldsymbol{Y}_{\mathrm{obs}})$ で期待値を取ることで得られるが，単純なモデルを除いて具体的にこの計算を解析的に行なうことは容易ではない．

そこで一般的には**データ拡大アルゴリズム**（**data augmentation**）（Tanner and Wong, 1987）を用いて式（A.35）からの欠測値の発生を行なう．具体的には $\boldsymbol{\theta}$ の初期値を用意し，以下の2つのステップを繰り返す．

I（imputation）ステップ 欠測値 $\boldsymbol{Y}_{\mathrm{mis}}$ を予測分布 $p(\boldsymbol{Y}_{\mathrm{mis}}|\boldsymbol{Y}_{\mathrm{obs}}, \boldsymbol{\theta})$ から発生させる．

P（posterior）ステップ 母数 $p(\boldsymbol{\theta}|\boldsymbol{Y}_{\mathrm{obs}})$ を完全データを所与とする事後分布 $p(\boldsymbol{\theta}|\boldsymbol{Y}_{\mathrm{obs}}, \boldsymbol{\theta}_{\mathrm{mis}})$ から発生させる．

上記の2つのステップを十分多く繰り返して[*2]，ある程度離れたステップで発生された D 個の欠測値を利用して代入を行なうという方法である．この方法の利点は，式 (A.35)にある「観測値のみを所与とする事後分布 $p(\boldsymbol{\theta}|\boldsymbol{Y}_{\mathrm{obs}})$」は多くの場合モデルから簡単には導出することはできないが，$p(\boldsymbol{\theta}|\boldsymbol{Y}_{\mathrm{obs}}, \boldsymbol{\theta}_{\mathrm{mis}})$ はモデルから容易に導出できることである．

統合ステージ

解析ステージで得られた複数の推定値を用いてどのように推論を行なうべきかについては，一般にはルービンのルールを利用する．具体的には，ルービンはパラメータ $\boldsymbol{\theta}$ に対して，完全データを利用した際の D 個の推定値 $(\hat{\boldsymbol{\theta}}^1, \cdots, \hat{\boldsymbol{\theta}}^D)$ とその共分散行列の推定値 $(W_1, \cdots, W_D)$ が得られているとき，統合された推定値 $\bar{\boldsymbol{\theta}}_D$ を

$$\bar{\boldsymbol{\theta}}_D = \frac{1}{D} \sum_{d=1}^{D} \hat{\boldsymbol{\theta}}^d \tag{A.36}$$

そして推定値の共分散行列の推定値 T_D は，代入値内分散 $\bar{W}_D$

$$\bar{W}_D = \frac{1}{D} \sum_{d=1}^{D} W_d \tag{A.37}$$

および代入値間分散 B_D

$$B_D = \frac{1}{D-1} \sum_{d=1}^{D} (\hat{\boldsymbol{\theta}}^d - \bar{\boldsymbol{\theta}}_D)^2 \tag{A.38}$$

を用いて

$$T_D = \bar{W}_D + \frac{D+1}{D} B_D \tag{A.39}$$

となるとした(Rubin, 1987)．これは完全データを利用した際の各データセットでの推定値とその共分散行列をパラメータの事後平均や事後分散と考え，ベイズ的な漸近理論を用いて導出したものである．

式(A.36)を用いて計算された推定量の分散の式(A.39)は一般的に過大に推定されることが指摘されていたが，Wang and Robins(1998)は，D が有限である場合には式(A.36)がバイアスを持っていることを示し，「代入ステージで最尤推定量 $\hat{\boldsymbol{\theta}}_{ML}$ を利用して計算した予測分布 $p(\boldsymbol{Y}_{\mathrm{mis}}|\boldsymbol{Y}_{\mathrm{obs}}, \hat{\boldsymbol{\theta}}_{ML})$ から予測値を発生させ，また解析ステージでも最尤法を用いる」という条件の下での推定量の分散の一致推定量を導出している．

[*2] 一般的なデータ拡大アルゴリズムでは，I ステップを複数回実施し，P ステップでは複数発生された欠測値を利用したモンテカルロ平均を計算するが，ここでの目的は欠測値の発生であるので，I ステップは 1 回しか行なわない．

Meng and Rubin(1992)は多重代入法で得られる推定量を用いた尤度比検定を提案している. k 次元の関数 $g(\cdot)$ に対して

$$\begin{aligned}帰無仮説\ H_0 &: g(\boldsymbol{\theta}) = 0 \\ 対立仮説\ H_1 &: g(\boldsymbol{\theta}) \neq 0\end{aligned} \tag{A.40}$$

という検定を行ないたいとする. ここで $\hat{\boldsymbol{\theta}}$ を対立仮説の下での推定量, $\hat{\boldsymbol{\theta}}_0$ を帰無仮説の下での推定量とすると, D 個の完全データセットから得られる尤度比検定統計量の平均は

$$\hat{L}_D = \frac{2}{D} \sum_{d=1}^{D} \left[\log L(\hat{\boldsymbol{\theta}}^d | \boldsymbol{Y}_{\text{obs}}, \boldsymbol{Y}_{\text{mis}}^d) - \log L(\hat{\boldsymbol{\theta}}_0^d | \boldsymbol{Y}_{\text{obs}}, \boldsymbol{Y}_{\text{mis}}^d) \right] \tag{A.41}$$

そして対立仮説の下での推定量の平均を $\bar{\boldsymbol{\theta}}$, 同様に帰無仮説の下での推定量の平均を $\bar{\boldsymbol{\theta}}_0$ とするとき,

$$\tilde{L}_D = \frac{2}{D} \sum_{d=1}^{D} \left[\log L(\bar{\boldsymbol{\theta}} | \boldsymbol{Y}_{\text{obs}}, \boldsymbol{Y}_{\text{mis}}^d) - \log L(\bar{\boldsymbol{\theta}}_0 | \boldsymbol{Y}_{\text{obs}}, \boldsymbol{Y}_{\text{mis}}^d) \right] \tag{A.42}$$

(ただし $\boldsymbol{Y}_{\text{mis}}^d$ を d 番目の代入ステージで代入された欠測値, $L(\boldsymbol{\theta} | \boldsymbol{Y}_{\text{obs}}, \boldsymbol{Y}_{\text{mis}})$ は完全データの下での尤度) とすると, 検定統計量

$$L_D = \frac{\tilde{L}_D}{k(1+r_L)}, \quad r_L = \frac{D+1}{k(D-1)}(\hat{L}_D - \tilde{L}_D) \tag{A.43}$$

は第一自由度が k, 第二自由度が

$$\begin{aligned}&4+(t-4)\left[1+\left(1-\frac{1}{2}t\right)r_L^{-1}\right]^2 \quad (t > 4\ \text{のとき}) \\ &t(1+k^{-1})(1+r_L^{-1})^2/2 \quad (t \leq 4\ \text{のとき})\end{aligned} \tag{A.44}$$

の F 分布に従う. ただし $t = k(D-1)$ である.

多重代入法の利点

多重代入法についてはさまざまなシミュレーションが行なわれ, D が5から10程度で十分精度の高い推定を行なうことができるとされている. 多重代入法自体の発想がマルコフ連鎖モンテカルロ法を用いたベイズ推定の一種の近似であることから, 数値解析法が発展しコンピュータの解析能力が向上した現在では不要と考えられるかもしれないが, 完全データセットを5つ程度用意しておき, 解析自体は分析者各自の関心に任せるという方法論自体は,

［1］欠測の取り扱いを分析者が行なわなくてよいという利便性
［2］個人情報に関係するような共変量によって欠測が決定している場合に, データセ

ットの保有者は代入された複数のデータセットを作成しておけば，分析者には共変量情報(の一部)を与えずとも分析者が解析を実行できる
という利点を有することから，社会科学分野の，特に二次データアーカイブを利用した解析という流れの中では依然として有用性が高いであろう．

A.5 ディリクレ過程混合モデルと Blocked Gibbs sampler

Sethuraman(1994)に従えば，確率変数 Y の分布のパラメータ θ にディリクレ過程事前分布 $F \sim DP(\alpha, G_0)$ を仮定するとは，確率分布関数 F が

$$F(\cdot) = \sum_{l=1}^{\infty} p_l \delta_{\theta_l}(\cdot), \quad \theta_l \sim G_0$$

と表現されることである．ただしここで $\delta_{\theta_l}(\cdot)$ は θ_l 上でのみ 1 になる測度，$p_l = \prod_{k=1}^{l-1}(1-V_k)V_l$，また $V_1, V_2, \cdots$ は独立なベータ確率変数($Beta(1,\alpha)$)である．

このような事前分布を導入することで，Y の分布は

$$Y \sim \sum_{l=1}^{\infty} p_l f(\cdot|\boldsymbol{\theta}_l)$$

となる．つまり，任意の分布は正規分布などといった特定の分布の混合分布を用いて表現できることがわかる．このとき，Y の分布がディリクレ過程混合モデルによって表現された，という．

さらに，Ishwaran and Zarepour(2000)は無限次元ではなく，Y の分布が L 次元の有限ディリクレ過程事前分布 $DP_L(\alpha, G_0)$

$$Y \sim \sum_{l=1}^{L} p_l f(\cdot|\boldsymbol{\theta}_l) \tag{A.45}$$

に従う場合を考え，L が大きいとき[*3]には有限ディリクレ過程混合モデルがディリクレ過程混合モデルを十分な精度で近似することを示した．さらに，Ishwaran and James(2001)はこの有限ディリクレ過程混合モデルでの母数の事後分布を求めるためのアルゴリズムとして **Blocked Gibbs sampler** を提案した．ディリクレ過程混合モデルでの母数の事後分布導出のためのアルゴリズムに比べて解析的な計算要素が少なくてすむことから，本節で有限ディリクレ過程混合モデルを仮定した Blocked Gibbs sampler を紹介する．この方法は直感的にわかりやすく，かつプログラミングが容易なことから，最近ではさまざまなモデルにおいて利用されている(Miyazaki and Hoshino, 2009；Hoshino, 2009)．

[*3] 通常は L が 10 から 20 程度で十分精度が高い近似が可能である．

まず，式(A.45)において，母数 $\boldsymbol{\theta}_l$ を要素によって異なる母数と，要素間で共通の母数に分解して考える．具体的には第 l 要素に固有の値を持つ母数を $\boldsymbol{Z}_l$ とし，共通の母数を $\boldsymbol{\vartheta}$ とする．またサンプルサイズを N，対象者 i の混合要素への所属を表わすインディケータを K_i（たとえば対象者 i が第 k 要素に所属するなら $K_i=k$）とすると，対象者 i における $\boldsymbol{Y}$ の値は

$$\boldsymbol{Y}_i|\boldsymbol{Z},\boldsymbol{K},\boldsymbol{\vartheta} \sim p(\boldsymbol{Y}_i|\boldsymbol{Z}_{K_i},\boldsymbol{\vartheta}) \quad (i=1,\cdots,N)$$

$$K_i|\boldsymbol{\kappa} \sim \sum_{l=1}^{L} \kappa_l \delta_l(\cdot)$$

$$\boldsymbol{\kappa} \sim p(\boldsymbol{\kappa}), \quad \boldsymbol{Z} \sim p(\boldsymbol{Z}|\boldsymbol{\tau}), \quad \boldsymbol{\vartheta} \sim p(\boldsymbol{\vartheta}), \quad \boldsymbol{\tau} \sim p(\boldsymbol{\tau}) \tag{A.46}$$

ただし $\boldsymbol{\tau}$ は母数 $\boldsymbol{Z}$ の超母数，$\delta_l(\cdot)$ は $k_i=l$ なら 1，それ以外なら 0 となるインディケータを示し，$\boldsymbol{Z}_{K_i}$ は要素によって異なる母数 $\boldsymbol{Z}$ の第 K_i 要素における値を示す．さらに，$\boldsymbol{\kappa}=(\kappa_1,\cdots,\kappa_L)$ の事前分布は Stick-breaking 表現と呼ばれる以下の式に従うとする．

$$\kappa_l = V_l \prod_{m=1}^{l-1}(1-V_m)$$

$$V_l \sim Beta(a_l, b_l)$$

ただし $b_l = \sum_{m=l+1}^{L} a_m$ であり，$a_l=\alpha/L$ とすると α は「大きくなるほど，多くの要素数に対象者が所属しやすくなる」ことを示す超母数であり，平滑化に関連する母数といってもよい[*4]．また，κ_l が従う分布を一般化ディリクレ分布と呼ぶ．

Stick-breaking とは長さ 1 の棒を折っていき，各要素に割り当てるということであり，各要素に割り当てられた棒の長さが各要素への事前の所属比率を表わすことになる．各要素への割り当ての方法としては，まず V_1 を第 1 要素に対応する棒の長さ κ_1 と決め，その余り $1-V_1$ に V_2 を掛けた $V_2(1-V_1)$ を第 2 要素に対応する棒の長さ κ_2 とする．同様に第 l 要素に対応する棒の長さ κ_l は $V_l \prod_{m=1}^{l-1}(1-V_m)$ とする，というものである．

Blocked Gibbs sampler では通常の混合分布モデルのためのマルコフ連鎖モンテカルロ法[*5]と基本的には同じように条件付き事後分布から母数を乱数発生させる．具体的にはマルコフ連鎖モンテカルロ法での各 iteration で各対象者を事前に設定した最大の要素数（$=L$）個分の要素のどれかに所属させる．そしてすべての要素（L 個）分の $\boldsymbol{Z}$

[*4] 通常のディリクレ過程混合モデルでの超母数と同じ意味をもつ．
[*5] 本書ではマルコフ連鎖モンテカルロ法については説明しない．たとえば，大森(2008)参照．

について,毎回必ず乱数を事後分布から発生させるが,対象者が 1 つも所属しない要素の $\boldsymbol{Z}$ は事後分布ではなく事前分布から乱数を発生させればよい.

具体的には,ある iteration で対象者が 1 つ以上所属する要素数が m であるとすると,$\boldsymbol{K}$ のユニークな値は m 種類になるが,それを $\{K_1^*, \cdots, K_m^*\}$ とする.このとき,だれも所属していない要素に対応する $L-m$ 個分の $\boldsymbol{Z}$ は $p(\boldsymbol{Z}|\boldsymbol{\tau})$ から,そして対象者が 1 つ以上所属する要素に対応する m 個分の $\boldsymbol{Z}$ は

$$p(\boldsymbol{Z}_{K_j^*}|\boldsymbol{K}, \boldsymbol{\vartheta}, \boldsymbol{Y}) \propto p(\boldsymbol{Z}_{K_j^*}|\boldsymbol{\tau}) \prod_{\{i: K_i = K_j^*\}} p(\boldsymbol{Y}_i|\boldsymbol{Z}_{K_i}, \boldsymbol{\vartheta}) \quad (j=1, \cdots, m) \quad (\text{A.47})$$

から発生させればよい.

Blocked Gibbs sampler が通常の混合分布モデルでのマルコフ連鎖モンテカルロ法と違うのは,各対象者を要素に所属させる部分である.要素への所属のインディケータ $\boldsymbol{K}$ は $\sum_{k=1}^{L} p_{ki} \delta_k(\cdot)$ $(i=1, \cdots, N)$ の確率で発生させる.ただし p_{ki} は

$$p_{ki} = \frac{\kappa_k p(\boldsymbol{Y}_i|\boldsymbol{Z}_k, \boldsymbol{\vartheta})}{\sum_{k=1}^{L} \kappa_k p(\boldsymbol{Y}_i|\boldsymbol{Z}_k, \boldsymbol{\vartheta})} \quad (\text{A.48})$$

となる.また κ_k は一般化ディリクレ分布

$$\kappa_k = V_k \prod_{m=1}^{k-1}(1-V_m)$$

$$V_k \sim Beta\left(a_k+M_k, b_k+\sum_{m=k+1}^{L} M_m\right)$$

から発生させる.ただし M_k は「$K_i = k$ となる」i の数である.

また,通常の混合分布モデルでのマルコフ連鎖モンテカルロ法と違い,Stick-breaking 表現からもわかるように,事前所属比率が要素の番号にしたがって小さくなること,また通常は要素ごとの母数 $\boldsymbol{Z}_k$ そのものの推定には関心がないことから,Label Switching の問題(Stephens, 2000)を考える必要がないという利点もある.

付録B　フリーソフトウェアRのコードの紹介

ここでは傾向スコア解析と，簡単な感度分析，ヘックマンのプロビット選択モデルでの推定をフリーのソフトウェアRを用いて行なう方法を紹介する．Rについては舟尾・高浪(2005)；山田他(2008)などを参照されたい．

パッケージ Matching

第3章で紹介した"傾向スコア解析"のうち，マッチングについてはパッケージ"Matching"を利用すればよい．

このパッケージを利用する際には，他のパッケージ同様，事前にインストールと読み込みを行なう必要がある．

傾向スコアを用いたマッチング(3.2節)であれば

[1] 一般化線形モデルの関数 glm を用いてロジスティック回帰分析を行ない，傾向スコアを計算する．

[2] 計算された傾向スコアについて関数 Match でマッチングを行なう．

[3] 関数 Match の出力を関数 summary などで表示する．

という3つのステップを実行すればよい．

具体例として，第3章の最後に紹介した LaLonde のデータを利用する場合では

```
> install.packages("Matching")   #ライブラリ Matching のインストール
> library(Matching)              #ライブラリ Matching の読み込み
> data(lalonde)                  #データ lalonde の読み込み
> Y78 <- lalonde$re78            #従属変数を指定．ここではデータ lalonde の re78
> Tre <- lalonde$treat           #独立変数(群別インディケータ)を指定
> logi <- glm(treat ~ age + educ + black + hisp + married + nodegr +
        re74 + re75 + u74 + u75, family=binomial, data=lalonde)
  #glm を用いてロジスティック回帰を実行する
  #treat をさまざまな共変量を用いて説明している
> mout <- Match(Y=Y78,Tr=Tre,X=logi$fitted)
  #Y に従属変数，Tr に独立変数，X に傾向スコアの推定値を指定する
> summary(mout) #結果を表示する
```

とすればよい．ただしデータは表 3.2 のものと多少異なるため，結果は一致しない．実際の結果は

```
Estimate... 2138.6
AI SE...... 797.76
T-stat..... 2.6807
p.val...... 0.0073468
Original number of observations.................. 445
Original number of treated obs................... 185
Matched number of observations................... 185
Matched number of observations  (unweighted)..... 322
```

となる．デフォルトでは「1 対 1 のマッチング」(オプション M=1) でありかつ対照群のサンプルが繰り返し利用されており (オプション replace=TRUE)，処置群 185 人に対して 322−185=137 人の対照群のデータが利用されている．

関数 Match には他にもさまざまなオプションがあるが，デフォルトで出力される"処置群での因果効果 (TET)"ではなく因果効果を推定したい場合には"estimand"オプションを"ATE"に変更すればよい．

```
> mout <- Match(Y=Y78,Tr=Tre,X=logi$fitted,estimand="ATT")
> summary(mout)              #結果を表示する
```

この関数はキャリパーマッチングを行ないたければ"caliper"オプションを利用するなど，さまざまなオプションが利用できるが，詳しくは help(Match) で詳細をご覧いただきたい．

また，"Matching"ライブラリを利用すれば，第 4 章で紹介した「マッチングによって共変量の分布が処置群と対照群の 2 つの群間で近づいているかどうか」のチェックも可能である．これには同じパッケージの関数 MatchBalance を利用する．たとえば

```
> MatchBalance(treat ~ age + educ + black + hisp + married + nodegr
    + re74 + re75 + u74 + u75, match.out=mout, nboots=1000,
      data=lalonde)
  #nboots でブートストラップの回数を決められる
```

によって，各共変量に対して調整前および調整後での処置群と対照群の平均値の差の計算や検定を行なうことができる．

カーネルマッチング

カーネルマッチングについては特定のパッケージは存在しないが，カーネル回帰分析のための関数 ksmooth を利用することで，以下のように実行することができる．

先ほどのパッケージ Matching の場合と同じで，まず傾向スコアを計算しておく．具体例として LaLonde のデータを利用する場合では

```
> data(lalonde)
> logi <- glm(treat ~ age + educ + black + hisp + married + nodegr
       + re74 + re75 + u74 + u75, family=binomial, data=lalonde)
> kmy <- lalonde$re74
> ivec1 <- lalonde$treat
> estp <- logi$fitted
> km <- cbind(kmy,estp,ivec1)
> km1 <- subset(km, ivec1==1)     #処置群のみ抽出
> km2 <- subset(km, ivec1==0)     #対照群のみ抽出
> km1x <- km1[,2]
> km1y <- km1[,1]
> km2x <- km2[,2]
> km2y <- km2[,1]
> bw1 <- 1.06 * (nrow(km1))^(-0.2) * sd(km1x) #最適バンド幅の指定
> bw2 <- 1.06 * (nrow(km2))^(-0.2) * sd(km2x)
> esty1 <- ksmooth(x=km1x, y=km1y, kernel = "normal",
                  bandwidth = bw1, x.points=km2x)
> esty0 <- ksmooth(x=km2x, y=km2y, kernel = "normal",
                  bandwidth = bw2, x.points=km1x)
```

ここで esty1$y が $z=0$ での y_1 の予測値ベクトルである．同様に esty0$y が $z=1$ での y_0 の予測値ベクトルである．

IPW 推定と周辺構造モデル

第3章で紹介した IPW 推定については，たんに推定された傾向スコアの逆数を重みとした加重平均であるため，特定のパッケージは存在しない．具体的な計算方法としては，LaLonde のデータを利用する場合では

```
> data(lalonde)
```

```
> logi <- glm(treat ~ age + educ + black + hisp + married + nodegr
              + re74 + re75, family=binomial, data=lalonde)
> ivec1 <- lalonde$treat
> ivec2 <- rep(1, nrow(lalonde)) - ivec1
> ivec <- cbind(ivec1,ivec2)
> iestp1 <- (ivec1/logi$fitted) * (length(ivec1)/sum(ivec1))
> iestp2 <- (ivec2/(1-logi$fitted)) * (length(ivec2)/sum(ivec2))
> iestp <-   iestp1 +iestp2  #傾向スコアの推定値の逆数を重みとする
> ipwe <- lm(lalonde$re78 ~ ivec-1, weights=iestp, data=lalonde)
> summary(ipwe)         #推定値等を表示する
```

とすれば処置群と対照群の周辺平均の IPW 推定量を計算できる．上記の例では "ivec1 の Estimate−ivec2 の Estimate" が因果効果の推定値であり，"ivec1 の Std.Err の 2 乗 +ivec2 の Std.Err の 2 乗" の平方根がその標準誤差である．ここでの推定値の標準誤差は「傾向スコアを推定したことにともなう標本変動」を考慮していない．ただし本文に記述しているように，「傾向スコア推定にともなう標本変動」を考慮した標準誤差は上記で得られる標準誤差より必ず小さくなるため，仮説検定ではこの標準誤差を利用しても構わない．

また上記のプログラムによって，因果効果だけではなく 4.3 節の "強く無視できる割り当て" 条件のチェックとしての「共変量調整後の共変量自体の平均の群間差の検定」も実行できる．

3.4 節の周辺構造モデルについても，ivec に説明変数 w を加えて[*1]指定すれば推定することが可能である．

また同様な解析はパッケージ survey の関数 svyglm でも可能である．上記のプログラムの iestp を計算したところで

```
> install.packages("survey")      #ライブラリのインストール
> library(survey)
> psw <- svydesign(ids = ~1, weights = iestp, data = lalonde)
> ipwsu <- svyglm(re78 ~ treat, design = psw)
> summary(ipwsu)
```

とすればよい．

[*1] 関数 cbind を利用すればよい．

パッケージ rbounds

第4章で取り上げたローゼンバウムによる感度分析を行なうためには，パッケージ rbounds を利用する．式(4.5)および式(4.6)による p 値の下限の計算を行なうためには関数 binarysens を利用する．

```
> install.package("rbounds")    #ライブラリのインストール
> library(rbounds)
> binarysens(12,100,Gamma=5,GammaInc=.5)    #a=100, N-a=12.
```

Gamma=5 は Γ を5まで表示するの意．GammaInc は増分の幅である．

パッケージ sampleSelection

5.2節で説明したヘックマンのプロビット選択モデルを用いた推定を行なうためには，パッケージ sampleSelection の関数 selection を利用すればよい．

第5章の例5.1で取り上げた Mroz(1987) のデータを利用する場合を考える．このデータで Mroz は女性の賃金(変数 wage)を説明する要因として仕事の経験年数(exper)や教育年数(educ)，大都市に住んでいるかどうか(city)を考えている．ただし第5章で説明したように「女性の賃金が観測される(＝働いている)かどうか」(lfp=1 なら働いている)は教育年数や年齢(age)，世帯収入(faminc)，子供の数(5歳以下については kids5，6歳から18歳までは kids618)などに左右されると考えるのが自然である．そこでヘックマンのプロビット選択モデルを当てはめて，専業主婦の賃金が観測されないという選択バイアスを除去したうえでの「賃金と教育年数の関係」などの推定を行なう．

Rのプログラムは以下のようなものになる．

```
> install.packages("sampleSelection") #ライブラリのインストール
> library(sampleSelection)
> data(Mroz87)                #データ Mroz87 の読み込み
> Mroz87$kids <- ( Mroz87$kids5 + Mroz87$kids618 > 0 )
    #子供がいるかいないかに2値化
> mrozml <- selection( lfp ~ age + I( age^2 ) + faminc + kids + educ,
           wage ~ exper + I( exper^2 ) + educ + city, data=Mroz87 )
    #selection の前者の式は働いているかどうか，後者は賃金のモデル
> summary(mrozml)
```

ここで関数 selection のオプションとして method="2step" と指定すれば，ヘックマンの二段階推定量が得られる．デフォルトは最尤推定量になっている．

引用図書

[1] Abadie, A. (2005) "Semiparametric Difference-in-Differences Estimators," *Review of Economics Studies*, Vol. 72, pp. 1-19.
[2] Abadie, A. and Imbens, G.W. (2006) "Large Sample Properties of Matching Estimators for Average Treatment Effects," *Econometrica*, Vol. 74, pp. 235-267.
[3] Adigüzel, F. and Wedel, M. (2008) "Split Questionnaire Design for Massive Surveys," *Journal of Marketing Research*, Vol. 45, pp. 608-617.
[4] Amemiya, T. (1985) *Advanced Econometrics*, Cambridge, MA: Harvard University Press.
[5] Angrist, J., Bettinger, E., Bloom, E., King, E., and Kremer, M. (2002) "Vouchers for Private Schooling in Colombia: Evidence from a Randomized Natural Experiment," *American Economic Review*, Vol. 92, pp. 1535-1558.
[6] Angrist, J.D., Imbens, G.W., and Rubin, D.B. (1996) "Identification of Causal Effects Using Instrumental Variables," *Journal of the American Statistical Association*, Vol. 91, pp. 444-455.
[7] Ashenfelter, E. and Card, D. (1985) "Using the Longitudinal Structure of Earnings to Estimate the Effect of Training Programs," *Review of Economics and Statistics*, Vol. 67, pp. 648-660.
[8] Bang, H. and Robins, J.M. (2005) "Doubly Robust Estimation in Missing Data and Causal Inference Models," *Biometrics*, Vol. 61, pp. 962-972.
[9] Bernardo, J. and Smith, A.F.M. (2000) *Bayesian Theory*, New York, NY: Wiley.
[10] Berrens, R.P., Bohara, A.K., Jenkins-Smith, H., Silva, C., and Weimer, D.L. (2003) "The Advent of Internet Surveys for Political Research: A Comparison of Telephone and Internet Samples," *Political Analysis*, Vol. 11, pp. 1-22.
[11] Bickel, S., Brückner, M., and Scheffer, T. (2007) "Discriminative Learning for Differing Training and Test Distributions," in *Proceedings of the International Conference on Machine Learning*, Oregon State University in Corvallis, Oregon.
[12] Bingenheimer, J.B., Brennan, R.T., and Earls, F.J. (2005) "Firearm Violence Exposure and Serious Violent Behavior," *Science*, Vol. 308, pp. 1323-1326.
[13] Bollen, K. (1989) *Structural Equations with Latent Variables*, New York,

NY: Wiley.
[14] Brookhart, M.A., Schneeweiss, S., Rothmanm, K.J., Glynn, R.J., Avorn, J., and Stürmer, T. (2006) "Variable Selection for Propensity Score Models," *American Journal of Epidemiology*, Vol. 163, pp. 1149-1156.
[15] Browning, M., Deaton, A., and Irish, M. (1985) "A Profitable Approach to Labor Supply and Commodity Demands over the Life-Cycle," *Econometrica*, Vol. 53, pp. 503-543.
[16] Card, D. and Krueger, A.B. (1994) "Minimum Wage and Employment: A Case Study of the Fast-Food Industry in New Jersey and Pennsylvania," *American Economic Review*, Vol. 84, pp. 772-793.
[17] Cheng, P.E. (1994) "Nonparametric Estimation of Mean Functionals with Data Missing at Random," *Journal of the American Statistical Association*, Vol. 89, pp. 81-87.
[18] Condron, D.J. (2008) "An Early Start: Skill Grouping and Unequal Reading Gains in the Elementary Years," *Sociological Quarterly*, Vol. 49, pp. 363-394.
[19] Copas, J.B. and Eguchi, S. (2001) "Local Sensitivity Approximations for Selectivity Bias," *Journal of the Royal Statistical Society, series B*, Vol. 63, pp. 871-895.
[20] Copas, J.B. and Li, H.G. (1997) "Inference for Non-random Samples," *Journal of the Royal Statistical Society, series B*, Vol. 59, pp. 55-77.
[21] Couper, M.P. (2000) "Web Surveys: a Review of Issues and Approaches," *Public Opinion Quarterly*, Vol. 64, pp. 464-494.
[22] Cudeck, R. (2000) "An Estimate of the Covariance between Variables Which are not Jointly Observed," *Psychometrika*, Vol. 65, pp. 539-546.
[23] Daumé, H. and Marcu, D. (2006) "Domain Adaptation for Statistical Classifiers," *Journal of Artificial Intelligence Research*, Vol. 26, pp. 101-126.
[24] Dehejia, R.H. and Wahba, S. (1999) "Causal Effects in Nonexperimental Studies: Reevaluating the Evaluation of Training Programs," *Journal of the American Statistical Association*, Vol. 94, pp. 1053-1062.
[25] Diggle, P. and Kenward, M.G. (1994) "Informative Drop-out in Longitudinal Data Analysis," *Applied Statistics*, Vol. 43, pp. 49-93.
[26] Drake, C. (1993) "Effects of Misspecification of the Propensity Score on Estimators of Treatment Effect," *Biometrics*, Vol. 49, pp. 1231-1236.
[27] Eguchi, S. and Copas, J.B. (1998) "A Class of Local Likelihood Methods and Near-parametric Asymptotics," *Journal of the Royal Statistical Society, series B*, Vol. 60, pp. 709-724.
[28] Eissa, N. and Liebman, J.B. (1996) "Labor Supply Response to the Earned Income Tax Credit," *Quarterly Journal of Economics*, Vol. 111,

pp. 605-637.
[29] Ferguson, T. (1973) "A Bayesian Analysis of Some Nonparametric Problems," *Annals of Statistics*, Vol. 1, pp. 209-230.
[30] Firpo, S. (2007) "Efficient Semiparametric Estimation of Quantile Treatment Effects," *Econometrica*, Vol. 75, pp. 259-276.
[31] Follman, D. and Wu, M. (1995) "An Approximate Generalized Linear Model with Random Effects for Informative Missing Data," *Biometrics*, Vol. 51, pp. 151-168.
[32] Gilula, Z., McCulloch, R.E., and Rossi, P.E. (2006) "A Direct Approach to Data Fusion," *Journal of Marketing Research*, Vol. 43, pp. 73-83.
[33] Gronau, R. (1973) "The Effect of Children on the Housewife's Value of Time," *Journal of Political Economy*, Vol. 81, pp. 168-199.
[34] Hammond, E. C. (1964) "Smoking in Relation to Mortality and Morbidity: Finding in First Thirty-four Months of Follow-up in a Prospective Study Started in 1959," *Journal of the National Cancer Institute*, Vol. 32, pp. 1161-1188.
[35] Härdle, W., Müller, M., Sperlich, S., and Werwatz, A. (2004) *Nonparametric and Semiparametric Models*, Berlin: Springer.
[36] Hausman, J.A. and Wise, D.A. (1979) "Attrition Bias in Experimental and Panel Data: The Gary Income Maintenance Experiment," *Econometrica*, Vol. 47, pp. 455-473.
[37] Heckman, J.J. (1974) "Shadow Prices, Market Wages and Labor Supply," *Econometrica*, Vol. 42, pp. 679-694.
[38] ——— (1979) "Sample Selection Bias as a Specification Error," *Econometrica*, Vol. 47, pp. 153-161.
[39] Heckman, J.J. and Robb, R. (1985) "Alternative Methods for Evaluating the Impact of Interventions," in Heckman, J.J. and Singer, B. eds. *Longitudinal Analysis of Labor Market Data*, New York: Cambridge University Press, pp. 156-245.
[40] Heckman, J.J., Ichimura, H., Smith, J., and Todd, P. (1998) "Characterizing Selection Bias Using Experimental Data," *Econometrica*, Vol. 66, pp. 1017-1098.
[41] Heckman, J.J., Tobias, J.L., and Vytlacil, E. (2003) "Simple Estimators for Treatment Parameters in a Latent-Variable Framework," *Review of Economics and Statistics*, Vol. 85, pp. 748-755.
[42] Henmi, M. and Eguchi, S. (2004) "A Paradox Concerning Nuisance Parameters and Projected Estimating Functions," *Biometrika*, Vol. 91, pp. 929-941.
[43] Hill, A.B. (1965) "Environment and Disease: Association or Causation"

Proceedings of the Royal Society of Medicine, Vol. 58, pp. 295-300.
[44] Hill, J., Waldfogel, J., and Brooks-Gunn, J. (2002) "Differential Effects of High Quality Child Care," *Journal of Policy Analysis and Management*, Vol. 21, pp. 601-627.
[45] Holland, P.W. (1986) "Statistics and Causal Inference," *Journal of the American Statistical Association*, Vol. 81, pp. 945-960.
[46] Horvitz, D. and Thompson, D. (1952) "A Generalization of Sampling without Replacement from a Finite Population," *Journal of the American Statistical Association*, Vol. 47, pp. 663-685.
[47] Hoshino, T. (2005) "A Latent Variable Model with Non-Ignorable Missing Data," *Behaviormetrika*, Vol. 32, pp. 71-93.
[48] ──── (2007) "Doubly Robust type Estimation for Covariate Adjustment in Latent Variable Modeling," *Psychometrika*, Vol. 72, pp. 535-549.
[49] ──── (2008) "A Bayesian Propensity Score Adjustment for Latent Variable Modeling and MCMC Algorithm," *Computational Statistics & Data Analysis*, Vol. 52, pp. 1413-1429.
[50] Hoshino, T.(forthcoming) (2009) "Dirichlet Process Mixtures of Structural Equation Modeling and Direct Calculation of Posterior Probabilities of the Numbers of Components," *Psychometrika*.
[51] Hoshino, T., Kurata, H., and Shigemasu, K. (2006) "A Propensity Score Adjustment for Multiple Group Structural Equation Modeling," *Psychometrika*, Vol. 71, pp. 691-712.
[52] Hsiao, C. (2003) *Analysis of Panel Data, 2nd. Edition*, Cambridge, UK· Cambridge University Press, (国友直人訳,『ミクロ計量経済学の方法』, 東洋経済新報社, 2007年).
[53] Huber, P.J. (1986) *Robust Statistics*, New York, NY: John Wiley.
[54] Imbens, G.W. (2000) "The Role of the Propensity Score in Estimating Dose-Response Functions," *Biometrika*, Vol. 87, pp. 706-710.
[55] ──── (2003) "Sensitivity to Exogeneity Assumption in Program Evaluation," *American Economic Review*, Vol. 93, pp. 126-132.
[56] ──── (2004) "Nonparametric Estimation of Average Treatment Effects Under Exogeneity: A Review," *Review of Economics and Statistics*, Vol. 86, pp. 4-29.
[57] Imbens, G.W. and Angrist, J.D. (1994) "Identification and Estimation of Local Average Treatment Effects," *Econometrica*, Vol. 62, pp. 467-475.
[58] Ireland, C.T. and Kullback, S. (1968) "Contingency Tables with Given Marginals," *Biometrika*, Vol. 55, pp. 179-188.
[59] Ishwaran, H. and James, L.F. (2001) "Gibbs Sampling Methods for Stick-Breaking Priors," *Journal of the American Statistical Association*, Vol. 96,

pp. 161-173.
[60] Ishwaran, H. and Zarepour, M. (2000) "Markov Chain Monte Carlo in Approximate Dirichlet and Beta Two-parameter Process Hierarchical Models," *Biometrika*, Vol. 87, pp. 371-390.
[61] Johnson, N. L. and Kotz, S. (1972) *Distributions in Statistics: Continuous Multivariate Distributions*, New York, NY: John Wiley and Sons.
[62] Kamakura, W.A. and Wedel, M. (1997) "Statistical Data Fusion for Cross-Tabulation," *Journal of Marketing Research*, Vol. 34, pp. 485-498.
[63] ——— (2000) "Factor Analysis and Missing Data," *Journal of Marketing Research*, Vol. 37, pp. 490-498.
[64] Kang, J.D.Y. and Schafer, J.L. (2007) "Demystifying Double Robustness: A Comparison of Alternative Strategies for Estimating a Population Mean from Incomplete Data," *Statistical Science*, Vol. 22, pp. 523-539.
[65] Koenker, R. and Bassett, G. (1978) "Regression Quantiles," *Econometrica*, Vol. 46, pp. 33-50.
[66] LaLonde, R. (1986) "Evaluating the Econometric Evaluation of Training Programs," *American Economic Review*, Vol. 76, pp. 604-620.
[67] Lee, L.-F. (1983) "Generalized Econometric Models with Selectivity," *Econometrica*, Vol. 51, pp. 507-512.
[68] Lee, M.-J. (2005) *Micro-Econometrics for Policy, Program, and Treatment Effects*, New York, NY: Oxford University Press.
[69] Lee, M.-J. and Kang, C. (2006) "Identification for Difference in Differences with Cross-section and Panel Data," *Economics Letters*, Vol. 92, pp. 270-276.
[70] Liang, K.-Y. and Zeger, S.L. (1986) "Longitudinal Data Analysis Using Generalized Linear Models," *Biometrika*, Vol. 73, pp. 13-22.
[71] Little, R.J.A. (1985) "A Note about Models for Selectivity Bias," *Econometrica*, Vol. 53, pp. 1469-1474.
[72] Little, R.J.A and Rubin, D.B. (2002) *Statistical Analysis with Missing Data, 2nd.ed.*, New York, NY: Wiley.
[73] Lunceford, J.K. and Davidian, M. (2004) "Stratification and Weighting via the Propensity Score in Estimation of Causal Treatment Effects: A Comparative Study," *Statistics in Medicine*, Vol. 23, pp. 2937-2960.
[74] MacKenzie, E.J., Rivara, F.P., Jurkovich, G.J., Nathens, A.B., Frey, K.P., Egleston, B.L., Salkever, D.S., and Scharfstein, D.O. (2006) "A National Evaluation of the Effect of Traumacenter Care on Mortality," *New England Journal of Medicine*, Vol. 354, pp. 366-378.
[75] McWilliams, J.M., Zaslavsky, A.M., Meara, E., Ayanian, J.Z. (2003) "Impact of Medicare Coverage on Basic Clinical Services for Previously Unin-

sured Adults," *Journal of the American Medical Association*, Vol. 290, pp. 757-764.
[76] Meng, X.L. and Rubin, D.B. (1992) "Performing Likelihood Ratio Tests with Multiply-Imputed Data Sets," *Biometrika*, Vol. 79, pp. 103-111.
[77] Miyazaki, K. and Hoshino, T.(forthcoming) (2009) "A Bayesian Semiparametric Item Response Model with Dirichlet Process Priors," *Psychometrika*.
[78] Miyazaki, K., Hoshino, T., Mayekawa, S., and Shigemasu, K. (2009) "A New Concurrent Calibration Method for Nonequivalent Group Design under Nonrandom Assignment," *Psychometrika*, Vol. 74, pp. 1-19.
[79] Moffitt, R. (1993) "Identification and Estimation of Dynamic Models with a Time Series of Repeated Cross Sections," *Journal of Econometrics*, Vol. 59, pp. 99-123.
[80] Mroz, T.A. (1987) "The Sensitivity of an Empirical Model of Married Women's Hours of Work to Economic and Statistical Assumptions," *Econometrica*, Vol. 55, pp. 765-799.
[81] Nadaraya, E.A. (1964) "On Estimating Regression," *Theory of Probability and Its Applications*, Vol. 9, pp. 141-142.
[82] Nawata, K. (1994) "Estimation of the Sample-selection Biases Models by the Maximum Likelihood Estimator and Heckman's Two-step Estimator," *Economic Letters*, Vol. 45, pp. 33-40.
[83] Newey, W.K. and Smith, R.J. (2004) "Higher Order Properties of GMM and Generalized Empirical Likelihood Estimators," *Econometrica*, Vol. 72, pp. 219-255.
[84] Newman, J.H., Pradham, M., Rawlingsm, L.B., Ridder, G., Coa, R., and Evia, J.L. (2002) "An Impact Evaluation of Education, Health, and Water Supply Investments by the Bolivian Social Investment Fund," *The World Bank Economic Review*, Vol. 16, pp. 241-274.
[85] Ojima, S. and Hagiwara, Y. (2007) "Brain Science and Language Education: A Three Year Cohort Study of Elementary School Children Using ERP and NIRS.," September. Paper presented at Language Project meeting on Brain Science and Education, Type II, JST/RISTEX, September 5, 2007. Tokyo Metropolitan University.
[86] Owen, A.B. (1988) "Empirical Likelihood Ratio Confidence Intervals for a Single Functional," *Biometrika*, Vol. 75, pp. 237-249.
[87] ―――― (2001) *Empirical Likelihood*, New York, NY: Chapman & Hall.
[88] Qin, J. and Lawless, J.F. (1994) "Empirical Likelihood and General Estimating Equations," *Annals of Statistics*, Vol. 22, pp. 300-325.
[89] Qin, J., Leung, D., and Shao, J. (2002) "Estimation with Survey Data

under Nonignorable Nonresponse or Informative Sampling," *Journal of the American Statistical Association*, Vol. 97, pp. 193-200.

[90] Qin, J., Shao, J., and Zhang, B. (2008) "Efficient and Doubly Robust Imputation for Covariate-Dependent Missing Responses," *Journal of the American Statistical Association*, Vol. 103, pp. 797-810.

[91] Qin, J. and Zhang, B. (2008) "Empirical-likelihood-based Difference-in-differences Estimators," *Journal of the Royal Statistical Society, series B*, Vol. 70, pp. 329-349.

[92] Rässler, S. (2002) *Statistical Matching*, New York, NY: Springer-Verlag.

[93] ——— (2003) "A Non-Iterative Bayesian Approach to Statistical Matching," *Statistica Neerlandica*, Vol. 57, pp. 58-74.

[94] Robins, J.M., Rotnitzky, A., and Zhao, L.P. (1994) "Estimation of Regression Coefficients When Some Regressors Are Not Always Observed," *Journal of the American Statistical Association*, Vol. 89, pp. 846-866.

[95] Robins, J.M., Sued, M., Lei-Gomez, Q., and Rotnitzky, A. (2007) "Comment: Performance of Double-Robust Estimators When "Inverse Probability" Weights Are Highly Variable," *Statistical Science*, Vol. 22, pp. 544-559.

[96] Robinson, P.M. (1988) "Route-N-consistent Semiparametric Regression," *Econometrica*, Vol. 56, pp. 931-954.

[97] Rosenbaum, P.R. (1984a) "The Consequence of Adjustment for a Concomitant Variable That Has Been Affected by the Treatment," *Journal of the Royal Statistical Society, series A*, Vol. 147, pp. 656-666.

[98] ——— (1984b) "From Association to Causation in Observational Studies: The Role of Tests of Strongly Ignorable Treatment Assignment," *Journal of the American Statistical Association*, Vol. 79, pp. 41-48.

[99] ——— (2002) *Observational Studies, 2nd. Edition*, New York, NY: Springer.

[100] Rosenbaum, P.R. and Rubin, D.B. (1983) "The Central Role of the Propensity Score in Observational Studies for Causal Effects," *Biometrika*, Vol. 70, pp. 41-55.

[101] ——— (1984) "Reducing Bias in Observational Studies Using Subclassification on the Propensity Score," *Journal of the American Statistical Association*, Vol. 79, pp. 516-524.

[102] ——— (1985) "The Bias Due to Incomplete Matchings," *Biometrics*, Vol. 41, pp. 103-116.

[103] Rubin, D.B. (1974) "Estimating Causal Effects of Treatments in Randomized and Nonrandomized Studies," *Journal of Educational Psychology*, Vol. 66, pp. 688-701.

[104] ——— (1976) "Inference and Missing Data," *Biometrika*, Vol. 63, pp.

581-590.
[105] ―――― (1980) "Bias Reduction Using Mahalanobis-Metric Matching," *Biometrics*, Vol. 36, pp. 293-298.
[106] ―――― (1985) "The Use of Propensity Scores in Applied Bayesian Inference. In J.M. Bernardo, M.H. De Groot, D.V. Lindley, and A.F.M. Smith(eds.), *Bayesian Statistics*, Vol. 2, pp. 463-472. North-Holland: Elsevier Science Publisher B.V.
[107] ―――― (1987) *Multiple Imputation for Nonresponse in Surveys*, New York, NY: Wiley.
[108] Scharfstein, D.O., Rotnitzky, A., and Robins, J.M. (1999) "Adjusting for Nonignorable Drop-out Using Semiparametric Nonresponse Models," *Journal of the American Statistical Association*, Vol. 94, pp. 1096-1120.
[109] Schonlau, M., van Soest, A., Kapteyn, A., and Couper, M. (2009). "Selection Bias in Web Surveys and the Use of Propensity Scores," *Sociological Methods & Research*, Vol. 37, pp. 219-318.
[110] Sethuraman, J. (1994) "A Constructive Definition of Dirichlet Priors," *Statistica Sinica*, Vol. 4, pp. 639-650.
[111] Shadish, W.R., Cook, T.D., and Campbell, D.T. (2002) *Experimental and Quasi-Experimental Design for Generalized Causal Inference*, Boston, MA: Houghton Mifflin.
[112] Shimodaira, H. (2000) "Improving Predictive Inference under Covariate Shift by Weighting the Log-likelihood Function," *Journal of Statistical Planning and Inference*, Vol. 90, pp. 227-244.
[113] Shishchboi, M.H., Pothier, C.E., Litaker, D., and Lauer, M.S. (2006) "Association of Socioeconomic Status with Functional Capacity, Heart Rate Recovery, and All-cause Mortality," *Journal of the American Medical Association*, Vol. 295, pp. 784-792.
[114] Speckman, P.E. (1988) "Regression Analysis for Partially Linear Models," *Journal of the Royal Statistical Society, series B*, Vol. 50, pp. 413-436.
[115] Staniswalis, J.G. (1989) "The Kernel Estimate of a Regression Function in Likelihood-Based Models," *Journal of the American Statistical Association*, Vol. 84, pp. 276-283.
[116] Stephens, M. (2000) "Dealing with Label Switching in Mixture Models," *Journal of the Royal Statistical Society, series B*, Vol. 62, pp. 795-809.
[117] Stone, C. (1977) "Consistent Non-parametric Regression," *Annals of Statistics*, Vol. 5, pp. 595-620.
[118] Suppes, P. (1970) *A Probabilistic Theory of Causality*, Amsterdam: North-Holland.
[119] Tanner, M.A. and Wong, W.H. (1987) "The Calculation of Posterior Dis-

tributions by Data Augmentation," *Journal of the American Statistical Association*, Vol. 82, pp. 528-540.

[120] Taylor, H., Bremer, J., Overmeyer, C., Siegel, J.W., and Terhanian, G. (2001) "The Record of Internet-based Opinion Polls in Predicting the Results of 72 Races in the November 2000 U.S. Elections," *International Journal of Market Research*, Vol. 43, pp. 127-135.

[121] Tibshirani, R. and Hastie, T. (1987) "Local Likelihood Estimation," *Journal of the American Statistical Association*, Vol. 82, pp. 559-567.

[122] Tsiatis, A.A. (2006) *Semiparametric Theory and Missing Data*, New York, NY: Springer.

[123] Wang, N. and Robins, J.M. (1998) "Large-sample Theory for Parametric Multiple Imputation Procedures," *Biometrika*, Vol. 85, pp. 935-948.

[124] Watson, G.S. (1964) "Smooth Regression Analysis," *Sankhyā, series A*, Vol. 26, pp. 359-372.

[125] Weitzen, S., Lapane, K.L., Toledano, A.Y., Hume, A.L., and Mor, V. (2004) "Principles for Modeling Propensity Scores in Medical Research: A Systematic Literature Review," *Pharmacoepidemiology and Drug Safety*, Vol. 13, pp. 841-853.

[126] Witt, S.T., Laird, A.R., and Meyerand, E. (2008) "Functional Neuroimaging Correlates of Finger-Tapping Task Variations—An ALE Meta-analysis," *NeuroImage*, Vol. 42, pp. 343-356.

[127] Wooldridge, J. (1999) "Asymptotic Properties of Weighted M Estimator for Variable Probability Samples," *Econometrica*, Vol. 67, pp. 1385-1406.

[128] ―――― (2002) "Inverse Probability Weighted M Estimator for Sample Selection, Attrition and Stratification," *Portuguese Economic Journal*, Vol. 1, pp. 117-139.

[129] 赤穂昭太郎(2008)『カーネル多変量解析―非線形データ解析の新しい展開―』,岩波書店.

[130] 伊勢田哲治(2003)『疑似科学と科学の哲学』,名古屋大学出版会.

[131] 岩崎学(2002)『不完全データの統計解析』,エコノミスト社.

[132] 岩本康志(2000)「在職老齢年金制度と高齢者の就業行動」,『季刊社会保障研究』,第35巻, 364-376頁.

[133] 大日康史(2001)「失業給付が再就職先の労働条件に与える影響」,『日本労働研究雑誌』,第43巻, 第12号, 22-32頁.

[134] 大隅昇(2002a)「インターネット調査」,林知己夫(編)『社会調査ハンドブック』,朝倉書店, 200-240頁.

[135] ―――― (2002b)「インターネット調査の適用可能性と限界」,『行動計量学』,第29巻, 20-44頁.

[136] 大西浩史・中井章人(2006)「データフュージョンによるテレビ広告プランニング

手法の進化」,『季刊マーケティングジャーナル』, 第 99 巻, 31-40 頁.
- [137] 大森裕浩(2008)「マルコフ連鎖モンテカルロ法」, 小西貞則・越智義道・大森裕浩(編)『計算機統計学の方法』, 朝倉書店, 143-212 頁.
- [138] 狩野裕・三浦麻子(2002)『グラフィカル多変量解析—AMOS,EQS,CALIS による目で見る共分散構造分析—』, 現代数学社.
- [139] 佐藤俊哉・松山裕(2002)「疫学・臨床研究における因果推論」, 甘利俊一・狩野裕・佐藤俊哉・松山裕・竹内啓・石黒真木夫(編)『多変量解析の展開』, 岩波書店, 131-176 頁.
- [140] 戸田山和久(2005)『科学哲学の冒険—サイエンスの目的と方法をさぐる—』, 日本放送出版協会.
- [141] 南風原朝和(2001)「第 5 章 準実験と単一事例実験」, 南風原朝和・市川伸一・下山晴彦(編)『心理学研究法入門』, 東京大学出版会, 123-152 頁.
- [142] 舟尾暢男・高浪洋平(2005)『データ解析環境「R」』, 工学社.
- [143] 星野崇宏(2003)「調査データに対する傾向スコアの適用」,『品質』, 第 33 巻, 第 3 号, 44-51 頁.
- [144] ———(2005)「欠測群の周辺分布の母数に対する傾向スコアを用いた重み付き M 推定量の提案と介入効果研究への応用」,『行動計量学』, 第 32 巻, 第 2 号, 121-132 頁.
- [145] ———(2007)「インターネット調査に対する共変量調整法のマーケティングリサーチへの適用と調整の効果の再現性の検討」,『行動計量学』, 第 34 巻, 第 1 号, 33-48 頁.
- [146] 星野崇宏・岡田謙介(2006)「傾向スコアを用いた共変量調整による因果効果の推定と臨床医学・疫学・薬学・公衆衛生分野での応用について」,『保健医療科学』, 第 55 巻, 第 3 号, 230-243 頁.
- [147] 星野崇宏・前田忠彦(2006)「傾向スコアを用いた補正法の有意抽出による標本調査への応用と共変量の選択法の提案」,『統計数理』, 第 59 巻, 第 1 号, 191-206 頁.
- [148] 星野崇宏・森本栄一(2007)「第 1 章 インターネット調査の偏りを補正する方法について:傾向スコアを用いた共変量調整法」, 井上哲浩・日本マーケティングサイエンス学会(編)『Web マーケティングの科学—リサーチとネットワーク—』, 千倉書房, 27-59 頁.
- [149] 松田芳郎・伴金美・美添泰人(2000)『講座ミクロ統計分析 2—ミクロ統計の集計解析と技法—』, 日本評論社.
- [150] 松原望(2008)『入門ベイズ統計—意思決定の理論と発展—』, 東京図書.
- [151] 宮川雅巳(2004)『統計的因果推論—回帰分析の新しい枠組み—』, 朝倉書店.
- [152] 山鹿久木・大竹文雄(2003)「定期借家制度と民間賃貸住宅市場」,『都市住宅学』, 第 43 巻, 78-83 頁.
- [153] 山田剛史・杉澤武俊・村井潤一郎(2008)『R によるやさしい統計学』, オーム社.

［154］ 山本拓(1995)『計量経済学』，新世社．
［155］ 渡辺美智子(2001)「因果関係と構造を把握するための統計手法：潜在クラス分析法」，岡太彬訓・木島正明・守口剛(編)『マーケティングの数理モデル』，朝倉書店，73-115頁．

索　引

Blocked Gibbs sampler　223
IPW 推定量　70, 89
M 推定量　50, 70, 81, 213
PME　81, 91
TET　38, 104, 154

ア　行

一般化加法モデル　58
一般化傾向スコア　78
一般化推定方程式　76
一般化モーメント法　216
因果推論における根本問題　37
縁故法　173
オープン型　172

カ　行

カーネル回帰　55
カーネルマッチング　74, 204, 228
回帰分断デザイン　100
拡大された逆確率重み付き推定量　87
確率抽出　173
隠れた共変量　116
隠れたバイアス　116
カバレッジ　174
加法的処置効果モデル　130
観察研究　9
間接効果　8
完全データ　26
完全データの尤度　28
完全にランダムな欠測　27
完全マッチング　46
完全尤度　29
観測されないものによる選択　155
観測値による選択　155
観測データの尤度　30
感度分析　133

キー変数　197
疑似相関　41
疑似パネルデータ　208
希薄化　199
キャリパーマッチング　46, 64
共分散分析モデル　48, 52
共変量　7, 118
共変量シフト　162
共変量調整　43
共有パラメータモデル　34, 131
局所線形カーネル回帰マッチング　75
局所的平均処置効果　97
局所有効なセミパラメトリック推定量　88
グラフィカルモデリング　8
クローズ型　172
経験尤度法　160, 214
傾向スコア　60, 61
欠測パターン　26
欠測メカニズム　27
顕在的なバイアス　117
交換可能性　138
交絡因子　7
コントロール関数　150, 159

サ　行

最近傍マッチング　46, 64
差分の差推定量　101
サポート問題　48, 67
次元の呪い　57
次元問題　47, 64
自然実験　9
自然の斉一性原理　138
実験群　11
実験研究　9
従属変数　6

周辺期待値　38
周辺効果　45
周辺構造モデル　40, 77, 81
順序のある多重処置　127
条件付き効果　45, 51
条件付き独立性　196
除外制約　97
処置意図による分析　99
処置群　11
処置群での因果効果　38, 154
処置後変数　118
処置前変数　118
シングルソースデータ　191, 192
推定方程式　214
スノーボール法　173
生態学的妥当性　10
制約付きマッチング　198
セミパラメトリックモデル　58
潜在クラス　189, 201
潜在的な結果変数　35
選択バイアス　17, 144, 146, 172
選択方程式　147
選択モデル　28
選抜効果　30
相関研究　9
総合効果　8
操作変数　96
層別解析　47, 64
測定誤差　199

タ 行

対照群　11
代理変数　121
多重対照群　127
多重代入法　199, 220
多重反応　127
脱落　26, 165
単一代入法　199, 219
単調欠測　26
中間変数　7, 119
調査観察研究　9

調査モード　176
調整変数　6, 41
直接効果　8
強く無視できる割り当て　43
ディリクレ過程混合モデル　205, 223
データ拡大アルゴリズム　220
データフュージョン（＝データ融合）
　　192
データ融合　192
統計的照合　192
統制実験　9
統制変数　7
独立変数　6

ナ 行

内生性　9
二重にロバストな推定量　88

ハ 行

パターン混合モデル　32
パネル調査　101
パネルの摩耗　165
パラメトリックな代入　219
バランシングスコア　60
反実仮想モデル／アプローチ　36
バンド幅　56, 74
反復されたクロスセクションデータ
　　111
ヒルのガイドライン　139
不完全データ　26
不等価2群事前事後デザイン　101
不遵守　10
部分線形モデル　159
プロビット選択モデル　148
プロファイル尤度　135, 153
分位点での因果効果　40
平均処置効果　37
平均での独立性　44
ヘックマンの二段階推定法　149
変数誤差　199
包含確率　173

募集法　173

マ 行

マッチング　45, 64, 197, 226
マハラノビスマッチング　46
マルチソースデータ　191, 192
無作為抽出　173
無作為割り当て　6, 9, 37
無視できない欠測　28

ヤ 行

有意抽出　173

ラ 行

ランダムでない欠測　28, 132
ランダムな欠測　28, 132
領域適応　165
ルービンの因果効果　37, 155
ルービンの因果モデル　35
ルービンのルール　221
レイキング法　178
ロバスト　23

ワ 行

割当法　173, 179

星野崇宏

1975年生まれ．2004年東京大学大学院総合文化研究科博士課程修了．情報・システム研究機構統計数理研究所，東京大学教養学部，名古屋大学大学院経済学研究科，東京大学大学院教育学研究科を経て，2015年より慶應義塾大学経済学部教授．Journal of the American Statistical Association 誌等に論文を多数掲載．

シリーズ 確率と情報の科学　　第Ⅰ期(全15巻)

調査観察データの統計科学——因果推論・選択バイアス・データ融合

2009年7月29日　第 1 刷発行
2022年8月 4 日　第15刷発行

著　者　星野崇宏（ほしの たかひろ）
発行者　坂本政謙
発行所　〒101-8002　東京都千代田区一ツ橋2-5-5　株式会社 岩波書店　電話案内 03-5210-4000
　　　　https://www.iwanami.co.jp/

印刷・法令印刷　カバー・半七印刷　製本・松岳社

© Takahiro Hoshino 2009　Printed in Japan　ISBN 978-4-00-006972-4

確率と情報の科学

編集：甘利俊一，麻生英樹，伊庭幸人
A5判，上製，平均240ページ

確率・情報の「応用基礎」にあたる部分を多変量解析，機械学習，社会調査，符号，乱数，ゲノム解析，生態系モデリング，統計物理などの具体例に即して，ひとつのまとまった領域として提示する．また，その背景にある数理の基礎概念についてもユーザの立場に立って説明し，未知の課題にも拡張できるように配慮する．好評シリーズ「統計科学のフロンティア」につづく新企画．

《特徴》
◎定型的・抽象的に「確率」「情報」を論じるのではなく具体的に扱う．
◎背後にある概念や考え方を重視し大きな流れの中に位置づける．

*赤穂昭太郎：カーネル多変量解析──非線形データ解析の新しい展開　　定価 3850 円
*星野崇宏：調査観察データの統計科学　　定価 4180 円
　　　　　　──因果推論・選択バイアス・データ融合
*久保拓弥：データ解析のための統計モデリング入門　　定価 4180 円
　　　　　　──一般化線形モデル・階層ベイズモデル・MCMC
*岡野原大輔：高速文字列解析の世界　　定価 3300 円
　　　　　　──データ圧縮・全文検索・テキストマイニング
*小柴健史：乱数生成と計算量理論　　定価 3300 円
　三中信宏：生命のかたちをはかる──生物形態の数理と統計学
　持橋大地：テキストモデリング──階層ベイズによるアプローチ
　鹿島久嗣：機械学習入門──統計モデルによる発見と予測
　小原敦美・土谷隆：正定値行列の情報幾何
　　　　　　──多変量解析・数理計画・制御理論を貫く視点
　池田思朗：確率モデルのグラフ表現とアルゴリズム
　田中利幸：符号理論と統計物理
　狩野　裕：多変量解析と因果推論──「統計入門」の新しいかたち
　田邉國士：帰納推論機械──確率モデルと計算アルゴリズム
　石井　信：強化学習──理論と実践
　伊藤陽一：マイクロアレイ解析で探る遺伝子の世界
　江口真透：情報幾何入門──エントロピーとダイバージェンス
　佐藤泰介・亀谷由隆：確率モデルと知識処理

*は既刊

岩波書店刊
定価は消費税 10％込です
2022 年 8 月現在